科技史新视角研究丛书

中国科学院自然科学史研究所 主编

周文丽　罗胜强　莫林恒 著

清代湖南郴桂矿厂多金属矿冶技术研究

山东科学技术出版社
·济南·

图书在版编目（CIP）数据

清代湖南郴桂矿厂多金属矿冶技术研究 / 周文丽，罗胜强，莫林恒著 . -- 济南：山东科学技术出版社，2024.5

（科技史新视角研究丛书）

ISBN 978-7-5331-9556-4

Ⅰ.①清… Ⅱ.①周… ②罗… ③莫… Ⅲ.①冶金－研究－湖南－清代 Ⅳ.① TF

中国国家版本馆 CIP 数据核字（2024）第 100217 号

清代湖南郴桂矿厂多金属矿冶技术研究
QINGDAI HUNAN CHENGUI KUANGCHANG DUO JINSHU KUANGYE JISHU YANJIU

责任编辑：光　奎　刘　楠
装帧设计：孙小杰

主管单位：山东出版传媒股份有限公司
出　版　者：山东科学技术出版社
　　　　　　地址：济南市市中区舜耕路 517 号
　　　　　　邮编：250003　电话：（0531）82098088
　　　　　　网址：www.lkj.com.cn
　　　　　　电子邮件：sdkj@sdcbcm.com
发　行　者：山东科学技术出版社
　　　　　　地址：济南市市中区舜耕路 517 号
　　　　　　邮编：250003　电话：（0531）82098067
印　刷　者：山东新华印务有限公司
　　　　　　地址：济南市高新区世纪大道 2366 号
　　　　　　邮编：250104　电话：（0531）82091306

规格：16 开（170 mm×240 mm）
印张：14　字数：225 千
版次：2024 年 5 月第 1 版　印次：2024 年 5 月第 1 次印刷
定价：78.00 元
审图号：GS（2024）1892 号

总序

中国古代的科学技术是推动中华文明发展的重要力量，是中华文脉绵延不绝的源泉。其向外传播及与周边国家地区、域外文明的接触、交流和融合，为世界科学技术的发展作出了非常重要的贡献。古人在农、医、天、算以及生物、地理等领域，取得了许多重大科学发现；在技术和工程上，也完成了无数令人惊叹的发明创造，留下了浩如烟海的典籍和数不胜数的文物等珍贵历史文化遗产。

五四运动前后，我国的科技史学科开始兴起，朱文鑫、竺可桢、李俨、钱宝琮、叶企孙、钱临照、张子高、袁翰青、侯仁之、刘仙洲、梁思成、陈桢等在相关学科发展史的研究方面做出了奠基性的工作。从20世纪50年代起，中国逐步建立科技史学科专门研究和教学机构。中国科技史研究者们从业余到专业、从少数人到数百人、从分散研究到有组织建制化活动、从个别学科到整个科学技术各领域，筚路蓝缕，渐次发展，全方位地担负起中国科学技术史研究的责任。

1957年，中国自然科学史研究室（1975年扩建为中国科学院自然科学史研究所，简称"科学史所"）成立，标志着中国科学技术史学科建制化的开端。此后六十多年，科学史所以任务带学科，组织同行力量，有计划地整理中国自然科学和技术遗产，注重中国古代科技史研究，编撰出版多卷本大型丛书《中国科学技术史》（简称《大书》，26卷，1998—2011年相继出版)、《中国传统工艺全集》(20卷20册，2004—2016年第一、二辑相继出版)和《中国古代工程技术史大系》(2006年开始相继刊印，已出版12卷)等著作。其中，《大书》凝聚了国内百余位作者数十年研究心血，代表着中国古代科技史研究的最高水平。

1978年起，科学史所将研究方向从中国古代科技史扩展至近现代科技史和世界科技史。四十多年来，汇聚同行之力，编撰出版《20世纪科学技术简史》(1985年第一版，1999年修订版)、《中国近现代科学技术史》(1997年)、《中国近现代科学技术史研究丛书》(35种47册，2004—2009年相继出版)和《科技革命与国家现代化研究丛书》(7卷本，2017—2020年出版)等著作，填补了近现代科技史和世界科技史研究一些领域的空白，引领了学科发展的方向。

"十二五"期间，科学史所部署"科技知识的创造与传播研究"一期项目，与同行一道着眼于学科创新，选择不同时期的学科史个案，考察分析跨地区与跨文化的知识传播途径、模式与机制，研究科学概念与理论的创造、技术发明与创新的产生、思维方式与知识的表达、知识的传播与重塑等问题，积累了大量新的资料和其他形式的资源，拓展了研究路径，开拓了国际合作交流的渠道。现已出版的多卷本《科技知识的创造与传播研究丛书》(2018年开始刊印，已出版12卷)，涉及农学知识的起源与传播、医学知识的形成与传播、数学知识的引入与传播和技术知识的起源与传播，以及明清之际西方自然哲学知识在中国的传播等方面的主题。丛书纵向贯穿史前时期、殷商、宋代、明清和民国等不同时段，在空间维度上横跨中国历史上的疆域和沟通东西方的丝绸之路，于中国古代科技的史实考证、工艺复原与学科门类史、近现代科学技术由西方向中国传播及其对中国传统知识和社会文化的冲击等方面获得了更多新认知。

科学史所在"十三五"期间布局"科技知识的创造与传播研究"二期

项目，秉承一期项目的研究宗旨和实践理念，继续以国际比较研究的视野，组织跨学科、跨所的科研攻关队伍，探索古代与近现代科学技术创造和传播的史实及机制。项目产出的成果获得国家出版基金资助，将冠以《科技史新视角研究丛书》书名出版。这套丛书的内容包括物理、天文、航海、植物学、农学、医药、矿冶等主题，着力探讨相关学科领域科技知识的内涵、在世界不同国家地区的发展演变与交互影响，并揭示科技知识与人类社会的相互关系，不仅重视中国经验、中国智慧，也关注国外案例和交流研究。

两期项目的研究成果，从更宽视野、更多视角、更深层次揭示了科技知识创造的方式和动力机制及科技知识创造与传播的主体、发挥的作用和关键影响因素，深化了对中国传统科技体系内涵与演变及中外科技交流的多维度认识。

一百多年来，国内外学者前赴后继，在中国古代科学技术史、近现代科学技术史的发掘、整理和研究上已收获累累硕果，形成了探究中国古代和近现代科技史的宏观叙事架构，回答了古代科技的结构与体系特征、思想方法、发展道路、价值作用与影响等一系列问题，开创了近现代科技史研究的新局面。我国学者也迈出了从中国视角研究世界科技史的坚实步伐。

当下，我国迈上了全面建设社会主义现代化强国、实现第二个百年奋斗目标、以中国式现代化全面推进中华民族伟大复兴的新征程。这种新形势，一方面需要我国科技群体不停向前沿探索、加快前进的脚步，另一方面也亟须科技史研究机构和学者因应时势进一步深入检视科技史，从中总结经验得失，以支撑现实决策，服务未来发展。在中国历史及世界文明发展的大视野中，进一步总结阐述中国科技发展的体系、思想、成就和特点，澄清关于中国古代科学技术似是而非的认识或争议，充分发掘传统科技宝库以为今用，将有助于讲好中国科技发展的故事，回答国家和社会公众的高度关切之问，推动中华优秀传统文化的创造性转化和创新性发展，提振民族文化自信和创新自信。

《科技史新视角研究丛书》结合微观实证和宏观综合研究，在这承前启后的科技史研究序列中，薪火相传，继往开来。它以新视角带来新认知，在中国古代与近现代科技史实、中外科技交流的研究中，必将更好地发挥以史为鉴的作用。

关晓武
2022 年 1 月

序

2015年，我与莫林恒老师第一次到桂阳考察矿冶遗址，因遗址历史悠久、内涵丰富、规模巨大、冶炼金属种类多样、生产体系完备，尤其是炼锌遗址保存较好，具有很好的研究和利用价值，次年我们选择桐木岭、陡岭下遗址进行考古发掘，并获得"2016年度全国十大考古新发现"荣誉。以此为契机，形成了由莫林恒、罗胜强、周文丽等核心成员组成的郴桂冶金考古研究团队。十年来，研究团队在湖南开展多次田野调查，新发现多处铜、铅、锌、铁冶炼遗址，还发现炼锡遗址线索，并及时对冶炼遗物进行检测分析，揭示其技术内涵；在田野和实验室工作的基础上，系统整理湖南古代矿冶活动有关文献史料，研究多种金属的冶炼技术面貌、矿冶工匠的生活和流动状况、矿冶生产以及金属产品流通的管理模式等问题，为构建湖南古代冶金技术发展历程提供了大量新资料。值得称道的是，该研究团队通过不断探索冶金考古研究方法、积极申请研究课题、持续组织培训班和研讨会等活动，推动了中国冶金考古研究工作，其效果值得称赞。

非常高兴的是，研究团队关于湖南冶金考古研究新成果不断涌现，《清代湖南郴桂矿厂多金属矿冶技术研究》是其中之一。本书思路清晰、内容翔实、写作流畅，很好地处理了科技史料与实物遗存的关系，以新视角带来对中国古代冶金技术的新认知，是一部优秀的冶金考古和科技史著作。仔细阅读本书之后，我再次深入思考十年来湖南冶金考古工作成果，有几点感想与读者分享、共勉。

第一，本书科学总结了清代郴桂矿厂多金属矿冶技术特征。郴桂地区铜、铅、锌多金属矿产资源丰富，开采、冶炼历史悠久。由于该地区铅矿中常伴生有银、铜，在长期采冶活动中，为最有效提取矿中所有金属资源，形成了独特的分别从铅银、铅铜共生矿中先炼铅、后提银铜的分步冶炼技术，反映了中国古代冶金工匠的技术创新。以往关于多金属矿冶炼技术研究多有空白，本书充分关注到这一问题，科学揭示了郴桂地区这一技术特点，是近年来中国冶金考古研究的重大收获之一。

第二，本书初步梳理了中国古代炼锌技术发展历程。自2002年重庆丰都庙背后炼锌遗址确认以来，中国古代炼锌技术研究进入文献调研、田野考古和实验室研究相结合的新阶段。本书通过对郴桂地区炼锌技术的综合研究，发现清代郴桂矿厂采用了独特的硫化矿炼锌技术，考证了明代桂阳炼锌的情况，并通过梳理明清时期主要炼锌省份有关史料和考古证据，大致揭示了明清时期各地炼锌技术的发展情况，为后续炼锌考古工作的开展提供了重要的参考依据。

第三，本书是综合利用文献史料和考古资料的优秀冶金考古研究案例。长期以来，中国冶金考古学界非常重视冶金技术起源、青铜和钢铁冶炼技术研究，但汉以后历史时期冶金技术史研究多由历史学家主导。本书在《湖南桂阳冶金史资料汇编》的基础上，将文献史料和考古资料更为密切地结合起来讨论，还通过开展遗物的检测分析进行验证，对清代郴桂矿厂铜、铅、锌多金属矿冶技术做出了深入的研究。这种适用于历史时期冶金史研究的方法和工作模式具有示范意义和推广价值。

通过本书以上三个特点的介绍，可以看出中国冶金考古工作成效显著，在一定程度上做到了考古学研究与冶金史研究的"双赢"。然而，不能忽视的是，目前我们关于田野冶金考古和实验室工作整体流程的标准和规范体系尚未建立，冶金考古标本库与数据库建设尚不健全，古代金属材质和工艺的判定标准以及检测分析标样制备也有很多不足；关于冶金术起源、发展、传播及其与文明进程的关系等问题尚未阐释清楚；冶金考古在技术史、技术与社会、文明史三大视角以及在考古学与其他学科的交叉中，如何做好融合、转向并成为独立议题，如何回答中国古代冶金技术是怎样的，为什么能够影响文明起源、发展及古代国家治理问题，以及如何为建设中华民族现代文明提供理论支撑尤为紧迫，相关研究也极为匮乏。本书在某些方面试图回答这些问题，并取得了一定成果。但总体而言，从冶金考古或冶金史理论与方法层面仍需努力。因此，我们应对中国冶金考古研究的未来发展进行规划并付诸行动。

今后应明确发展目标，推动冶金考古理论方法体系构建。冶金考古的总目标是通过冶金技术的复原研究讨论文明起源和发展的途径与内在机制问题。今后应探索更加有效的冶金考古田野工作方法、信息与样品采集方法、实验室分析技术等，构建基于数据驱动的科学分析、考古阐释和理论构建融合的冶金考古方法论，力求建立一套涵盖古代冶金与环境资源、技术创新、产业发展、社会建构、国家治理演进等方面的冶金考古研究"范式"，推动中国冶金考古研究进入新阶段。

今后应研究学科历史，开辟冶金考古研究新局面。正确、合理地使用各类科技手段，最大限度获取冶金考古各类信息，准确阐释科学数据的考古价值，是冶金考古研究的特点。今后工作，依然在于探索最新科技手段用于冶金考古的可能性，增强获取检测分析数据的快捷性和准确性，持续开展兼顾全体与局部的田野考古和实验室分析工作以填补时空和技术空白，紧紧围绕资源、技术与文明问题加强冶金考古数据库建设和大数据分析，不断开辟冶金考古研究新局面。

今后应加强基础研究，解决冶金考古重点难点问题。一是构建更加清晰的中国古代冶金技术发展谱系，深入探讨我国金属冶炼和加工技术体系形成与发展的时空背景及其背后动因。二是加强冶金技术传播、金属物料和器物的流通机制研究，把握关键技术要素在不同区域出现的时间节点，理解技术扩散模式；对金属使用范围和流通网络进行细致梳理，探讨技术传播与物料流通机制。三是加强冶金业与社会经济发展和国家治理之间关系的理论研究，提出相关理论成果。

总之，本书研究团队已取得系列优秀研究成果，我深信该团队能够更加团结协作，紧紧围绕冶金考古发展目标，加强理论与方法构建，形成更多优秀成果，切实推动冶金考古事业的良性发展。最后要祝贺周文丽新作的出版。她博士毕业后，在中国科学院自然科学史研究所从事冶金史研究，这些年始终不懈地推进将文献史料、田野考古和检测分析更加紧密结合的研究方法，并积极对矿冶遗产的各类价值和现代意义进行阐释，服务文化建设。这部著作再次展现出她为这一学术目标所做出的努力，希望她继续坚持、潜心治学，拿出更多优秀成果贡献于学界。

陈建立

北京大学考古文博学院

2024 年 5 月

目 录

绪 论 ·· 1
第一节　研究的对象与缘起 ·· 1
第二节　前人研究 ·· 6
第三节　研究材料、方法与框架 ·· 15

第一章　地质矿产和历史背景 ·· 20
第一节　湘南地质矿产 ·· 20
第二节　清代以前郴桂地区矿冶开发 ··· 22
第三节　清代郴桂矿厂概况 ·· 28

第二章　郴桂矿厂的采矿技术 ·· 41
第一节　史料中的识矿 ·· 41
第二节　史料中的采矿技术 ·· 46
第三节　采矿遗址的调查 ··· 53
第四节　小结 ·· 58

第三章　郴桂矿厂的炼铜技术 ·· 60
第一节　史料中的炼铜技术 ·· 60
第二节　炼铜遗址的调查 ··· 69

第三节　炉渣分析揭示炼铜技术 …………………………………… 78
第四节　小结 …………………………………………………………… 91

第四章　郴桂矿厂的炼铅银铜技术 ……………………………………… 93

第一节　史料中的炼铅银铜技术 ……………………………………… 93
第二节　炼铅遗址的调查和发掘 …………………………………… 107
第三节　炉渣分析揭示炼铅铜技术 ………………………………… 113
第四节　小结 ………………………………………………………… 124

第五章　郴桂矿厂的炼锌技术 …………………………………………… 127

第一节　史料中的炼锌技术 ………………………………………… 127
第二节　炼锌遗址的调查和发掘 …………………………………… 134
第三节　蒸馏罐和炉渣分析揭示炼锌技术 ………………………… 143
第四节　小结 ………………………………………………………… 156

第六章　技术的来源与传播——以炼锌为例 ………………………… 158

第一节　明代桂阳炼锌技术 ………………………………………… 158
第二节　清代郴桂炼锌技术的影响 ………………………………… 168
第三节　清末民国桂阳炼锌技术的传播 …………………………… 181

结　语 ……………………………………………………………………… 187

附　录 ……………………………………………………………………… 192

后　记 ……………………………………………………………………… 209

绪 论

金属是人类社会发展的物质基础,对人类文明起源和发展起到重要的推动作用。中国古代文明是"铜和铁造就的文明",冶金史学界对铜、铁冶金技术的起源、发展和传播已做了大量研究,在青铜冶铸技术、钢铁技术体系的形成和发展方面取得了一系列重要成果[①]。中国古代使用的金属中,铜、锡、铅、锌、银、金等是有色金属,主要用于制作铜钱、铜器、金银器等,对中国古代社会和经济的发展起着至关重要的作用。学界对秦汉至明清时期的铜、锡、铅、锌、银等金属矿冶技术的研究相对薄弱。清代是中国古代矿业发展的巅峰时期,湖南郴桂矿厂铜、铅、锌矿冶技术都较为发达,相关史料丰富,近年来该地区又发现一批矿冶遗址,因此有必要对清代郴桂矿厂多金属矿冶技术进行系统研究。

第一节 研究的对象与缘起

本书的研究对象是清代湖南郴桂矿厂铜、铅、锌三种铸钱原料金属的传

---

① 华觉明. 中国古代金属技术:铜和铁造就的文明[M]. 郑州:大象出版社,1999;韩汝玢,柯俊. 中国科学技术史:矿冶卷[M]. 北京:科学出版社,2007;陈建立. 中国古代金属冶铸文明新探[M]. 北京:科学出版社,2014.

统开采和冶炼技术,也涉及与铅共生的银的冶炼技术,主要研究时段为清代,以乾隆年间为主。

清代的郴桂矿厂,又称"郴桂二州矿厂",包括郴厂和桂厂,是对湖南南部郴州、桂阳州两个直隶州所有铜、铅、锌、锡、银等矿厂的统称(图0-1),是湖南最主要的矿产地。清代郴桂二州中,桂阳州的矿业开发更为成功,有着"十万矿税之利"的美名。郴桂矿厂中最重要的矿厂是桂阳州的马家岭、长富坪等铅锌矿厂和绿紫坳、石壁下等铜矿厂,以及郴州各铅锌矿厂(见第一章第三节)。另外,史料中还提到"桂常二厂",其中的常厂是紧邻桂阳州北部的衡州府常宁县的矿厂,以铜盆岭铜矿厂为主。

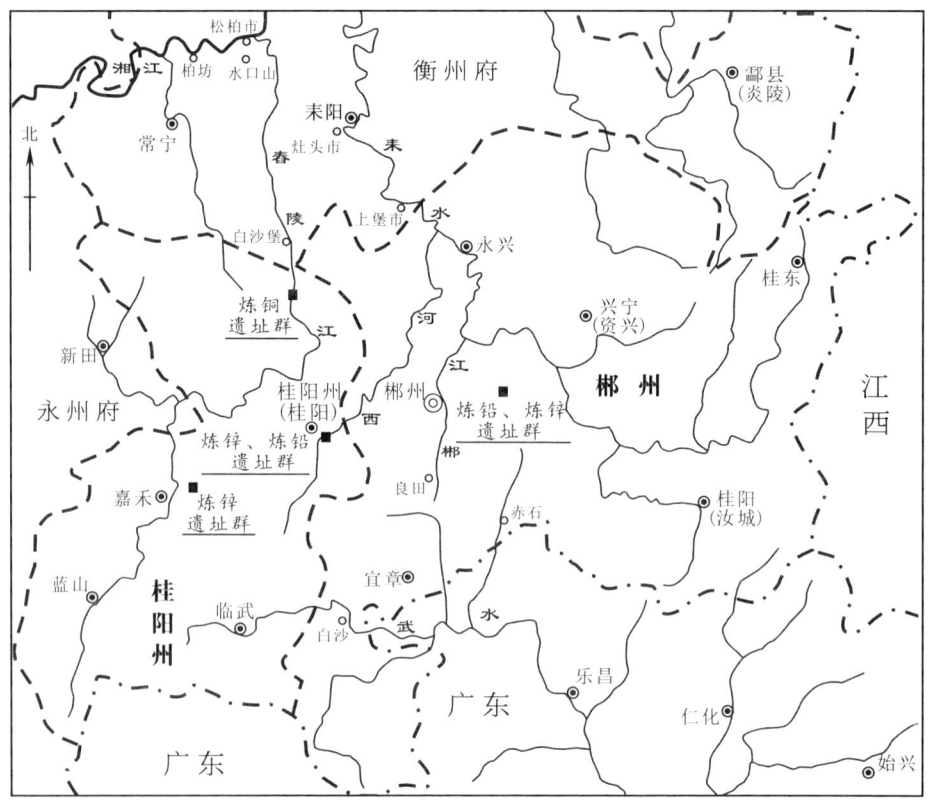

图 0-1 清代郴桂矿厂地图[①]

---

① 底图采自:谭其骧.中国历史地图集第八册:清时期[M].北京:中国地图出版社,1982:37-38.

绪　论

清代郴桂矿厂所在的地区蕴藏丰富的铜、铅、锌、锡、银等多种有色金属矿产资源，历来是湖南的矿冶中心。西汉于桂阳郡设金官，东汉设铁官，是汉代长江以南重要的矿业管理机构；唐代郴州是湖南矿业的中心，主要炼银、铜；宋代桂阳监、郴州炼银最为发达，炼铅、锡次之；清代郴州、桂阳州炼铜、铅、锌等，为湖南省的铸钱局（即位于长沙的宝南局）提供铸造铜钱的原料。

需要说明的是，中国古代铜钱的主要成分是铜，一般掺入铅、锡等合金元素而制成青铜钱币。自明嘉靖年间起，锌代替锡成为铜钱的主要合金元素，制成黄铜钱币；清代则普遍铸造含有少量铅（有时也加入锡）的黄铜钱币。清代一般将铅称作"黑铅"，将锌称作"白铅"（有时也作"倭铅"），"黑铅"和"白铅"统称为"铅"。因此，清代史料中的"铅"有时指黑铅，有时指白铅，也可能是黑白铅的统称。

清代是中国古代矿业发展的巅峰时期，清代前期100年的增长率远超过此前的2 000年①。清代各省矿业开发情况不一，研究程度也不同。自20世纪40年代严中平《清代云南铜政考》②出版以来，云南铜矿（"滇铜"）一直是学界研究的热点，而贵州、湖南是继云南之后受到重点关注的区域③。与云南主产铜，贵州主产铅、锌（合称"黔铅"）不同，湖南出产铜、铅、锌等多种金属，主要产地就在郴桂矿厂，其铜、铅、锌产量仅次于云南、贵州等省④。

清代郴桂矿厂较早引起了历史学家的关注。早在20世纪50—60年代，日本学者里井彦七郎就论述过清代云南和湖南铜、铅、锌业的矿业资本、产业结构、发展过程等⑤。1985年，彭泽益分析了明清两代多省铜、铅、锌矿采

---

① 中国人民大学清史研究所，中国人民大学档案系中国政治制度史教研室. 清代的矿业［M］. 北京：中华书局，1983：1-2.
② 严中平. 清代云南铜政考［M］. 北京：中华书局，1948.
③ 林荣琴. 清代湖南的矿业：分布·变迁·地方社会［M］. 北京：商务印书馆，2014：17.
④ 林荣琴. 清代湖南的矿业：分布·变迁·地方社会［M］. 北京：商务印书馆，2014：201-202.
⑤ 里井彦七郎. 清代鑛業資本に就いて（一）：丁は利に由つて集り銅は丁より出づ（雲南の諺）［J］. 東洋史研究，1950（1）：32-50；里井彦七郎. 清代銅·鉛鑛業の構造［J］. 東洋史研究，1958（1）：61-96；里井彦七郎. 清代銅·鉛鑛業の発展［J］. 桃山学院大学経済学論集，1961（3）：1-49.

冶的劳动生产率水平，其中包括郴桂矿厂的铅锌矿①。1990年，李华介绍了清代湖南农村煤炭、铁矿、锡矿、铜铅银矿开采的概况②。

21世纪以来，对郴桂矿厂的研究更加深入。林荣琴考察了清代湖南铜、铅、锌和锡等矿业的空间分布及兴起、繁荣、衰落的过程，并探讨了矿业生产的经营方式、税收管理、产销情况等问题，以及矿业生产对地方治安、社会风气、经济和自然环境的影响③。贺喜以《湖南省例成案》户律中钱法部分专论郴桂矿厂的58件例案为主要材料，考察了清代前期郴桂矿政制度与办矿权的变迁，从砂夫、炉户、商人、客贩等参与者的活动和互动关系讨论了矿厂的内部运作，并观察到矿业开发过程中湘东南社会的若干重要变化④。袁霞则探讨了清代桂阳州的矿业对地方社会的影响⑤。李炳震、曲尉坪在《湖南清代货币》一书中考察了湖南清代铸钱原料铜、铅、锌、锡的开采和产量，分析了铸钱用铜、铅、锌、锡量⑥。2005—2011年，德国图宾根大学傅汉思（H.U.Vogel）主持了"中国及东亚地区的货币、市场和财政（1600—1900年）——从地方、区域到国家、国际层面的多维研究"的大项目，其中一个子课题是傅汉思的"18—19世纪湘南矿业史：政治、社会和经济角度"，拟重点研究郴桂地区的矿业开发，但尚未发表相关论著；另外一个子课题是陈海连的"中国西南地区锌的管理（1700—1850年）：机构、经济和社会的个案研究"，涉及郴桂矿厂的炼锌技术，该课题成果已出版⑦。

---

① 彭泽益. 明清两代铜铅锌矿采冶的劳动生产率水平［C］//平准学刊·中国社会经济史研究论集：第1辑. 北京：中国商业出版社，1985：371-382.
② 李华. 清代湖南农村的采矿业［J］. 中国社会经济史研究，1990（2）：47-53.
③ 林荣琴. 清代湖南的矿业：分布·变迁·地方社会［M］. 北京：商务印书馆，2014.
④ 贺喜. 清前期湘东南的矿业与地方社会：以《湖南省例成案》为中心的研究［D］. 广州：中山大学，2004；贺喜. 乾隆时期矿政中的寻租角逐：以湘东南为例［J］. 清史研究，2010（2）：56-64；贺喜. 明末至清中期湘东南矿区的秩序与采矿者的身份［J］. 中国社会经济史研究，2012（2）：19-29.
⑤ 袁霞. 清代桂阳州的矿冶业与三堂信仰的形成（1648—1867年）［J］. 湖北社会科学，2009（1）：120-122；袁霞. 清代桂阳州的矿冶业与地方社会［M］//陈锋. 中国经济与社会史评论：2012年卷. 北京：中国社会科学出版社，2013：62-78.
⑥ 李炳震，曲尉坪. 湖南清代货币［M］. 长沙：中南大学出版社，2013：134-181.
⑦ CHEN H L. Zinc for coin and brass: bureaucrats, merchants, artisans, and mining laborers in Qing China, ca. 1680s—1830s［M］. Leiden: Brill, 2019.

综上可见，关于清代郴桂矿厂的研究较为丰富，前辈学者多关注矿业发展的历史及对地方社会的影响，而对矿冶技术的专门研究甚少。2015 年以来，考古工作者在桂阳县开展了一系列冶金考古工作，为深入认识郴桂矿厂矿冶技术提供了重要契机。湖南省文物考古研究所联合北京大学考古文博学院、中国科学院自然科学史研究所、郴州市文物管理处、桂阳县文物管理所等多家单位组成桂阳矿冶考古团队，多次对桂阳明清时期的采矿、炼铜、炼铅、炼锌等遗址进行调查，发掘了桐木岭、陡岭下两处炼锌遗址，发现焙烧炉、炼锌炉、蒸馏罐、矿石、炉渣等炼锌遗存[1]。近年来，团队成员整理了桂阳冶金史资料[2]，莫林恒、罗胜强、肖亚、周文丽等多位学者对明清时期桂阳炼锌技术和炼锌业进行了一系列研究[3]。

桂阳冶金考古工作的开展以及郴桂矿厂矿冶史料的整理，为研究清代郴桂矿厂多金属矿冶技术提供了丰富的实物和文献资料。近年来的研究成果表明，清代郴桂矿厂由于对铜锡、铅银、铅铜、铅锌等多金属共生矿资源的开

---

[1] 湖南省文物考古研究所,北京大学考古文博学院,中国科学院自然科学史研究所,等.湖南桂阳县桐木岭矿冶遗址发掘简报[J].考古,2018(6):51-69;莫林恒,罗胜强,肖亚,等.湖南桂阳县明清炼锌遗址群调查与初步研究[J].广西民族大学学报(自然科学版),2021(3):25-33;罗胜强,周文丽,莫林恒.湖南桂阳县黄田两处清代矿冶遗址调查和初步研究[M]//段晓明.湖南省博物馆馆刊:第17辑.长沙:岳麓书社,2022:129-136.四川大学考古文博学院,湖南省文物考古研究院,北京大学考古文博学院,等.湖南省桂阳县陡岭下矿冶遗址发掘简报[M]//四川大学博物馆,四川大学考古文博学院,成都文物考古研究院.南方民族考古:第26辑.北京:科学出版社,2023:126-147.

[2] 周文丽,雷昌仁.湖南桂阳冶金史资料汇编[M].长沙:湖南人民出版社,2019.

[3] 周文丽,罗胜强,莫林恒,等.从蒸馏罐看湖南桂阳桐木岭遗址炼锌技术[J].南方文物,2018(3):165-173;罗胜强,周文丽,莫林恒.清代桂阳州炼锌业初探[J].南方文物,2018(3):174-179;XIAO Y, MO L H, CHEN J L, et al. Distilling zinc with zinc sulfide ores: the technology of Qing Dynasty zinc production in Guiyang, Central South China[J]. Journal of Archaeological Science: Reports, 2020, 32: 1-13; XIAO Y, ZHOU W L, MO L H, et al. Microstructure, mineralogical characterization and the metallurgical process reconstruction of the zinc calcine relics from the zinc smelting site (Qing Dynasty)[J]. Materials, 2021, 14: 1-15; 肖亚.基于考古冶金遗存表征分析的湖南明清时期炼锌技术复原研究[D].长沙:中南大学,2021;周文丽,罗胜强,莫林恒,等.铅渣炼铜：清代郴桂矿厂铅铜共生矿冶炼技术[J].自然科学史研究,2021(2):135-148;周文丽,罗胜强.清代湖南郴桂矿厂识矿和采矿技术[J].广西民族大学学报(自然科学版),2021(3):4-10;罗胜强,周文丽,莫林恒.清代湖南桂阳州绿紫坳矿厂研究[J].广西民族大学学报(自然科学版),2021(3):18-24;周文丽,罗胜强,莫林恒,等.明代桂阳州炼锌考[M]//四川大学博物馆,四川大学考古文博学院,成都文物考古研究院.南方民族考古:第27辑.北京:科学出版社,2023:269-280.

发利用，形成了独具特色的多金属矿冶技术体系，其中铅铜共生矿冶炼、硫化锌矿炼锌是郴桂矿厂特有的技术。而且，郴桂矿厂不同金属的冶炼技术、组织和管理等各不相同，形成了不同于云南、贵州等省的独特矿业面貌。因此，郴桂矿厂是研究清代矿冶技术的绝佳区域。

本书通过整合文献资料、考古发现及对冶炼遗物的科技分析，试图复原清代郴桂矿厂的采矿、炼铜、炼铅、炼锌等技术；以炼锌技术为例，探索矿冶技术的来源和传播问题；并希望厘清清代郴桂矿厂多金属矿冶技术的特征，探讨其在清代矿业开发史乃至整个中国古代矿冶技术发展史上的地位。

第二节　前人研究

一、明清矿业史研究

明清时期是中国矿业史上的重要时段。2014年，林荣琴回顾了中国矿业史研究的学术史[①]，其中包括明清矿业史的研究情况。本节在林荣琴的学术史回顾的基础上，补充最新研究进展，对明清矿业史研究进行简单回顾。

自20世纪初，章鸿钊等地质学家最早关注中国矿业史。随后，历史学家对中国矿业史展开了诸多研究，重点关注明清矿政、清代云南矿业、明代矿税、资本主义萌芽等问题[②]。比较重要的研究有：1948年，经济史学家严中平《清代云南铜政考》考证了滇铜开发及铸钱的历史、铜政问题、经营管理、生产技术与组织形式等多方面问题[③]，奠定了滇铜研究的基础；1956年，历史学家白寿彝《明代矿业的发展》讨论了明代官矿和民矿、矿业中的所有制、商品生产和资本主义萌芽等[④]，是明代矿业的重要研究；20世纪70年代，经

---

① 林荣琴.清代湖南的矿业：分布·变迁·地方社会[M].北京：商务印书馆，2014：2-19.
② 林荣琴.清代湖南的矿业：分布·变迁·地方社会[M].北京：商务印书馆，2014：13.
③ 严中平.清代云南铜政考[M].北京：中华书局，1948.
④ 白寿彝.明代矿业的发展[J].北京师范大学学报，1956(1)：95-129.

济史学家全汉昇研究了清代云南铜矿业多个方面的问题①。夏湘蓉等地质学史研究者编写的《中国古代矿业开发史》按时代梳理了我国古代矿业开发的历史，分别论述了各种金属矿产和非金属矿产，是第一部中国古代矿业通史性著作②。1983年，中国人民大学清史研究所等编的《清代的矿业》选编了清代各省多种金属矿矿业生产有关的史料，为研究清代矿业提供了重要文献资料③。

21 世纪以来，历史学家在明清矿政、清代云南矿业等方面有了更深入具体的研究，并关注矿业与社会、经济的关系等问题。在矿政方面，唐立宗梳理了明代矿业概况与矿政演变，分析了东南各地矿冶活动与地方社会的关系④；温春来通过考察政府对矿业的投入和收益、管理和税费政策，探讨了清代国家控制矿业的方式，揭示了其中蕴含的国家治理逻辑⑤。清代云南矿业仍然是研究热点，清代贵州和湖南的矿业研究也逐渐得到重视，出版了一系列重要著作：马琦《国家资源：清代滇铜黔铅开发研究》《东川铜矿开发史》《多维视野下的清代黔铅开发》⑥、林荣琴《清代湖南的矿业：分布·变迁·地方社会》⑦以及陈海连研究清代炼锌业的英文专著⑧等。另外，明清矿业史料得到进一步整理，如曲靖师范学院中国铜商文化研究院编纂了《清实录》中有关铜业、铜政的资料，并校注了《云南铜志》《铜政便览》《运铜纪程》《滇

---

① 全汉昇.清代云南铜矿工业[C]//全汉昇.中国近代经济史论丛.北京：中华书局，2011：421-450.
② 夏湘蓉，李仲均，王根元.中国古代矿业开发史[M].北京：地质出版社，1980.
③ 中国人民大学清史研究所，中国人民大学档案系中国政治制度史教研室.清代的矿业[M].北京：中华书局，1983.
④ 唐立宗.坑冶竞利：明代矿政、矿盗与地方社会[M].台北：台湾政治大学历史学系，2011.
⑤ 温春来.矿政：清代国家治理的逻辑与困境[M].北京：社会科学文献出版社，2023.
⑥ 马琦.国家资源：清代滇铜黔铅开发研究[M].北京：人民出版社，2013；马琦，凌永忠，彭洪俊.东川铜矿开发史[M].昆明：云南大学出版社，2017；马琦.多维视野下的清代黔铅开发[M].北京：社会科学文献出版社，2018.
⑦ 林荣琴.清代湖南的矿业：分布·变迁·地方社会[M].北京：商务印书馆，2014.
⑧ CHEN H L. Zinc for coin and brass: bureaucrats, merchants, artisans, and mining laborers in Qing China, ca. 1680s—1830s[M]. Leiden: Brill, 2019.

南矿厂图略》等云南"铜政四书"①，郑诚等整理了在俄罗斯发现的明代傅浚的《铁冶志》清抄本②。

总体来看，历史学家对明清矿业史的研究偏重于矿业发展史、矿政演变、生产性质、经营管理、矿业对地方社会的影响等问题，对明清矿冶技术的关注相对较少。随着近年来明清矿冶遗址的发现，冶金考古学家、冶金史学家也积极参与明清矿业史的研究，推动了明清矿冶技术的研究，在钢铁③、白铜④、炼铜、炼锌等方面有了很大的进展。

二、明清铜铅锌矿冶技术研究

本书主要对明清时期采矿、炼铜、炼铅银、炼锌技术进行研究，以下分别简要介绍相关研究现状。

1. 采矿技术

中国古代矿冶历史悠久，识矿、采矿是金属冶炼与铸造加工的基础。识矿是指古人对金属矿物的认识；采矿包括地质探矿，矿山测量，矿井开拓，地下采矿方法，矿井通风、排水、照明，提升运输，矿石分选等技术环节。

中国古代采矿技术的研究，肇兴于20世纪70—80年代湖北大冶铜绿山、江西瑞昌铜岭等早期铜矿遗址的考古发掘⑤。夏湘蓉、王根元、李仲均等较早就关注古代识矿和采矿技术，编写了《中国古代矿业开发史》《中国

---

① 王瑰,陈艳丽,马晓粉.《清实录》中铜业铜政资料汇编[M].成都：西南交通大学出版社,2016;戴瑞徽.《云南铜志》校注[M].梁晓强,校注.成都：西南交通大学出版社,2017;佚名.《铜政便览》校注[M].陈艳丽,校注.成都：西南交通大学出版社,2017;黎恂.《运铜纪程》校注[M].王瑰,校注.成都：西南交通大学出版社,2017;吴其濬.《滇南矿厂图略》校注[M].马晓粉,校注.成都：西南交通大学出版社,2017.
② 傅浚.铁冶志[M].郑诚,马义德,整理.济南：山东科学技术出版社,2023.
③ 刘培峰.山西传统坩埚炼铁技术研究[D].北京：北京科技大学,2014;陈虹利.明代遵化铁冶研究[D].北京：北京科技大学,2017.
④ HUANG C. The research on Chinese Paktong and its transmission to Europe during the 18th and 19th centuries[M]. Aachen: Shaker Verlag, 2016.
⑤ 黄石市博物馆.铜绿山古矿冶遗址[M].北京：文物出版社,1999;江西省文物考古研究所,瑞昌博物馆.铜岭古铜矿遗址发现与研究[M].南昌：江西科学技术出版社,1997.

古代矿物知识》[①]；卢本珊等研究了铜绿山、铜岭铜矿遗址的采矿技术，并在《中国科学技术史：矿冶卷》中系统论述了中国古代采矿技术的起源、发展的基本情况及主要技术成就[②]；技术史学家葛平德（P. J. Golas）编写了李约瑟（J.Needham）主编的《中国科学技术史》（Science and Civilisation in China）第5卷"采矿"分册，专门讨论了探矿、露天开采、地下开采、选矿等采矿核心技术[③]。

卢本珊认为中国古代采矿技术自史前萌芽，商周迅速发展，秦汉到元代得到提高，至明清全面发展。他指出明清两代是我国古代矿业集大成的阶段，在采矿技术上更加完善：矿物鉴定、找矿、采矿方法等都有了发展，采矿、选矿、冶炼的布局更为合理，地下开拓系统的布局较为规范，井下作业分工明确，火药开始用于矿山爆破，对支护法有了较为理性的认识，开拓技术大为提高，矿井通风、排水、照明设施全面发展[④]。由于清代云南史料较多，云南地区采矿技术的研究较为充分，其他地区采矿技术的情况尚不清晰。

2. 炼铜技术

铜（Cu）是一种紫红色的金属，分子量63.5，密度8.96 g/cm^3，熔点1 083 ℃，沸点2 567 ℃，莫氏硬度3。铜在中国古代主要用于制作铜器和铜钱。中国古代炼铜技术分为火法和湿法两类，火法炼铜为主流，多用竖炉冶炼，以木炭为燃料。李延祥根据文献记载，结合冶金物理学分析，认为中国古代存在3种火法炼铜技术：①"氧化矿—铜"法，即氧化矿还原熔炼成铜；②"硫化矿—铜"法，即硫化矿死焙烧后再还原熔炼成铜；③"硫化矿—冰铜—铜"法，即硫化矿经多次焙烧、富集熔炼，依次炼成多种中间产物冰铜，最后还原熔炼成铜[⑤]。其中"硫化矿—冰铜—铜"法是主要的炼铜方法，至迟

[①] 夏湘蓉，李仲均，王根元. 中国古代矿业开发史[M]. 北京：地质出版社，1980；王根元，刘昭明，王昶. 中国古代矿物知识[M]. 北京：化学工业出版社，2011.

[②] 韩汝玢，柯俊. 中国科学技术史：矿冶卷[M]. 北京：科学出版社，2007：10-174.

[③] GOLAS P J. Science and civilisation in China: Volume V: 13 Mining[M]. Cambridge: Cambridge University Press, 1999.

[④] 韩汝玢，柯俊. 中国科学技术史：矿冶卷[M]. 北京：科学出版社，2007：10, 153, 162-174.

[⑤] 韩汝玢，柯俊. 中国科学技术史：矿冶卷[M]. 北京：科学出版社，2007：270.

在西周时期已经使用[①]，在唐宋时期的长江流域已经非常成熟，采用了两次冰铜熔炼法[②]。

清代云南铜矿一直是矿业史的研究热点，严中平、全汉昇、张增祺、杨寿川、马琦等历史学家在研究滇铜时均会涉及矿冶技术和分工组织等问题，主要利用了吴其濬《滇南矿厂图略》等相关矿冶史料[③]。傅汉思对清代云南炼铜技术和燃料使用进行了详细的研究，将滇铜冶炼技术分成了6种类型[④]。

20世纪90年代以来，以李延祥为代表的冶金史学家开辟了一条利用炉渣研究冶炼技术的道路，建立了以炉渣分析为主揭示古代火法炼铜的工艺类型和技术水平的实验室研究方法[⑤]，并以此鉴定了湖北大冶铜绿山、江苏南京九华山等多处先秦至唐宋时期炼铜遗址的炼铜技术[⑥]。然而，对明清时期炼铜炉渣的分析工作还很少，目前仅见白旭冉对云南清代炼铜渣的研究[⑦]。

3. 炼铅银技术

铅（Pb）是一种灰白色的金属，分子量207.2，密度11.34 g/cm³，熔点327 ℃，沸点1 740 ℃，莫氏硬度1.5。银（Ag）是一种银色的金属，分子量107.9，密度10.49 g/cm³，熔点962 ℃，沸点2 212 ℃，莫氏硬度2.7。铅在中国古代主要用于生产铜器、铜钱，也用于制作纯铅器、铅锡合金、铅丹等。中国古代炼铅主要用硫化矿，存在3种炼铅方法：①直接熔炼法，在较为低矮的敞炉中，通过焙烧使部分硫化铅氧化，氧化铅与硫化铅直接反应生成铅；

---

① 贾莹，王洪峰，傅佳欣. 重庆市云阳县旧县坪汉代冰铜等冶炼遗物的检测研究[J]. 四川文物，2017（4）：81-89.

② 李延祥. 从古文献看长江中下游地区火法炼铜技术[J]. 中国科技史料，1993（4）：83-90.

③ 严中平. 清代云南铜政考[M]. 北京：中华书局，1948：56-69；全汉昇. 清代云南铜矿工业[C]//全汉昇. 中国近代经济史论丛. 北京：中华书局，2011：421-450；张增祺. 云南冶金史[M]. 昆明：云南美术出版社，2000：117-122；杨寿川. 云南矿业开发史[M]. 北京：社会科学文献出版社，2014：168-182；马琦，凌永忠，彭洪俊. 东川铜矿开发史[M]. 昆明：云南大学出版社，2017：197-219.

④ VOGEL H U. Copper smelting and fuel consumption in Yunnan, eighteenth to nineteenth centuries [C]// Metals, Monies, and Markets in Early Modern Societies: East Asian and Global Perspectives. Berlin: LIT Verlag, 2008：119-170.

⑤ 李延祥，洪彦若. 炉渣分析揭示古代炼铜技术[J]. 文物保护与考古科学，1995（1）：28-34.

⑥ 李延祥. 铜绿山、九华山古代炼铜炉渣研究[D]. 北京：北京科技大学，1995.

⑦ 白旭冉. 清代云南冶铜技术初步研究[D]. 北京：北京科技大学，2016.

②烧结—还原熔炼法，先在焙烧炉中将硫化铅脱硫，再在竖炉中将焙烧过的矿石还原成铅；③铁还原沉淀熔炼法（简称铁还原法），在竖炉或坩埚中直接用金属铁将硫化铅还原成铅。另外，由于铅易富集金银，铅可用于炼金银，古代主要炼银法为灰吹法[①]。

历史学家对清代铅银冶炼技术的研究较少，马琦讨论了清代贵州铅矿的采冶技术[②]，杨煜达、金兰中通过文献分析和实地考察，深入研究了明代银矿生产的空间格局以及宋代至清代的炼银技术[③]。

通过对矿冶遗址的考察和冶炼遗物的分析来揭示中国古代炼铅技术的工作正在逐渐展开。李延祥等在长江流域发现了一批唐宋以来的竖炉炼铅遗址，在北方地区发现了一批辽金元时期的坩埚炼铅遗址[④]。近年来，陈建立、刘思然、刘海峰、周文丽等对河北曲阳燕川、河南桐柏围山、辽宁辽阳江官屯窑等坩埚炼铅遗址进行了冶金考古工作，并开展了传统工艺的资料搜集、冶炼遗物的科技分析、模拟实验等工作，判断这些坩埚炼铅遗址采用的是铁还原法，且以煤炭为燃料[⑤]。南方地区发现了唐宋以来诸多炼铅银遗址，如广西贺县铁屎岭宋代钱监遗址[⑥]，浙江西南部的云和、景宁、遂昌等地唐代至明代的银

[①] 韩汝玢，柯俊. 中国科学技术史：矿冶卷[M]. 北京：科学出版社，2007：316-319.

[②] 马琦. 国家资源：清代滇铜黔铅开发研究[M]. 北京：人民出版社，2013：198-209；马琦. 多维视野下的清代黔铅开发[M]. 北京：社会科学文献出版社，2018：16-28.

[③] 杨煜达，金兰中. 明代云南银矿生产的空间格局研究[M]//中国地理学会历史地理专业委员会. 历史地理：第38辑. 上海：复旦大学出版社，2018：107-124；YANG Y D, KIM N. Texts and technologies in Chinese silver metallurgy, twelfth to nineteenth centuries[J]. EASTM, 2019, 49：9-82.

[④] 韩汝玢，柯俊. 中国科学技术史：矿冶卷[M]. 北京：科学出版社，2007：316.

[⑤] 周文丽，刘思然，刘海峰，等. 中国传统坩埚炼铅技术初探[J]. 自然科学史研究，2014(2)：201-215；周文丽，刘思然，陈建立. 河南桐柏围山遗址坩埚炼铅技术初步研究[J]. 南方文物，2017(2)：131-140；郭珣. 辽阳江官屯窑址坩埚炼铅技术初步研究[D]. 北京：北京联合大学，2018；LIU S R, REHREN TH, QIN D S, et al. Coal-fuelled crucible lead-silver smelting in 12th-13th century China: a technological innovation in the age of deforestation[J]. Journal of Archaeological Science, 2019, 104：75-84.

[⑥] 李延祥，周卫荣. 广西贺县铁屎岭遗址宋代锡铅及含锡铁钱冶炼技术初步研究[J]. 有色金属，2000(2)：91-95.

矿采冶遗址①，重庆石柱老厂坪清代炼铅遗址②，江西上饶包家、上高蒙山唐宋元时期金银冶炼遗址③等，均采用以木炭为燃料的竖炉炼铅法。刘思然等对上高蒙山宋元时期竖炉炼铅渣做了系统分析，发现使用了烧结—还原熔炼法、铁还原法两种方法④。李延祥等还对湖北阳新商周时期炼铅遗址进行了调查和研究，发现使用的是氧化矿⑤。学界对明清时期炼铅银遗址的调查和炉渣的分析也在逐渐展开⑥。

4. 炼锌技术

锌（Zn）是一种银灰色的金属，分子量65.4，密度7.14 g/cm³，熔点420℃，沸点907℃，莫氏硬度2.5。锌在中国古代主要用于制作黄铜钱币和黄铜器。中国自明代开始大规模炼锌，明代晚期至清代锌主要用于铸钱，也出口到世界多地。由于沸点低，锌在高温下易挥发，当其从矿石中还原出来时（1 000℃以上）就变成锌蒸气，因此炼锌需要使用蒸馏罐。中国古代炼锌主要利用氧化锌矿，可以直接采用蒸馏法冶炼；也使用硫化锌矿，需要先焙烧成氧化锌再冶炼。在18世纪欧洲大规模炼锌以前，只有印度和中国两国大

---

① 郑嘉励，严晓宽.云和黄家畲：浙南明代银矿史迹调查之一[M]//浙江省博物馆.东方博物：第25辑.杭州：浙江大学出版社，2007：30-35；项莉芳，郑嘉励.景宁渤海坑：浙南明代银矿史迹调查之二[M]//浙江省博物馆.东方博物：第29辑.杭州：浙江大学出版社，2008：41-45；齐岩辛，邹霞，陈美君，等.遂昌古代银矿遗址采矿历史及矿业工艺探讨[J].科技通报，2012（1）：68-73.

② XIE P F, REHREN TH. Scientific analysis of lead-silver smelting slag from two sites in China[C]// Metallurgy and Civilisation: Eurasia and Beyond. London: Archetype, 2009: 177-183.

③ LIU S R. Gold and silver production in imperial China: technological choices in their social-economic and environmental settings[D]. London: University College London, 2015; LIU S R, REHREN TH, CHEN J L, et al. Bullion production in imperial China and its significance for sulphide ore smelting world-wide[J]. Journal of Archaeological Science, 2015, 55: 151-165；刘思然，陈建立，徐长青，等.江西上饶包家金银冶炼遗址的冶金考古调查与研究[J].南方文物，2016（1）：122-131；刘思然，陈建立，徐长青，等.江西上高蒙山遗址古代银铅冶炼技术研究[J].江汉考古，2018（1）：101-111.

④ 刘思然，陈建立，徐长青，等.江西上高蒙山遗址古代银铅冶炼技术研究[J].江汉考古，2018（1）：101-111.

⑤ 李延祥，逄硕，程军，等.湖北阳新炼铅遗址群调查与初步研究[J].江汉考古，2021（2）：101-108.

⑥ 房彬.云南地区若干铅银遗址冶炼技术研究[D].南京：南京信息工程大学，2020；吴慧敏，王雨晨，刘思然，等.云南大理黄矿厂遗址银铅冶炼技术研究[J].文物保护与考古科学，2024（1）：32-43.

规模生产金属锌。印度炼锌采用"上火下凝"原理,印度西北的扎瓦尔地区炼锌最早出现于1 000年前,盛行于14—16世纪,19世纪早期停止生产[①]。相反,中国炼锌基于"下火上凝"原理,与印度完全不同,应有独立的起源。

20世纪20年代以来,多位中英学者研究中国古代炼锌技术及其历史,尤其是起源问题,主要基于三方面证据:历史记载[②]、古代黄铜钱币的科学分析[③]和传统炼锌技术的田野调查[④]。多位学者主要通过历史记载争论中国古代炼锌技术的起源问题。他们发现了"连/镰""白锡""倭/窝铅""倭铅""白水铅"等可能表示锌的名词,结合零星的铜钱分析,提出了多个炼锌技术起源时代的观点,如汉代说、五代说、宋代说和明代早期说,但他们所说的依据均受到了质疑。20世纪90年代,周卫荣对中国古代炼锌技术的起源进行了全面、系统的研究,他通过史料考证和对黄铜钱币的分析,认为嘉靖至万历时期黄铜钱币由矿炼黄铜所铸造,从天启时期开始黄铜钱币由铜和锌合金化制作[⑤],该观点成为主流。因此,明清时期成为中国古代炼锌史上最为关键、

---

① CRADDOCK P T, FREESTONE I C, GURJAR L K, et al. Zinc in India[C]// 2000 Years of Zinc and Brass, 2th ed. London: British Museum Press, 1998: 27-72.

② 章鸿钊. 中国用锌的起源[J]. 科学, 1923(3): 233-243; 章鸿钊. 再述中国用锌之起源[J]. 科学, 1925(9): 1116-1125; 赵匡华. 再探我国用锌起源[J]. 中国科技史杂志, 1984(4): 15-23; 周卫荣. 中国古代用锌历史新探[J]. 自然科学史研究, 1991(3): 259-266.

③ BOWMAN S, COWELL M R, CRIBB J. Two thousand years of coinage in China: an analytical survey[J]. Historical Metallurgy, 1989(23): 25-30; COWELL M R, CRIBB J, BOWMAN S, et al.The Chinese cash: composition and production[C]// Metallurgy in Numismatics 3. London: Royal Numismatic Society, 1993: 185-196; DAI Z Q, ZHOU W R. Studies of the alloy composition of more than two thousand years of Chinese coins(5th century B. C. —20th century A. D.)[J]. Historical Metallurgy, 1992, 26: 45-55; ZHOU W R. A study on the development of brass for coinage in China[J]. Bulletin of the Metals Museum, 1993, 20: 35-45.

④ 胡文龙, 韩汝玢. 从传统法炼锌看我国古代炼锌技术[J]. 化学通报, 1984(7): 59-61; 梅建军. 近代中国传统炼锌术[J]. 中国科技史料, 1990(2): 22-26; 许笠. 贵州省赫章县妈姑地区传统炼锌工艺考察[J]. 自然科学史研究, 1986(4): 361-369; ZHOU W R. Chinese traditional zinc-smelting technology and the history of zinc production in China[J]. Bulletin of the Metals Museum, 1996, 25: 36-47; CRADDOCK P T, ZHOU W R. Traditional zinc production in modern China: survival and evolution [C]// Mining and Metal Production through the Ages. London: British Museum Press, 2003: 267-292.

⑤ 周卫荣. 黄铜冶铸技术在中国的产生与发展[C]// 周卫荣, 戴志强. 钱币学与冶铸史论丛. 北京: 中华书局, 2002: 287-303; ZHOU W R. The origin and invention of zinc-smelting technology in China[C]// Metals and Mines: Studies in Archaeometallurgy. London: Archetype in Association with the British Museum, 2007: 179-186.

最受关注的时段。

历史学家对清代炼锌技术的研究较少，马琦对清代贵州锌矿的采冶技术进行了讨论[①]，陈海连系统地梳理了清代炼锌技术，包括矿石、采矿、冶炼、产品去向等[②]。

21世纪初以来，考古工作者在重庆丰都县、石柱县、忠县和酉阳县调查发掘了30余处明清炼锌遗址[③]，在广西罗城县、环江县调查了5处清代炼锌遗址[④]，在湖南桂阳县调查、发掘了14处明清炼锌遗址[⑤]，为中国古代炼锌技术的研究带来了新的契机，将炼锌史研究推进到田野考古的新阶段。基于考古发现的研究陆续展开：白九江通过重庆炼锌遗址出土瓷器的年代、碳14测年，结合对"倭源白水铅"的考证，认为中国炼锌技术应该可以早至明代早中期[⑥]，但是目前尚未发现重庆地区明代炼锌的史料；多位学者对重庆炼锌遗物进行了系统的科技分析，复原了明清重庆炼锌流程[⑦]。

总之，明清时期铜铅锌矿冶技术在明清矿业史研究中是十分重要的领域，

---

① 马琦.国家资源：清代滇铜黔铅开发研究[M].北京：人民出版社，2013：198-209；马琦.多维视野下的清代黔铅开发[M].北京：社会科学文献出版社，2018：16-28.

② CHEN H L. Zinc for coin and brass: bureaucrats, merchants, artisans, and mining laborers in Qing China, ca. 1680s—1830s[M]. Leiden: Brill, 2019: 87-489.

③ 重庆市文物局，重庆市移民局.重庆炼锌遗址群[M].北京：科学出版社，2018；河南省文物考古研究院.丰都庙背后与木屑溪炼锌遗址[M].北京：科学出版社，2023.

④ 黄全胜，梁兴权.广西罗城古代炼锌遗址群初步考察[J].广西民族大学学报（哲学社会科学版），2012(5)：140-145；黄全胜，李延祥，梁福林，等.广西环江红山古代冶炼遗址初步考察[J].中国矿业，2012(6)：120-124；张雨桐.十八世纪广西河池地区两处冶锌遗址的调查与研究[D].南宁：广西民族大学，2016.

⑤ 湖南省文物考古研究所，北京大学考古文博学院，中国科学院自然科学史研究所，等.湖南桂阳县桐木岭矿冶遗址发掘简报[J].考古，2018(6)：51-69.

⑥ 白九江.中国古代单质锌始炼年代新考[M]//四川大学博物馆，四川大学考古学系，成都文物考古研究院.南方民族考古：第14辑.北京：科学出版社，2017：221-234；重庆市文物局，重庆市移民局.重庆炼锌遗址群[M].北京：科学出版社，2018：192-203.

⑦ LIU H W, LI Y X, BAO W B, et al. Preliminary multidisciplinary study of the Miaobeihou zinc-smelting ruins at Yangliusi village, Fengdu county, Chongqing[C]//Metals and Mines: Studies in Archaeometallurgy. London: Archetype in association with the British Museum, 2007: 170-178; ZHOU W L. The technology of large-scale zinc production in Chongqing in Ming and Qing China[M]. Oxford: BAR Publishing, 2016; LUO W G, LI D D, MU D, et al. Preliminary study on zinc smelting relics from the Linjiangerdui site in Zhongxian County, Chongqing City, southwest China[J]. Microchemical Journal, 2016, 127: 133-141.

历史学家向来较为重视清代滇铜矿冶技术研究，但囿于有限的文献记载，难以深入研究。而在冶金史、冶金考古学界，商周青铜冶铸、秦汉钢铁技术是研究的焦点，汉代至明清时期的矿冶技术研究较少。近年来明清时期冶金考古工作逐步开展，为明清矿冶技术的研究提供了大量实物资料。通过对矿冶遗址的研究，结合对史料的解读，可以更全面地认识明清矿冶技术。

第三节 研究材料、方法与框架

本书研究清代湖南郴桂矿厂铜铅锌矿冶技术，利用的材料有史料和考古资料两大部分。其中史料包括：《大清会典》《清实录》等基本史料；明清地方志；奏折、题本、省例等清代档案；个人文集；家谱、碑刻等地方文献；民国以来地质资料、土法冶炼记载等。部分史料已经整理，收录在周文丽、雷昌仁主编的《湖南桂阳冶金史资料汇编》①中。下面简单介绍各类史料。

《大清会典》记载清代政府各部门的职责、百官奉行的政令，以及职官、礼仪等制度，是全面的政府行政法规。《大清会典》于康熙、雍正、乾隆、嘉庆、光绪朝先后5次纂修，内容包括会典、则例、事例、会典图等。其中有关郴桂矿厂的条目有10余条，主要在"户部"大类的"钱法""杂赋"等项中，概述了当时矿厂的开禁、管理、抽税和铸钱等法规②。《清实录》是清代历朝的官修编年体史料汇编，以每朝皇帝的史事撰修成一部，共12部③。《清实录》中有关矿业的史料非常丰富，北京大学经济学院编写的《清实录经济史资料》中按省份辑录了矿业的资料④。曲靖师范学院中国铜商文化研究院将

---

① 周文丽, 雷昌仁. 湖南桂阳冶金史资料汇编[M]. 长沙: 湖南人民出版社, 2019.
② 雍正大清会典[M]//沈云龙. 近代中国史料丛刊三编: 第77辑. 台北: 文海出版社, 1994; 乾隆钦定大清会典则例[M]//景印文渊阁四库全书: 第620-624册. 台北: 商务印书馆, 1986; 嘉庆钦定大清会典[M]//沈云龙. 近代中国史料丛刊三编: 第64辑. 台北: 文海出版社, 1991; 嘉庆钦定大清会典事例[M]//沈云龙. 近代中国史料丛刊三编: 第65辑. 台北: 文海出版社, 1991; 光绪钦定大清会典事例[M]//《续修四库全书》编纂委员会. 续修四库全书: 史部第798-814册. 上海: 上海古籍出版社, 2002.
③ 清实录[M]. 北京: 中华书局, 1986.
④ 陈振汉, 熊正文, 萧国亮. 清实录经济史资料: 商业手工业编[M]. 北京: 北京大学出版社, 2012.

《清实录》中有关铜业、铜政的史料辑出，按时间顺序排列，汇编成书，集中展现了清代的矿业、铸钱业的状况①，其中涉及郴桂矿厂的条目10余条，多为经过缩写的官员奏折、户部议准议覆、上谕等。《大清会典》《清实录》中相关史料可作为了解郴桂矿厂大体面貌的基本史料②。

地方志包括省志（乾隆《湖南通志》③、光绪《湖南通志》④等），府志（嘉靖《衡州府志》⑤、康熙《衡州府志》⑥等），州志（康熙《桂阳州志》⑦、乾隆《直隶桂阳州志》⑧、康熙/嘉庆《郴州总志》⑨、同治《桂阳直隶州志》⑩等）。部分地方志中有较多关于郴桂矿厂沿革的记载，如乾隆《湖南通志》卷四十《矿厂》，光绪《湖南通志》中《食货志》的钱法、矿厂部分，同治《桂阳直隶州志》卷二十《货殖》等。

清代档案可分清宫档案和地方档案两类。清宫档案包括宫中档朱批奏折、军机处录副奏折、内阁六科题本等，这些档案主要收藏在中国第一历史档案馆（脚注的参考文献中简称为"一档"）、台北故宫博物院、台湾"中研院"历史语言研究所。20世纪70—80年代陆续出版了部分档案，如《康熙朝汉文朱

---

① 王瑰,陈艳丽,马晓粉.《清实录》中铜业铜政资料汇编[M].成都：西南交通大学出版社,2016.
② 周文丽,雷昌仁.湖南桂阳冶金史资料汇编[M].长沙：湖南人民出版社,2019.
③ [乾隆]湖南通志[M]//四库全书存目丛书编纂委员会.四库全书存目丛书：史部第216-219册.济南：齐鲁书社,1996.
④ [光绪]湖南通志[M]//《续修四库全书》编纂委员会.续修四库全书：史部第661-668册.上海：上海古籍出版社,2002.
⑤ [嘉靖]衡州府志[M]//天一阁藏明代方志选刊.上海：上海古籍书店,1963.
⑥ [康熙]衡州府志[M]//北京图书馆古籍出版编辑组.北京图书馆古籍珍本丛刊：史部·地理类第36册.北京：书目文献出版社,1998.
⑦ [康熙]桂阳州志[M].清康熙二十二年(1683)刻本.
⑧ [乾隆]直隶桂阳州志[M]//故宫博物院.故宫珍本丛刊·湖南府州县志：第8册.海口：海南出版社,2001.
⑨ [康熙]郴州总志[M]//《中国地方志集成》编辑工作委员会.中国地方志集成·湖南府县志辑：第21册.南京：江苏古籍出版社,2002；[嘉庆]郴州总志[M]//《中国地方志集成》编辑工作委员会.中国地方志集成·湖南府县志辑：第21-22册.南京：江苏古籍出版社,2002.
⑩ [同治]桂阳直隶州志[M]//《中国地方志集成》编辑工作委员会.中国地方志集成·湖南府县志辑：第32册.南京：江苏古籍出版社,2002.

批奏折汇编》《雍正朝汉文朱批奏折汇编》①《明清档案》等②。1983年中国人民大学清史研究所等编的《清代的矿业》摘录了部分中国第一历史档案馆所藏有关矿业的清宫档案,但是收录条目有限,且大多经过节选③。除了已出版资料,本书作者还检索了中国第一历史档案馆的相关档案,发现还有大量未发表的奏折和题本,其中包括记录历年郴桂矿厂的产量、税收等的户科题本(即奏销档),以及与矿商、地方官办矿有关的刑科题本等,为研究郴桂矿厂提供了更多的资料。

乾隆至光绪年间,多省刊印了地方行政法规汇编,称为"省例"。其中有湖南省例,名为《湖南省例成案》,日本东京大学东洋文化研究所藏有清刊本,台湾"中研院"历史语言研究所傅斯年图书馆藏有日本版本的复印本,2014年中国社会科学院杨一凡编的《清代成案选编》中收录《湖南省例成案》,由社会科学文献出版社影印出版④。日本藏《湖南省例成案》共16册,各册封面刊有"续增至嘉庆二十五年""本衙藏版"等字样,有总目2卷、正文82卷,收入雍正四年(1726)至乾隆三十八年(1773)间例案800余件,分为名例、吏律、户律、礼律、兵律、刑律、工律等部分。另外,北京大学图书馆还藏有《湖南省例》,收入雍正三年(1725)至嘉庆五年(1800)的例案1 440余件,杨一凡推测是《湖南省例成案》补编后续刻的版本⑤。早在1950年,里井彦七郎研究清代矿业时就引用了《湖南省例成案》,但只标注引自《成案》⑥。2004年,贺喜利用《湖南省例成案》户律中的钱法部分,对郴桂矿

---

① 一档. 康熙朝汉文朱批奏折汇编[M]. 北京:档案出版社,1985;一档. 雍正朝汉文朱批奏折汇编[M]. 南京:江苏古籍出版社,1988.
② 张伟仁. 明清档案[M]. 台北:台湾"中研院"历史语言研究所,1986.
③ 中国人民大学清史研究所,中国人民大学档案系中国政治制度史教研室. 清代的矿业[M]. 北京:中华书局,1983. (本书引用的部分一档档案收录在该书中,标出引自该书。另一部分未见收录,则是在一档抄录而来。)
④ 杨一凡. 清代成案选编[M]. 北京:社会科学文献出版社,2014.
⑤ 杨一凡,刘笃才. 历代例考[M]//杨一凡. 中国法制史考证续编第一册. 北京:社会科学文献出版社,2009:425-433.
⑥ 里井彦七郎. 清代鑛業資本に就いて(一):丁は利に由つて集り銅は丁より出づ(雲南の諺)[J]. 東洋史研究,1950(1):32-50;里井彦七郎. 清代銅・鉛鑛業の構造[J]. 東洋史研究,1958(1):61-96;里井彦七郎. 清代銅・鉛鉱業の発展[J]. 桃山学院大学経済学論集,1961(3):1-49.

厂的矿业与地方社会进行了研究①。《湖南省例成案》是研究郴桂矿厂矿冶技术最为重要的史料。

各级县官员的文集、公牍集中也有郴桂矿厂相关记载。乾隆年间湖南巡抚杨锡绂的个人文集《四知堂文集》②中，收录了《敬陈地方情形疏》《恭陈清厘郴桂二州矿厂疏》《敬陈清厘矿厂疏》《奏明铜铅价值不敷实难核减疏》4篇奏疏，与奏折相对应。日本国立公文书馆藏有明崇祯年间临武县知县、署桂阳州知州徐开禧的公牍集《韩山考》③，该书中有多条详文、谳略、书揭涉及桂阳州的矿冶活动。

民国以来的土法冶炼、地质资料中也有郴桂地区矿产资源和冶炼技术的相关记载。清末民国时期常宁水口山采用与桂阳类似的土法采矿、炼锌技术，留下了丰富的文献资料，可作为研究清代郴桂矿厂矿冶技术的重要参考（见附录一）。

桂阳县历史文化研究中心廖小敏、张日生、尹友波等近年来在桂阳矿冶遗址周边村落开展了家谱、碑刻等地方文献的调查、收集和整理工作。他们翻阅了数十姓氏上千册家谱，发现涉及桂阳矿冶活动的记载50余处；考察了多处矿冶有关的碑刻，查阅了桂阳县档案馆、黄沙坪矿档案室、宝山矿档案室的相关档案资料。他们将这些工作整理成桂阳矿冶文化调查报告，本书也有参考。

除了收集史料外，民间文化工作者和考古工作者在桂阳开展了一系列矿冶考古调查和发掘工作。2008年9月至2014年8月，廖小敏多次深入走访、调查，发现了宝山周边众多冶炼遗址。2015年9月，北京大学考古文博学院与湖南省文物考古研究所组成联合考察队，在民间文化工作者的指引下，对桂阳12处古代矿冶遗址开展调查。2016年7—9月，湖南省文物考古研究所联合北京大学考古文博学院等多家单位对桂阳县境内的14处炼锌遗址开展

---

① 贺喜.清前期湘东南的矿业与地方社会：以《湖南省例成案》为中心的研究[D].广州：中山大学，2004.
② 杨锡绂.四知堂文集[M].四库未收书辑刊：第9辑第24册.北京：北京出版社，1995.
③ 徐开禧.韩山考[M].明崇祯十二年（1639）刻本.日本国立公文书馆藏.

专项调查，并对其中保存较好的桐木岭、陡岭下遗址进行主动性考古发掘，发现了焙烧炉、炼锌炉、蒸馏罐、矿石、炉渣等炼锌遗存。2017 年以来，又对桂阳明清时期的采矿、炼铜、炼铅、炼锌等遗址进行多次调查。这些考古工作的开展为研究郴桂矿厂多金属矿冶技术提供了大量实物资料。

对桂阳多处冶炼遗址炉渣、坩埚、炉壁等冶炼遗物的科学分析，有助于更好地复原郴桂矿厂冶炼技术。实验是在中国科学院自然科学史研究所科技史综合研究室进行的，所用仪器和实验方法如下：用手动切割机从样品上切下小块样品，用环氧树脂镶嵌，用自动磨抛机进行多道磨抛，磨抛好的样品用 Leica DM 6000M 金相显微镜进行观察并拍照。随后，对样品进行 Tescan Vega3 扫描电子显微镜及能谱分析（SEM-EDS）。再对样品进行喷碳处理，在高真空下，进行形貌观察和成分分析，所用加速电压 20 千伏，工作距离 15 毫米。在背散射模式下拍摄显微组织照片。在 100 倍下，对坩埚、炉渣等分别做 3 处面扫描，所得的平均成分作为其整体成分。然后，对样品中金属颗粒、冰铜颗粒等物相做尽量大的面扫描，判断其物相组成。部分样品还进行 X 射线衍射分析（XRD），以获得其矿物组成。

本书将综合利用文献记载、考古发现、分析检测等，重点研究清代郴桂矿厂的采矿技术及炼铜、炼铅、炼锌技术。由于铅矿中伴生有银、铜，郴桂矿厂还分别从铅银、铅铜共生矿中提炼银、铜，因此研究炼铅技术的同时还涉及炼银、炼铜技术。本书主体部分共有六章：第一章介绍郴桂矿厂的地质矿产情况和历史背景；第二章考察郴桂矿厂的采矿技术，包括对矿石的认识、采矿技术的记载、采矿遗址的调查情况；第三、四、五章是从史料、考古和分析三个角度，复原郴桂矿厂的炼铜、炼铅银铜和炼锌技术；第六章以炼锌技术为例，探讨郴桂矿厂矿冶技术的来源和传播情况。最后总结清代郴桂矿厂铜铅锌矿冶技术特征，探讨其在矿冶史上的地位。

第一章

地质矿产和历史背景

  郴桂矿厂所在的湘南地区有着丰富的金属矿产资源，最晚从汉代开始就有金属矿开发的传统，至清代铜、铅、锌矿大规模开发，主要是为了满足政府铸钱的需求。本章首先介绍湘南地区地质矿产情况；然后从先秦汉晋、唐宋、元明三个时段回顾郴桂古代矿业开发史；最后结合前人研究和史料梳理，介绍清代郴桂矿厂经营管理和产品流向，并对郴桂主要矿厂进行考证。

第一节 湘南地质矿产

  湖南省位于中国中南部的长江中游区域，东临江西，西接贵州、重庆，南毗广东、广西，北连湖北，总面积21.18万平方千米。省会为长沙市，下辖13个地级市、1个自治州，共有18个县级市、61个县、7个自治县、36个市辖区。本书主要研究区域为郴州市，位于湖南省东南部，地处南岭山脉与罗霄山脉交错、长江水系与珠江水系分流的地带，素称湖南的"南大门"，位于亚热带气候带，地势自东南向西北方向倾斜，总面积1.94万平方千米。截至2023年，郴州市辖2个区、8个县，代管1个县级市。郴州被誉为"中国有色金属之乡""世界有色金属博物馆"。钨、铋储量全国排名第一，锡、锌分列全国第三、第四，钼、铅、铀等矿产也极为丰富[①]。

[①] 郴州地区冶金局.湖南省郴州冶金志（1840—1988）[Z].郴州地区冶金局内部资料，1990：1.

郴州所在的湘南地区地层发育基本齐全，自中元古界到第四系都有出露，岩浆活动频繁，特别是燕山期花岗岩类最为发育，成为铅锌多金属矿床得天独厚的成矿地质条件。据《湖南省郴州冶金志》记载，郴州共发现各类金属矿床（点）约400个，其中大、中型矿床40个，大致可划分为4个矿带：桂东—汝城钨锡多金属矿带、圳口—瑶岗仙钨锡多金属矿带、东坡—骑田岭钨锡钼铋铅锌矿带、大义山—香花岭多金属矿带[①]。

郴州有铅锌矿床（点）89个，主要分布于桂阳、郴县（今苏仙区）、临武等县。大中型矿床有黄沙坪、宝山、香花岭、铁屎垅、东坡—玛瑙山等。大多数铅锌矿床的形成与岩浆热液活动关系密切，矿床多赋存于泥盆系、石炭系碳酸盐地层，个别矿床赋存于前泥盆系变质岩内。黄沙坪铅锌矿床位于桂阳县城西南9千米处，处于大义山—香花岭复式向斜中段，产于泥盆系、石炭系碳酸盐地层，金属矿物以方铅矿、闪锌矿为主，黄铜矿、黄铁矿、黄锡矿次之[②]。宝山铜钼铅锌银多金属矿床位于桂阳县城西北1千米处，主要产于石炭系石橙子灰岩与花岗斑岩接触带[③]，其铅锌矿体主要有方铅矿、闪锌矿、黄铁矿、黄铜矿等矿物，这些矿物通常互相交代、紧密共生，方铅矿是银的主要载体矿物[④]。此外，还有东坡多金属矿床，如野鸡尾、金船塘、柿竹园等[⑤]，其铅锌矿体主要包括方铅矿、闪锌矿、黄铁矿、磁黄铁矿、黄铜矿等。

郴州有铜矿床（点）33处，主要分布于桂阳县，其次是郴县和汝城县。宝山多金属矿床也存在铜矿体，金属矿物以黄铜矿为主[⑥]。大顺窿铜多金属矿床位于桂阳县城西北39千米处，处于大义山复式岩体东南部，主要金属矿物

---

① 郴州地区冶金局.湖南省郴州冶金志（1840—1988）[Z].郴州地区冶金局内部资料，1990：1.
② 郴州地区冶金局.湖南省郴州冶金志（1840—1988）[Z].郴州地区冶金局内部资料，1990：22.
③ 郴州地区冶金局.湖南省郴州冶金志（1840—1988）[Z].郴州地区冶金局内部资料，1990：23.
④ 彭艳华，彭光菊，贾利攀，等.湖南宝山铅锌矿西部矿带银的工艺矿物学研究[J].岩矿测试，2013（5）：729-737.
⑤《中国矿床发现史：湖南卷》编委会.中国矿床发现史：湖南卷[M].北京：地质出版社，1996：134，136，149.
⑥ 郴州地区冶金局.湖南省郴州冶金志（1840—1988）[Z].郴州地区冶金局内部资料，1990：23.

有黄铜矿、黄铁矿、白铁矿、毒砂、锡石等①。绿紫坳铜多金属矿床位于桂阳县城西北42千米处，处于大义山西南接触带上，金属矿物主要有磁铁矿、锡石、黄铜矿、斑铜矿，还有方铅矿、铁闪锌矿等②。

第二节　清代以前郴桂地区矿冶开发

一、先秦汉晋时期

早在10 000多年前郴桂地区已有人类的活动，地质调查人员曾在桂阳的一个山洞中发现一件旧石器时代的刻纹骨锥，考古学家在桂阳千家坪遗址发现新石器时代至商周时期的遗迹以及石器、陶器等遗物。该地区曾出土数件西周铜铙、甬钟，还在400多座东周墓葬中发现了较多的铜剑、铜戈、铜矛、铜镞、铜锛、铜鼎等铜器，但这些铜器是否为本地铸造仍有待研究③。

汉晋时期，郴桂地区属桂阳郡管辖，矿业获得较大的发展。西汉时期，桂阳郡设金官，《汉书·地理志》载："桂阳郡，高帝置……有金官。"④这里的"金"为各种金属的统称，"金官"是兼管金、银、铅、锡、铁等多种矿产冶铸的职官⑤。根据《后汉书·卫飒传》记载，东汉建武年间，桂阳郡属县耒阳出产铁矿，私铸成风，奸盗盛行，时任桂阳郡太守的卫飒上书请求设置铁官，"罢斥私铸，岁所增入五百余万"⑥。该铁官是汉代长江以南唯一的官营冶铁机构。目前尚未在郴桂地区发现汉代的矿冶遗址，但在郴州市区、资兴等地

---

① 罗儒斌,康卫清,温家寿,等.湘南地区铜矿成矿规律及预测研究[DS].全国地质资料馆,1995:58-63.
② 周俊,肖谆.湖南桂阳县绿紫坳铜多金属矿床地质特征及成因[J].矿业工程,2020(5):15-18.
③ 罗胜强.湖南郴州古代矿业文化探析[M]//陈建明.湖南省博物馆馆刊:第9辑.长沙:岳麓书社,2012:584.
④ 班固.汉书·卷二八上·地理志上[M].北京:中华书局,1962:1594.
⑤ 王福昌.西汉桂阳郡"金官"考辨[J].中国历史地理论丛,1999(3):44,114.
⑥ 范晔.后汉书·卷七六·卫飒传[M].北京:中华书局,1965:2459.

发掘了一批两汉时期的墓葬，随葬有大量铁器和铜器①，从侧面反映出当时郴桂地区冶铸之盛。

晋代桂阳曾出产冶炼用的"土釜"，即坩埚。晋代葛洪在《抱朴子内篇》载："作黄金法……唯长沙、桂阳、豫章、南海土釜可用耳。"②又据《大明一统志》记载，桂阳州南八十里有晋岭山，"相传此岭晋时出银、铅砂矿"③。2003年，郴州苏仙桥附近发现11座东汉至宋元时期的古井，其中两座古井（J4和J10）出土了大量三国（吴）、西晋时期的简牍④。部分简牍记载有当时桂阳郡白银采冶的相关情况（图1-1a）：

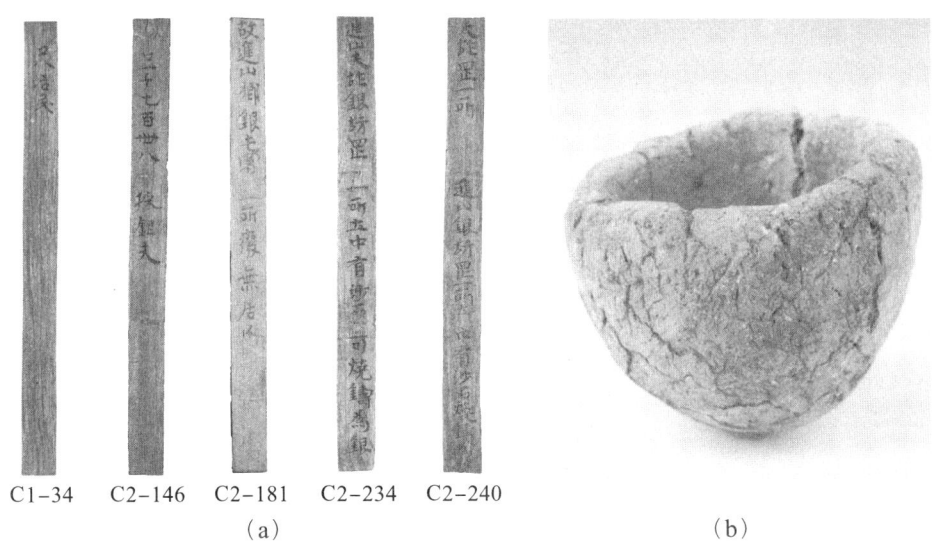

图1-1 郴州苏仙桥出土的西晋简牍（a）⑤及坩埚（b）⑥

---

① 湖南省博物馆．湖南郴州市郊东汉墓发掘简报[J]．考古学报，1982（3）：252-254；湖南省博物馆，湖南省文物考古研究所．湖南资兴西汉墓[J]．考古学报，1995（1）：453-521；湖南省博物馆．湖南资兴东汉墓[J]．考古学报，1984（1）：53-120．

② 王明．抱朴子内篇校释·卷十六·黄白[M]．北京：中华书局，1985：289．

③ 李贤，等．大明一统志·卷六四·衡州府[M]．西安：三秦出版社，1990：988．

④ 湖南省文物考古研究所，郴州市文物处．湖南郴州苏仙桥遗址发掘简报[M]//湖南省文物考古研究所．湖南考古辑刊：第8集．长沙：岳麓书社，2009：93-117．

⑤ 周文丽，雷昌仁．湖南桂阳冶金史资料汇编[M]．长沙：湖南人民出版社，2019：彩图1．

⑥ 图片由郴州市博物馆提供．

简 C1-34：口八冶民。

简 C2-146：口一千七百卅八采银夫。

简 C2-181：故进山乡银屯署一所，废无居人。

简 C2-234：进山未㘰银坊罡一所，土中有沙石，可烧铸为银。

简 C2-240：大㘰罡一所，进山银坊罡一所，土中有沙石，烧铸为银。[①]

由此可见，西晋时期桂阳郡银矿采冶形成了相当规模，不仅有大量开采银矿的"采银夫"与炼银的"冶民"，还设置"银屯署""银坊罡"等专门的矿业机构来管理银矿采冶[②]。另外，苏仙桥古井 J11 中还出土了 4 个坩埚（图 1-1b，现藏于郴州市博物馆），应该与炼银有关。

二、唐宋时期

隋代设郴州，唐代在郴州城内设立了掌管铸钱的机构"桂阳监"。开元、天宝年间，郴州曾设置 5 座铸钱炉，之后一度停铸。元和三年（808），属县发现大量古铜坑，再次开炉铸钱。《旧唐书·食货志》记载："元和三年五月，盐铁使李巽上言：'得湖南院申，郴州平阳、高亭两县界，有平阳冶及马迹、曲木等古铜坑，约二百八十余井，差官检覆，实有铜锡。今请于郴州旧桂阳监置炉两所，采铜铸钱，每日约二十贯，计一年铸成七千贯，有益于人。'从之。"[③]《元和郡县图志》记载："桂阳监，在城内。每年铸钱五万贯……平阳县……银坑，在县南三十里。所出银，至精好，俗谓之'俣子银'，别处莫及。亦出铜矿，供桂阳监鼓铸。"[④] 可知，当时平阳县（今郴州市桂阳县）有

[①] 湖南省文物考古研究所，郴州市文物处. 湖南郴州苏仙桥遗址发掘简报[M]//湖南省文物考古研究所. 湖南考古辑刊：第8集. 长沙：岳麓书社，2009：99-101.
[②] 周能俊. 六朝桂阳郡的白银采掘与使用：以郴州晋简为中心[J]. 求索，2017（4）：182-188.
[③] 刘昫，等. 旧唐书·卷四八·食货志上[M]. 北京：中华书局，1975：2101.
[④] 李吉甫. 元和郡县图志·卷二九·江南道五·郴州[M]. 贺次君，点校. 北京：中华书局，1983：707-708.

铜矿和银矿采冶活动，所产的铜提供给桂阳监铸钱，所产的银品质很好。此外，南宋洪遵《泉志》记载："唐咸通十一年，桂阳监铸钱官王彤进新铸钱，文曰'咸通玄宝'，寻有敕停废不行。"① 中国国家博物馆藏有两枚咸通玄宝铜钱，即为桂阳监所铸②。1992年，郴州市区检察院门口的工地上曾发现大量唐代开元通宝钱，质地较差，锈蚀在一块③。这些铜钱可能也是唐代桂阳监所铸。

"桂阳监"一名，唐代是指钱监，五代变成州一级地理行政区域的名称，既铸铜，又炼银。湖南博物院藏有一口铜钟，原在桂阳州城隍庙中，钟身刻有铭文"大汉桂阳监敬铸造钟一口，重二百五十斤。谨舍于崇福寺，永充供养，特冀殊因，上资国祚，次及坑炉民庶，普获利饶。大宝四年太岁辛酉十一月二十四日，设斋庆赞讫。谨记"，明确记载该铜钟为五代时南汉大宝四年（961）桂阳监铸造④。1997年，印度尼西亚爪哇海发现一艘印坦沉船，出水了一批银铤，部分铸有"桂阳监"铭文（图1-2a），根据同出水的南汉"乾亨重宝"铅钱，全洪等判断这批银铤属南汉国铸造，时间在951—964年⑤。

---

① 洪遵. 泉志·卷三·正用品下[M]. 北京：中华书局，1985：20-21.
② 霍宏伟. 中国国家博物馆藏唐代咸通玄宝考[J]. 中国钱币，2011（3）：45-54.
③ FANG L, LUO S Q, ZHOU W L, et al. Counterfeiting activities during the Tang Dynasty (618–907 CE) revealed by the special alloy coins in the Chenzhou hoard, Hunan, China[J]. Journal of Archaeological Science: Reports, 2023, 49: 1-9.
④ 全洪，李颖明. 印坦沉船出水银铤为南汉桂阳监制造[M]//陈建明. 湖南省博物馆馆刊：第11辑. 长沙：岳麓书社，2015：423.
⑤ 全洪，李颖明. 印坦沉船出水银铤为南汉桂阳监制造[M]//陈建明. 湖南省博物馆馆刊：第11辑. 长沙：岳麓书社，2015：421-430.

(a) 印坦沉船桂阳监银铤[①]　　(b) 南宋桂阳军圣节银银铤[②]　　(c) 四川彭山江口明末战场遗址桂阳州饷银银锭[③]

图1-2　桂阳产银锭

到了宋代，为方便铸造铜钱和开发矿产，在平阳等县设置新的行政机构"桂阳监"，主要产银。《太平寰宇记》载："桂阳监，在桂阳洞之南。历代已来，或为监出银之务也。晋天福四年割出郴州平阳、临武两县人户属监。"宋代桂阳监"古来贡铜、铅，今出银"，"管烹银冶处"有太宜坑、石燕场、毛寿坑、大龙、大凑冈、白竹冈、晋岭等多地[④]。据《宋会要辑稿》载："桂阳监：大凑山、大板源、龙冈、毛寿、九鼎五坑，并大中祥符已前置；历锡平、太峈、小白竹、水头、石笋、大富六坑，并景祐已前置。"[⑤] 至元丰年间，桂阳监还有"大凑山、大板源、龙冈、毛寿、九鼎、白竹、水头、石笋、大富九银坑"[⑥]。

---

① 全洪，李颖明．印坦沉船出水银铤为南汉桂阳监制造[M]//陈建明．湖南省博物馆馆刊：第11辑．长沙：岳麓书社，2015：424．
② 文汉宇．南宋"桂阳军圣节银"浅析[J]．中国钱币，2011(2)：彩图5．
③ 周文丽，雷昌仁．湖南桂阳冶金史资料汇编[M]．长沙：湖南人民出版社，2019：彩图6．
④ 乐史．太平寰宇记·卷一一七·江南西道·桂阳监[M]．王文楚，等点校．北京：中华书局，2007：2369-2370．
⑤ 徐松．宋会要辑稿·食货三三·坑冶上[M]．刘琳，刁忠民，舒大刚，等点校．上海：上海古籍出版社，2014：6717．
⑥ 王存．元丰九域志·卷六·荆湖南路[M]．王文楚，魏嵩山，点校．北京：中华书局，1984：265．

《舆地纪胜》描述大凑山"出银矿,当其盛时,炉烟蓊然,上接云汉,烹丁纷错,商旅往来辐凑,因以为名"①,其炼银规模之大,可见一斑。不过,目前尚未在郴桂地区发现宋代的银矿采冶遗址。

南宋绍兴三年(1133),桂阳监改称桂阳军。文汉宇发现一件南宋十二两半桂阳军圣节银银铤,是桂阳军上供给皇帝的银铤(图1-2b),应该是在桂阳铸造,可能使用了桂阳产的银②。

三、元明时期

元代郴桂地区延续宋代分制,开矿的繁荣景象已不再,但仍旧在炼银,《元史·食货志》有郴州产银的记载③。

明代郴桂地区分属郴州府和桂阳州,政府采取消极的矿业政策。《明史·地理志》记载桂阳州"西有大凑山,南有晋岭山,北有潭流岭,旧皆产银、铅砂矿"④,嘉靖《衡州府志》也指出大凑山银矿曾经开采规模很大,但"今矿绝"⑤。在四川彭山江口明末战场遗址出水的明崇祯十五年(1642)桂阳州饷银五十两银锭⑥(图1-2c),可能是用桂阳州产的银铸造的,推测明末桂阳州仍在炼银。另外,明末郴桂地区还在开采铜、铅、锌、锡等矿。徐开禧《韩山考》记载崇祯年间桂阳州炼锌、铜的情况⑦。明末郴桂地区因长期开矿,导致矿工聚居,曾发生多次矿工起义事件。"至于常宁、桂阳,地产铅、锡等利,富商大贾贸易其中,四方亡命之徒,往往依之,凭山阻险,实为盗薮。"⑧万历三十六年(1608),"郴州矿贼起"⑨。崇祯十二年(1639),临武、蓝山等处

---

① 王象之. 舆地纪胜·卷六一·荆湖南路·桂阳军[M]. 北京:中华书局,1992:2154.
② 文汉宇. 南宋"桂阳军圣节银"浅析[J]. 中国钱币,2011(2):13-16.
③ 宋濂,等. 元史·卷九四·食货志二[M]. 北京:中华书局,1976:2378.
④ 张廷玉,等. 明史·卷四四·地理志五[M]. 北京:中华书局,1974:1089.
⑤ [嘉靖]衡州府志·卷二·山川名胜[M]//天一阁藏明代方志选刊. 上海:上海古籍书店,1963:152.
⑥ 周文丽,雷昌仁. 湖南桂阳冶金史资料汇编[M]. 长沙:湖南人民出版社,2019:彩图6.
⑦ 徐开禧. 韩山考[M]. 明崇祯十二年(1639)刻本. 日本国立公文馆藏.
⑧ 顾炎武. 天下郡国利病书[M]. 黄坤,等点校. 上海:上海古籍出版社,2012:2862.
⑨ 张廷玉,等. 明史·卷二一·神宗本纪[M]. 北京:中华书局,1974:286.

"矿洞二十余处,狂徒数百,倏忽千万"[①]。

清初,政府采取严格的矿禁政策,至康熙、雍正年间逐渐放开矿禁,乾隆年间矿业发展达到顶峰,嘉庆、道光年间逐渐衰落。

第三节 清代郴桂矿厂概况

一、经营、管理与产品流向

林荣琴曾研究清代湖南矿业生产的经营方式、税收与管理以及产品的流向和分配等问题[②]。本节在此基础上,结合《湖南省例成案》、清宫档案等史料,重点介绍郴桂矿厂的经营、管理与产品流向等情况。

1. 经营、管理

中国古代矿业有官办和民办两种,清代以民办为主,官办很少见[③]。清代郴桂矿厂的经营方式也以民办为主。康熙、雍正年间,一些京商曾在郴桂矿厂开采铅锌矿,如内务府皇商王纲明、范毓馪等[④]。乾隆四年至五年(1739—1740),政府积极招商试采,何兴旺、何京安、易经世、陈开业等商人自备工本,试采桂阳州马家岭、郴州铜坑冲等矿[⑤]。八年(1743),郴桂矿厂正式招商

---

① 嵇璜,等. 钦定续文献通考·卷二三·征榷考·坑冶[M]//景印文渊阁四库全书:史部第384册. 台北:商务印书馆,1986:573.
② 林荣琴. 清代湖南的矿业:分布·变迁·地方社会[M]. 北京:商务印书馆,2014:163-202.
③ 温春来. 矿政:清代国家治理的逻辑与困境[M]. 北京:社会科学文献出版社,2023:92-96.
④ 马琦. 多维视野下的清代黔铅开发[M]. 北京:社会科学文献出版社,2018:9-10.
⑤ 乾隆四年八月初一,湖南巡抚冯光裕,奏为遵旨办理湖南省铜矿开采事宜事,朱批奏折(一档档号:04-01-36-0083-021)[M]//中国人民大学清史研究所,中国人民大学档案系中国政治制度史教研室. 清代的矿业. 北京:中华书局,1983:226;乾隆五年三月二十八日,湖广总督臣班第,奏为查明湘省矿厂情形并请开铜坑冲等处铜铅矿产事,朱批奏折(一档档号:04-01-36-0083-031)[M]//中国人民大学清史研究所,中国人民大学档案系中国政治制度史教研室. 清代的矿业. 北京:中华书局,1983:230.

开采，易经世承办马家岭矿，夏元音承办石壁下矿，陈开业承办郴州各矿①，夏元音还承办了绿紫坳矿②。乾隆年间，郴桂矿厂的矿权经历了多次变动，从招商采办，到知州办矿、委员专办，最后复归州办③。由于商人办矿会产生漏税和走私等弊端，桂厂改为知州办矿。乾隆十一年（1746），桂阳州知州汪度在马家岭矿试图官办，设立官围，将炼铜炉户圈入④，但这不是严格意义上的官办⑤，很快改成知州督商采办。但是知州督办也存在问题，十八年（1753）改为委员办矿，后又改为知州督办。

乾隆年间，郴桂矿厂的矿务管理由湖南巡抚、布政使、按察使督办，由郴桂二州所属的衡永郴桂道总理，有时候也由驿盐长宝道总理，由商人、知州或委员管理厂务。委员专办期间的管理方式为：从全省同知、通判内遴委两名专员分别管理郴桂二厂，厂员一年期满更替，由衡永郴桂道总理，郴州、桂阳州知州互相监督，州同、州判随从协办⑥。规定厂员、胥吏人数和薪水为："每厂每员月给薪水银四十两，以资日用；再每厂设掌案书办二名，每名月给辛工银一两五钱，纸笔银八钱；库书一名，月给辛工银一两五钱；守库及跟随役八名，每名月给辛工银一两；水火夫二名，每名月给工食银六钱；更夫四名，每名月给工食银六钱。"⑦计划在郴厂的铜坑冲、桂厂的绿紫坳建立厂署，分别设"围墙一道，头门三间，堂舍三间，税房四间，住房三间，厢房四间，

---

① 乾隆十一年闰三月初八日，户部尚书海望，奏为遵议清厘湖南省郴桂二州矿厂弊端事，朱批奏折（一档档号：04-01-36-0086-001）[M]//中国人民大学清史研究所，中国人民大学档案系中国政治制度史教研室.清代的矿业.北京：中华书局，1983：234-236.

② 乾隆十三年二月二十九日，湖南巡抚杨锡绂，奏为湘省郴桂矿厂请归商办事，朱批奏折（一档档号：04-01-36-0086-021）[M]//中国人民大学清史研究所，中国人民大学档案系中国政治制度史教研室.清代的矿业.北京：中华书局，1983：244.

③ 贺喜.乾隆时期矿政中的寻租角逐：以湘东南为例[J].清史研究，2010（2）：56-64.

④ 湖南省例成案·户律仓库·卷十一·钱法[M]//周文丽，雷昌仁.湖南桂阳冶金史资料汇编.长沙：湖南人民出版社，2019：60-62.

⑤ 温春来.矿政：清代国家治理的逻辑与困境[M].北京：社会科学文献出版社，2023：94-95.

⑥ [光绪]湖南通志·卷五八·食货志四·矿厂[M]//《续修四库全书》编纂委员会.续修四库全书：史部第662册.上海：上海古籍出版社，2002：674.

⑦ 湖南省例成案·户律仓库·卷十三·钱法[M]//周文丽，雷昌仁.湖南桂阳冶金史资料汇编.长沙：湖南人民出版社，2019：102.

厨房一间，书办房二间，厂役房二间"[①]，但可能并未建成，乾隆二十一年（1755）桂厂厂员仍住在州城[②]。二十三年（1757），在绿紫坳、石壁下、停砂垅等铜矿厂设卡丁、书办、听事、执秤、验铜、搬铜、巡役、更夫、水火夫等多种管理和工作人员[③]。郴桂矿厂没有像云南矿厂"七长"制那样设置各类管理厂务人员[④]，但为了避免外来游民聚众滋事，也对矿业人口进行监管，采矿的"砂夫"设立"夫长"，冶炼的"炉户"设立"炉总"，夫长、炉总每人发给印簿两本，分别登记土著、外来矿业人员的姓名、年貌、住址、籍贯等[⑤]。

清代湖南矿业与其他省份的税收政策不同，郴桂矿厂既要抽收"铜铅税"（这里的铅包括黑铅和白铅），以实物方式二八抽收，还要抽收"砂税"。乾隆八年（1743）全面开采时，郴桂矿厂按照康熙、雍正年间京商开采的章程抽税：先二八抽收砂税，炼出金属后再二八抽收铜铅税。郴桂矿厂是清代罕见的双重征税的地区，温春来对此做过详细的解释[⑥]：这一方面是由于湖南砂夫、炉户的身份是分离的，即开采和冶炼的人分属不同的人群，政府分别对砂夫、炉户征税；另一方面是因为康熙年间郴桂矿厂铅矿伴生有银，但银的含量高低不一，无法核查银的产量，因此不方便抽收银税，故改成对砂夫抽砂税的方式，但对不含银的矿石也征税，乾隆年间沿用了抽收砂税的方式[⑦]。对砂夫征砂税是通过商人来征收，请"估砂人"评估砂质、判断砂价，由此确定砂税

---

① 湖南省例成案·户律仓库·卷十三·钱法[M]//周文丽，雷昌仁.湖南桂阳冶金史资料汇编.长沙：湖南人民出版社，2019：99.
② 湖南省例成案·户律仓库·卷十六·钱法[M]//周文丽，雷昌仁.湖南桂阳冶金史资料汇编.长沙：湖南人民出版社，2019：140-143.
③ 湖南省例成案·户律仓库·卷十六·钱法[M]//周文丽，雷昌仁.湖南桂阳冶金史资料汇编.长沙：湖南人民出版社，2019：145.
④ 马琦.国家资源：清代滇铜黔铅开发研究[M].北京：人民出版社，2013：89-95；温春来.矿政：清代国家治理的逻辑与困境[M].北京：社会科学文献出版社，2023：295-296.
⑤ 湖南省例成案·户律仓库·卷十五·钱法[M]//周文丽，雷昌仁.湖南桂阳冶金史资料汇编.长沙：湖南人民出版社，2019：144.
⑥ 温春来.矿政：清代国家治理的逻辑与困境[M].北京：社会科学文献出版社，2023：132-133.
⑦ 乾隆十六年五月初十日，湖南巡抚杨锡绂，奏为敬陈查核清厘湘省矿厂事宜事，朱批奏折（一档档号：04-01-36-0087-007）[M]//中国人民大学清史研究所，中国人民大学档案系中国政治制度史教研室.清代的矿业.北京：中华书局，1983：352-353.

的数额①。乾隆八年(1743)，商人向砂夫二八抽收砂税，以银钱方式抽收，砂税十分，五分给商人充作厂卡公费；余下的五分，一半给商人作为利润，另一半交官府。至十六年(1751)，改为砂税官商各得五分②。政府所得砂税银用于管理郴桂矿厂的各项费用，比如支付各厂员、胥吏的薪水、役食，建设厂署，解局铜铅的水陆运费，以及设卡缉私的费用等③。为了防止铜矿偷漏和私贩，在一些矿厂周围严密设卡，如在绿紫坳矿厂周围3条大路、5条小路均设卡房，派卡丁看守，以防偷漏④；在郴桂矿厂的周围区域如宜章东门外、耒阳上堡、常宁白沙等地设卡，以防走私⑤。

2. 产品流向

乾隆年间，郴桂矿厂所产铜、铅、锌主要是为了保障宝南局铸钱，所铸铜钱的主要合金配比为铜50%、锌41.5%、铅6.5%、锡2%，当时称为"青钱"⑥。湖南铸钱的金属用量最大的是铜，其次是锌，但郴桂矿厂产铜、锌较少，因此对铜、锌的管理较为严格，税后余铜全部收买，税铜和余铜尽数运往宝南局铸钱，锌要先满足宝南局用锌量。根据宝南局铸钱用铜、锌量(表1-1)和来源⑦，结合郴桂矿厂奏销档，可以大致了解郴桂矿厂铜、锌的流向和产量。

---

① 贺喜.乾隆时期矿政中的寻租角逐：以湘东南为例[J].清史研究,2010(2)：56-64.
② 乾隆十六年五月初十日,湖南巡抚杨锡绂,奏为敬陈查核清厘湘省矿厂事宜事,朱批奏折(一档档号：04-01-36-0087-007)[M]//中国人民大学清史研究所,中国人民大学档案系中国政治制度史教研室.清代的矿业.北京：中华书局,1983：353.
③ 湖南省例成案·户律仓库·卷十六·钱法[M]//周文丽,雷昌仁.湖南桂阳冶金史资料汇编.长沙：湖南人民出版社,2019：144-147.
④ 湖南省例成案·户律仓库·卷十四·钱法[M]//周文丽,雷昌仁.湖南桂阳冶金史资料汇编.长沙：湖南人民出版社,2019：112.
⑤ 乾隆十一年三月初八日,湖广总督鄂弥达,奏陈湖南清厘矿厂弊端事,朱批奏折(一档档号：04-01-35-1237-004)[M]//周文丽,雷昌仁.湖南桂阳冶金史资料汇编.长沙：湖南人民出版社,2019：26-27.
⑥ 李炳震,曲尉坪.清代湖南的货币[M].长沙：中南大学出版社,2013：49.
⑦ 林荣琴.清代湖南的矿业：分布·变迁·地方社会[M].北京：商务印书馆,2014：185-202；李炳震,曲尉坪.清代湖南的货币[M].长沙：中南大学出版社,2013：27-92.

表 1-1 乾隆至道光年间宝南局铸钱的炉数和用铜、锌、铅、锡量[①]

单位：万斤

时间	炉数/座	年用铜量	年用锌量	年用铅量	年用锡量
乾隆八年至十二年（1743—1747）	5	10	9	—	0.4
乾隆十三年至十八年（1748—1753）	5	10	8	1.3	0.4
乾隆十九年至二十年（1754—1755）	10	20	16	2.5	0.8
乾隆二十一年至二十四年（1756—1759）	20	39	33	5	1.6
乾隆二十五年至二十六年（1760—1761）	40	78	65	10	3.1
乾隆二十七年至四十三年（1762—1778）	20	39	33	5	1.6
乾隆四十四年至五十九年（1779—1794）	15	29	28	—	1.2
嘉庆元年至四年（1796—1799）	15	29	20	—	—
嘉庆五年至二十五年（1800—1820）	15	31	28	—	—
道光元年至十二年（1821—1832）	10	20	19	—	—

宝南局于康熙六年（1667）设立，康熙、雍正年间曾几度设炉铸钱，使用旧铜、洋铜、滇铜等，铸钱量比较小。乾隆八年（1743），宝南局再度铸钱，设炉5座，需铜10万斤，此时郴桂矿厂刚刚招商开采，铜产量较低，铸钱用铜需要滇铜与郴桂铜搭配，十三年（1748）宝南局才全部使用郴桂铜。随着郴桂铜产量的提高，宝南局炉数不断增加，十九年（1754）与二十一年（1756），分别增至10座和20座，郴桂铜还有余铜供湖北采买。二十五年（1760）宝南局炉数增至40座，需铜78万斤，而郴桂铜的最高年产量仅有51万斤（乾隆二十八年）[②]，无法满足宝南局，于是二十七年（1762）宝南局炉数又降回到

---

① 林荣琴.清代湖南的矿业：分布·变迁·地方社会[M].北京：商务印书馆，2014：191；李炳震，曲尉坪.清代湖南的货币[M].长沙：中南大学出版社，2013：91-92.

② 乾隆二十九年四月初七日，湖南巡抚乔光烈，题请奏销乾隆二十八年份永州府湖南绿紫坳等处铜厂抽税银两事，题本（一档档号：02-01-04-15683-005）.

20座。随着郴桂铜产量下降,四十四年(1779)宝南局炉数降至15座,需铜量降为29万斤,五十九年(1794)绿紫坳矿厂每年交定额铜29万余斤①。嘉庆年间,郴桂铜产量继续下降,宝南局又开始采办滇铜与郴桂铜配铸,铸钱量逐渐降低,二十四年(1819)绿紫坳矿厂的定额改为4万余斤②。道光年间,宝南局经常停炉,铸钱量大幅度下降,最终于十三年(1833)停产。

宝南局铸钱第二大原料是锌,其用量略小于铜。乾隆八年至十八年(1743—1753),宝南局每年铸钱只需锌8万~9万斤,郴桂矿厂锌尚有盈余,可自行贩卖③,也可供外省采买,如十年至十一年(1745—1746)福建曾在湖南采办白铅④。随着宝南局不断添炉,需锌量也不断增加,二十五年至二十六年(1760—1761)高达65万斤,后来虽然逐渐降低,但至乾隆末年仍需29万斤。这段时间,郴桂矿厂最高年产量是乾隆十八年(1753)的59万斤,其中马家岭产锌9万斤、郴州产锌50万斤⑤,但平均年产量只有20万~30万斤,总体上不敷省局鼓铸,政府规定余锌不许私卖,不足之锌需要从贵州、广西等省采买⑥。

郴桂矿厂产铅多,但宝南局铸钱所需铅量较少,少则1万~3万斤,多则10万斤,有时候还不用铅,使得郴桂矿厂所产的铅有较多剩余,一部分供给

---

① 嘉庆八年五月二十日,湖南巡抚高杞,奏为查明桂阳州铜厂情形事,录副奏折(一档档号:03-2141-021)[M]//中国人民大学清史研究所,中国人民大学档案系中国政治制度史教研室.清代的矿业.北京:中华书局,1983:248.
② 光绪钦定大清会典事例·卷二一八·户部·钱法·直省办铜铅锡[M]//《续修四库全书》编纂委员会.续修四库全书:史部第801册.上海:上海古籍出版社,2002:558.
③ [乾隆]湖南通志·卷四一·矿厂[M]//四库全书存目丛书编纂委员会.四库全书存目丛书:史部第216册.济南:齐鲁书社,1996:687.
④ 乾隆十年三月二十六日,湖南巡抚蒋溥,奏为核查铜沙足供鼓铸等情形酌定矿山开采事宜事,朱批奏折(一档档号:04-01-36-0085-017)[M]//中国人民大学清史研究所,中国人民大学档案系中国政治制度史教研室.清代的矿业.北京:中华书局,1983:232;湖南省例成案·户律仓库·卷十一·钱法[M]//周文丽,雷昌仁.湖南桂阳冶金史资料汇编.长沙:湖南人民出版社,2019:59.
⑤ 乾隆二十二年八月二十八日,湖南巡抚蒋柄,题为奏销桃花坨等处矿厂乾隆十八年分抽税铅斤数目事,题本(一档档号:02-01-04-15107-020);乾隆二十三年四月二十日,大学士兼户部事务傅恒、户部尚书蒋溥,题为奉旨察核湖南桂阳州属各矿场乾隆十八年分抽收税银铜铅等项事,题本(一档档号:02-01-04-15160-026).
⑥ 乾隆二十五年七月二十日,湖南巡抚冯钤,奏报粤铅不敷采买请添买黔铅以资鼓铸钱文事,朱批奏折(一档档号:04-01-35-1259-008).

户部宝泉局、工部宝源局(即京局)铸钱,一部分供外省和客贩采买。清代产铅最多的两地是贵州省威宁州的柞子厂和湖南省的郴桂矿厂,柞子厂自雍正年间就开始办解京局所需的铅,乾隆年间在柞子厂产量不足的一些年份,湖南代替贵州办运部分京铅或全部京铅,十四年(1749)贵州每年京运70万斤铅改归湖南办解,后贵州、湖南分办,湖南办解35万斤,至四十年(1775)又改为全部由湖南办解,后又两省分办,最终于五十九年(1794)湖南停止办运京铅,嘉庆、道光年间主要由贵州办解①。郴桂矿厂的铅除了供给宝南局、京局外,还供给外省和客贩采买,实际产量更高。乾隆十几年产量较高年份的年产量达150万~170万斤,最高年产量是乾隆十八年(1753)的211万斤,其中马家岭产铅116万斤、郴州产铅51万斤②,与柞子厂最高年产量雍正六年(1728)的212万斤相当。

二、主要矿厂

清代郴桂二州有众多的铜、铅、锌矿厂,最主要的是3组矿厂,即位于桂阳州城附近的马家岭、长富坪等铅锌矿厂,桂阳州北部的绿紫坳、石壁下等铜矿厂,以及郴州东部的桃花垅、东坑湖、三元冲等铅锌矿厂。兹分别论述于下。

1. 桂阳州马家岭、长富坪等铅锌矿厂

据同治《桂阳直隶州志》记载:"州城西大凑山、西十八里长富坪(本名马家岭)、北一百里鹿子坳,三矿地也。"③桂阳州最主要的铅锌产地是"大凑山",位于桂阳州城西,即今桂阳县城西的宝山铜铅锌多金属矿,乾隆年间以大凑山一带的马家岭矿厂最为有名。

---

① 林荣琴.清代湖南的矿业:分布·变迁·地方社会[M].北京:商务印书馆,2014:187-188;马琦.多维视野下的清代黔铅开发[M].北京:社会科学文献出版社,2018:105-110.
② 乾隆二十二年八月二十八日,湖南巡抚蒋柄,题为奏销桃花垅等处矿厂乾隆十八年分抽税铅斤数目事,题本(一档档号:02-01-04-15107-020);乾隆二十三年四月二十日,大学士兼户部事务傅恒、户部尚书蒋溥,题为奉旨察核湖南桂阳州属各矿场乾隆十八年分抽收税银铜铅等项事,题本(一档档号:02-01-04-15160-026).
③ [同治]桂阳直隶州志·卷二十·货殖[M]//《中国地方志集成》编辑工作委员会.中国地方志集成·湖南府县志辑:第32册.南京:江苏古籍出版社,2002:428.

大凑山开采历史悠久，最早可追溯到唐代。在宋代，大凑山是著名的银坑，炼银规模大①。明嘉靖年间，大凑山银矿衰竭②。万历年间，矿税使太监陈奉派申百户赴桂阳，拟重新开采大凑山，遭到桂阳官府和百姓的极力反对，最终放弃开采③。直到清康熙五十二年（1713），"桂阳州大凑山、黄沙坪等处产铅，准其开采"④，于是这两处矿厂"兴焉"⑤。雍正五年（1727），"封禁大凑山铅厂"；六年（1728），又开采锌矿，"大凑山旧垅附近左右，逢雨冲出白砂线，照旧开采，二八抽收"；八年（1730），从锌矿中夹杂的铜矿石中炼出了铜，"大凑山白铅垅内杂出煤土，上中下三等，各煎铜三四五六斤不等，卖给炉户炼出铜斤，按照二八抽税"⑥。除了开采锌矿、铜矿，雍正至乾隆初年，桂阳州民邓希全、曹祖礼、何植苕在大凑山开采银矿致富⑦。

乾隆年间，大凑山已不是一个矿厂，而是州城附近多个铅锌矿厂的总称："贴近州城之铅矿，总名大凑山。中有马家岭、杨家岭、萧家岭、骆家岭、纱帽岭等小地名之别。周山二十五里，各垅口所产砂石，黑白不一，黑铅砂多，白铅砂少。"⑧

马家岭矿厂是大凑山最重要的矿厂，其他大凑山矿厂大多作为其子厂登记奏报⑨。马家岭矿厂于乾隆四年（1739）招商试采，八年（1743）由商人易经

---

① 王象之. 舆地纪胜·卷六一·荆湖南路·桂阳军[M]. 北京：中华书局，1992：2154.
② [嘉靖]衡州府志·卷二·山川名胜[M]//天一阁藏明代方志选刊. 上海：上海古籍书店，1963：152.
③ [同治]桂阳直隶州志·卷十六·人物·陈尚伊列传[M]//《中国地方志集成》编辑工作委员会. 中国地方志集成·湖南府县志辑：第32册. 南京：江苏古籍出版社，2002：272.
④ [乾隆]湖南通志·卷四一·矿厂[M]//四库全书存目丛书编纂委员会. 四库全书存目丛书：史部第216册. 济南：齐鲁书社，1996：686.
⑤ [同治]桂阳直隶州志·卷二十·货殖[M]//《中国地方志集成》编辑工作委员会. 中国地方志集成·湖南府县志辑：第32册. 南京：江苏古籍出版社，2002：430.
⑥ [乾隆]湖南通志·卷四一·矿厂[M]//四库全书存目丛书编纂委员会. 四库全书存目丛书：史部第216册. 济南：齐鲁书社，1996：685.
⑦ [同治]桂阳直隶州志·卷二十·货殖[M]//《中国地方志集成》编辑工作委员会. 中国地方志集成·湖南府县志辑：第32册. 南京：江苏古籍出版社，2002：429.
⑧ 湖南省例成案·户律仓库·卷十六·钱法[M]//周文丽，雷昌仁. 湖南桂阳冶金史资料汇编. 长沙：湖南人民出版社，2019：146.
⑨ 温春来. 清代矿业中的"子厂"[J]. 学术研究，2017（4）：113-121.

世正式开采，十一年（1746）由桂阳州知州管理，十八年（1753）改委员专办，二十三年（1758）又改归知州管理①。而至嘉庆八年（1803），马家岭"共土垅二十七口，内有十四口间有微砂，其余十三口，采挖尚未见效"②，至道光年间衰败。大凑山还包括雷坡石、蓝土岭等矿厂。雷坡石也是乾隆四年（1739）试采，八年（1743）由易经世开采。雷坡石相距马家岭不远，之后不久便"统归一厂登记"③。蓝土岭开采较早，到乾隆二十三年（1758）已封禁。

桂阳州三矿地中的另一产铅锌地是长富坪，同治《桂阳直隶州志》注为"本名马家岭"，但是更多的史料将马家岭、长富坪看作两处矿厂。根据林荣琴的考证，长富坪就是黄沙坪④，即位于今桂阳县城西南9千米处的黄沙坪铅锌矿。黄沙坪于康熙五十二年（1713）准民开采，但"出铅最艰，得利甚微"⑤，可能不久即封禁。雍正八年（1730），又准长富坪开采，后再行封禁。乾隆三十四年（1773），长富坪作为马家岭子厂开采铅锌矿。嘉庆八年（1803），长富坪"子垅八口，内有五口间出微砂，其余三口，亦未采获，通计每年可获黑铅三万余斤、白铅四五万斤"⑥。至道光八年（1828）仍在开采⑦。

2. 桂阳州绿紫坳、石壁下等铜矿厂

桂阳州"三矿地"中第三个叫"鹿子坳"，又作"绿紫坳"，其附近还有石壁下、铜盆岭等重要的铜矿厂。其中绿紫坳、石壁下分别位于今桂阳县西北

---

① 贺喜．乾隆时期矿政中的寻租角逐：以湘东南为例［J］．清史研究，2010（2）：56-64．
② 嘉庆八年五月二十日，湖南巡抚高杞，奏为委员勘明郴桂二州铜铅各厂情形事，录副奏折（一档档号：03-2141-022）［M］//中国人民大学清史研究所，中国人民大学档案系中国政治制度史教研室．清代的矿业．北京：中华书局，1983：355．
③ 湖南省例成案·户律仓库·卷十二·钱法［M］//周文丽，雷昌仁．湖南桂阳冶金史资料汇编．长沙：湖南人民出版社，2019：72．
④ 林荣琴．清代湖南的矿业：分布·变迁·地方社会［M］．北京：商务印书馆，2014：357．
⑤［康熙］衡州府志·卷八·风土志·物产［M］//北京图书馆古籍出版编辑组．北京图书馆古籍珍本丛刊：史部·地理类第36册．北京：书目文献出版社，1998：308．
⑥ 嘉庆八年五月二十日，湖南巡抚高杞，奏为委员勘明郴桂二州铜铅各厂情形事，录副奏折（一档档号：03-2141-022）［M］//中国人民大学清史研究所，中国人民大学档案系中国政治制度史教研室．清代的矿业．北京：中华书局，1983：355．
⑦ 道光八年十一月十四日，湖南巡抚康绍镛，奏为查明桂阳州属马家岭等铅厂获铅短拙请减额办解事，朱批奏折（一档档号：04-01-36-0099-018）．

部的绿紫坳、大顺窿等铜矿区域。

绿紫坳矿厂是郴桂矿厂产铜量最大的矿厂,其开采历史可以追溯到明末。绿紫坳矿厂位于今桂阳县西北桥市乡枫树村,在一个大矿洞洞口右侧的摩崖石刻书写着"绿紫坳"3个大字,旁有乾隆年间桂厂委员汪翼鹤的题记,指出绿紫坳矿厂于明天启四年(1624)始采。天启五年(1625)六月,工部右侍郎董应举上《鼓铸急需切要疏》,提到建立荆州钱局需铜,"衡之十八滩及他诸处,产铜可六七十万,而十八滩铜往往漏与粤夷,可收而括之"[①]。这里"十八滩铜"是绿紫坳产的铜(见第六章第一节)。清初,绿紫坳未开采,康熙《衡州府志》记载:"铜出六子岽,久奉禁,今绝无。"[②]这里的"六子岽"即绿紫坳。直到乾隆九年(1744),绿紫坳才大兴开采,由商人夏元音试采[③]。绿紫坳起初为商办,于乾隆十一年(1746)九月开秤[④],十四年(1749)改归知州管理,十八年(1753)改为委员专办,五十九年(1794)规定每年定额284 300斤[⑤]。嘉庆元年(1796),又改归知州管理[⑥],二十四年(1819)改每年定额为44 048斤[⑦],至道光年间衰败。

石壁下矿厂位于今桂阳县雷坪镇一带。乾隆四年(1739)试采[⑧],八年

---

① 董应举. 崇相集·卷二·钱法疏[M]//四库禁毁书丛刊编纂委员会. 四库禁毁书丛刊:集部第102册. 北京:北京出版社,1997:95-96.

② [康熙]衡州府志·卷八·风土志·物产[M]//北京图书馆古籍出版编辑组.北京图书馆古籍珍本丛刊:史部·地理类第36册.北京:书目文献出版社,1998:308.

③ 乾隆十三年二月二十九日,湖南巡抚杨锡绂,奏为湘省郴桂矿厂请归商办事,朱批奏折(一档档号:04-01-36-0086-021)[M]//中国人民大学清史研究所,中国人民大学档案系中国政治制度史教研室.清代的矿业.北京:中华书局,1983:244.

④ 乾隆十七年一月二十一日,湖南巡抚范时绥,为覆核各厂炼获铜斤抽收税银等银事[M]//张伟仁. 明清档案. 台北:台湾"中研院"历史语言研究所,1986;A178-16.

⑤ 嘉庆八年五月二十日,湖南巡抚高杞,奏为查明桂阳州铜厂情形事,录副奏折(一档档号:03-2141-021)[M]// 中国人民大学清史研究所,中国人民大学档案系中国政治制度史教研室. 清代的矿业. 北京:中华书局,1983:248.

⑥ [光绪]湖南通志·卷五八·食货志四·矿厂[M]//《续修四库全书》编纂委员会. 续修四库全书:史部第662册. 上海:上海古籍出版社,2002:674-675.

⑦ 光绪钦定大清会典事例·卷二一八·户部·钱法·直省办铜铅锡[M]//《续修四库全书》编纂委员会. 续修四库全书:史部第801册. 上海:上海古籍出版社,2002:558.

⑧ 乾隆四年正月十七日,湖南巡抚张渠,奏报湖南试刨铜矿缘由事,朱批奏折(一档档号:04-01-35-1229-008).

(1743)由商人夏元音开采,"其地俱系石洞,春夏积水难采,止出铜砂"①。石壁下附近还有停砂垅等厂出产灰砂(见第二章第一节)和铜砂,可以炼砒(砷的旧称)、铜:"石壁下、七脚垅、吊架垅、停砂垅,山属一气,相连咫尺,均产灰铜,二矿内夹铜气。"②十八年(1753),"石壁下现无铜砂,止东边垅出产灰砂,约可炼砂铜,一年不过数千斤"③。二十一年(1756),开采停砂垅,由绿紫坳委员兼管④。二十六年(1761),又开采石壁下子厂风垅,即大有垅,"原设炉于黄田等处地方,供办有年"⑤。二十九年(1764)至三十一年(1766),开采石壁下子垅新兴垅⑥。嘉庆年间,风垅铜矿衰竭,又寻觅子厂:"东遥垅出产灰砂内夹有铜气,每日约可获砂三十余石,每年约可获铜二万余斤,附入大有垅造报。"⑦道光年间,逐渐衰败。

铜盆岭矿厂位于今常宁县南部,毗邻今桂阳县北部。乾隆四年(1739)试采⑧,二十一年(1756)奏准开采铜盆岭,但是"衰旺靡常,岁获成数难以预

---

① 乾隆十一年三月初八日,湖广总督鄂弥达,奏陈湖南清厘矿厂弊端事,朱批奏折(一档档号:04-01-35-1237-004)[M]//周文丽,雷昌仁.湖南桂阳冶金史资料汇编.长沙:湖南人民出版社,2019:26.

② 湖南省例成案·户律仓库·卷十四·钱法[M]//周文丽,雷昌仁.湖南桂阳冶金史资料汇编.长沙:湖南人民出版社,2019:125.

③ 湖南省例成案·户律仓库·卷十四·钱法[M]//周文丽,雷昌仁.湖南桂阳冶金史资料汇编.长沙:湖南人民出版社,2019:110.

④ [乾隆]湖南通志·卷四一·矿厂[M]//四库全书存目丛书编纂委员会.四库全书存目丛书:史部第216册.济南:齐鲁书社,1996:688.

⑤ 湖南省例成案·户律仓库·卷十八·钱法[M]//周文丽,雷昌仁.湖南桂阳冶金史资料汇编.长沙:湖南人民出版社,2019:180.

⑥ 湖南省例成案·户律仓库·卷十七·钱法[M]//周文丽,雷昌仁.湖南桂阳冶金史资料汇编.长沙:湖南人民出版社,2019:169.

⑦ 嘉庆八年五月二十日,湖南巡抚高杞,奏为委员勘明郴桂二州铜铅各厂情形事,录副奏折(一档档号:03-2141-022)[M]//中国人民大学清史研究所,中国人民大学档案系中国政治制度史教研室.清代的矿业.北京:中华书局,1983:355.

⑧ 乾隆四年正月十七日,湖南巡抚张渠,奏报湖南试刨铜矿缘由事,朱批奏折(一档档号:04-01-35-1229-008).

定"①，后又开采观音硐子垅，产量不高②。四十三年（1778），铜盆岭封禁③。

3. 郴州桃花垅、东坑湖、三元冲等铅锌矿厂

据乾隆《湖南通志》："康熙五十二年题准，郴州黑铅矿产有银母……雍正四年覆准，郴州九架夹地方所出矿砂，黑白夹杂，准其黑白兼采。"④又据光绪《湖南通志》："郴州铜铅各矿自乾隆八年复采，后于二十八年封禁。三十二年，复据郴商呈请，备本试采石仙岭、白砂垅、东坑湖、金川塘、杉树坑五铅矿，着有成效。题准复采。迨后洞老山空，复于六十年及嘉庆十年，先后封闭。"⑤后又于道光年间开采三元冲、上坪等矿厂。这些矿厂位于今郴州市苏仙区东坡多金属矿田。

（1）桃花垅、甑下垅、铜坑冲等

乾隆年间，郴州最早开采的铅锌矿厂是桃花垅、甑下垅和铜坑冲。乾隆四年（1739）八月至五年（1740）七月，州民何京安试采郴州桃花垅、甑下垅、铜坑冲3处；八年（1743），陈开业正式开采这3处矿厂；十八年（1753），郴州各矿由委员督同陈开业开采；二十七年（1762），这3处矿厂已洞老山空，产量减少；至于二十八年（1763），桃花垅、甑下垅和铜坑冲等处矿厂早已不产砂，"各垅水深砂竭，不但底砂全无，即垅边、垅顶余砂，亦经采刮将尽"⑥。剩下枫仙岭、九家湖、云家湖、焦塘板、槽硾垅、新峡、上泉塘7处垅口，"按垅查勘，悉皆砂尽水淹，砂丁星散，无可调剂。别处采踏，亦无可采之矿，实

---

① 湖南省例成案·户律仓库·卷十六·钱法［M］//周文丽，雷昌仁. 湖南桂阳冶金史资料汇编. 长沙：湖南人民出版社，2019：145-146.

② 湖南省例成案·户律仓库·卷十七·钱法［M］//周文丽，雷昌仁. 湖南桂阳冶金史资料汇编. 长沙：湖南人民出版社，2019：166.

③ 嘉庆元年二月二十九日，湖南巡抚姜晟，奏为湖南省桂阳州境铜厂请归知州经办事，朱批奏折（一档档号：04-01-36-0095-001）.

④ ［乾隆］湖南通志·卷四一·矿厂［M］//四库全书存目丛书编纂委员会. 四库全书存目丛书：史部第216册. 济南：齐鲁书社，1996：687.

⑤ ［光绪］湖南通志·卷五八·食货志四·矿厂［M］//《续修四库全书》编纂委员会. 续修四库全书：史部第662册. 上海：上海古籍出版社，2002：684.

⑥ 湖南省例成案·户律仓库·卷十七·钱法［M］//周文丽，雷昌仁. 湖南桂阳冶金史资料汇编. 长沙：湖南人民出版社，2019：161.

属无益"①。遂于二十八年(1763)底,最终封禁。

(2)东坑湖、金川塘、石仙岭、白砂垅、杉树坑等

乾隆三十一年(1766),开采东坑湖、金川塘、石仙岭、白砂垅、杉树坑铅锌矿厂5处,商人罗晋丰、李常泰陆续开采。四十六年(1781)以前,这些矿厂衰旺靡常;至四十七年(1782)以后,"因垅路愈挖愈深,砂装日采日薄,厂务渐次衰竭"②。嘉庆八年(1803),"东坑湖因开采年久,砂路断绝,被水浸坍;又该垅子厂椿树垅,从前微见砂线,后因石性坚硬,屡办无效,久之停工。又金川塘垅路碰塌,现止有砂夫数人,在各垅旁淘洗旧日弃置头皮,间获微砂,炼铅有限;又该垅子厂三元冲,因水淹底装,车戽难涸,业已停工。又杉树坑荒石丛杂,砂线全无,业已停工。又该垅子厂五马垅,因底装积水过深,另开水巷,冀图宣泄,尚未穿通。又子厂龙头山,虽另招夫长,加工采办,所获低砂,试炼无铅"③。嘉庆九年(1804)封禁。

(3)三元冲、上坪

道光九年(1829),开采郴州三元冲、上坪铅砂④。道光十年(1830),三元冲、上坪铅厂,采获有银气黑铅砂,所变砂价银两以五分归官,五分作为厂费;道光十二年(1832),三元冲、上坪铅厂铜铅运省;道光十四年(1834),三元冲、上坪铅厂每年额办黑铅83 000余斤⑤。道光末年封禁。

---

① 湖南省例成案·户律仓库·卷十七·钱法[M]//周文丽,雷昌仁.湖南桂阳冶金史资料汇编.长沙:湖南人民出版社,2019:161.
② [嘉庆]郴州总志·卷十九·封禁矿厂详文[M]//《中国地方志集成》编辑工作委员会.中国地方志集成·湖南府县志辑:第21册.南京:江苏古籍出版社,2002:588.
③ 嘉庆八年五月二十日,湖南巡抚高杞,奏为委员勘明郴桂二州铜铅各厂情形事,录副奏折(一档档号:03-2141-022)[M]//中国人民大学清史研究所,中国人民大学档案系中国政治制度史教研室.清代的矿业.北京:中华书局,1983:355.
④ 清实录:第35册[M].宣宗实录·卷一六三·道光九年十二月己卯.北京:中华书局,1986:532.
⑤ 光绪钦定大清会典事例·卷二一六·户部·钱法·办铅锡[M]//《续修四库全书》编纂委员会.续修四库全书:史部第801册.上海:上海古籍出版社,2002:525.

第二章

郴桂矿厂的采矿技术

清代郴桂矿厂对矿石有独特的认识，采用了传统的采矿技术。本章将从郴桂矿厂对矿石的认识、采矿技术的记载，以及郴桂地区采矿遗址的调查等方面，来复原郴桂矿厂的采矿技术。

第一节 史料中的识矿

清代郴桂矿厂出产"铜铅砂"，包括"铜砂""黑铅砂/黑砂""白铅砂/白砂"，即铜矿石、铅矿石和锌矿石，其中有铜铅、铅银、铅锌等共生矿，各类矿石种类繁多、品位不一。

一、铜矿石

《湖南省例成案》中概括地说"炼铜之砂，总名铜砂"[1]，并将铜砂分上、中、下砂。乾隆五年（1740），湖广总督班第在奏折中提及，桂阳州马家岭、石壁下等矿厂试采之时所出铜砂有3种："一曰净铜砂，有铜无铅；一曰夹杂

---

[1] 湖南省例成案·户律仓库·卷十二·钱法 [M]//周文丽，雷昌仁. 湖南桂阳冶金史资料汇编. 长沙：湖南人民出版社，2019：72.

铜砂,铜中有铅;一曰夹杂黑铅砂,铅中有铜。"① 这是根据铜矿石中铜铅的有无、多少分为3种,净铜砂是不含铅的铜矿石,夹杂铜砂是含铅的铜矿石,夹杂黑铅砂是含铜的铅矿石。郴桂矿厂铜铅矿往往共生,除了桂阳州的绿紫坳、石壁下等矿厂出产不含铅的铜矿石,桂阳州马家岭等处矿厂多产含铜的铅矿石,而郴州多处铅锌矿厂的铜矿石多夹杂在铅矿石中②。中国古代使用铜铅共生矿来炼铜是较普遍的,明末宋应星在《天工开物》中曾指出铜有数种,"有全体皆铜,不夹铅、银者",也有"与铅同体者"③。

同治《桂阳直隶州志》记载了桂阳州出产多种铜矿石:"其砂皆见铜光,曰闪金、四棱、莜麦棱;最上者檀煤茸,色黑;其一种禾镰沙,入火辄成铜。皆土沙也。在石者曰油毛古。"④ 其中,具有"铜光"的"闪金""四棱""莜麦棱",应该是有金属光泽的黄铜矿(CuFeS$_2$,含铜34.5%),呈黄铜色或金黄色,其晶体为立方体状,矿石多呈不规则粒状及致密块状集合体。黑色的"檀煤茸"是品位最高的铜矿石,应该是黑铜矿(CuO,含铜79.8%),是一种氧化铜矿,常为黑色土状,质地酥松。"禾镰沙"可以直接还原冶炼,应该也是一种氧化铜矿。上述的铜矿石都是土质、沙质的,还有一种石质的"油毛古",具体是何种铜矿石,无从考证。

此外,在石壁下一带还出产一种含铜的砷矿石"灰砂"。乾隆三十一年(1766),石壁下出产灰砂,"采取熏灰,为煨土杀虫之用,其渣仍可挤铜,炉户收买烧炼交铜"⑤。同治《桂阳直隶州志》指出:"砒霜未炼者信石,在矿曰

---

① 乾隆五年三月二十八日,湖广总督班第,奏为查明湘省矿厂情形并请开铜坑冲等处铜铅矿产事,朱批奏折(一档档号:04-01-36-0083-031)[M]// 中国人民大学清史研究所,中国人民大学档案系中国政治制度史教研室. 清代的矿业. 北京:中华书局,1983:230.

② 湖南省例成案·户律仓库·卷十三·钱法[M]// 周文丽,雷昌仁. 湖南桂阳冶金史资料汇编. 长沙:湖南人民出版社,2019:97.

③ 宋应星. 天工开物·卷下·五金[M]. 魏毅,点校. 长沙:湖南科学技术出版社,2019:325.

④ [同治]桂阳直隶州志·卷二十·货殖[M]//《中国地方志集成》编辑工作委员会. 中国地方志集成·湖南府县志辑:第32册. 南京:江苏古籍出版社,2002:431.

⑤ 湖南省例成案·户律仓库·卷十七·钱法[M]// 周文丽,雷昌仁. 湖南桂阳冶金史资料汇编. 长沙:湖南人民出版社,2019:166.

灰沙，色似银矿，岭南用粪田，岁卖之，亦至数千金。"①灰砂是一种炼砒霜（三氧化二砷，As_2O_3）的砷矿石（应为毒砂，$FeAsS$)，所炼出的砒霜是一种杀虫剂。灰砂中含有铜矿石，炼过砒霜的灰砂还可以进一步提炼铜。

二、铅银矿石

郴桂矿厂的铅矿石有的含有少量银，一般先炼铅，再从炼出的铅中提银，铅银矿石种类繁多。《湖南省例成案》记载，乾隆十六年（1751），驿盐道沈伟业发现同名之砂价格差异很大，询问估砂人杨安，杨安供称：

> 至黑铅砂，则有熘砂、焦砂、焦皮，又有煅道、煅土、煅砂、煅皮，又有铅砂、铅土、铅皮并头皮、窝翠各名色；就一样名色的砂，仍有上中下三等；三等之中，仍有等差。总看银气、铅气的轻重，分别定价。②

乾隆十三年（1748），衡永道朱陵试炼了多种黑铅砂，其中包括熘砂，上焦砂、中焦砂、下焦砂，中煅砂，上铅砂，上窝翠、头皮弃砂、窝翠弃砂等名色，并列出了这些黑铅砂的价格及产铅、银量（见第四章第一节）③。其中最贵的是熘砂，每百斤价3两；其次是焦砂（上焦砂每百斤1～1.3两，中焦砂每百斤0.6～0.9两，下焦砂每百斤0.3两），中煅砂（每百斤0.45两），上铅砂（每百斤0.65两）；最便宜的是上窝翠，每百斤0.06两，而头皮弃砂和窝翠弃砂不用花钱买。

这些黑铅砂对应何种铅银矿物，由于缺乏描述，多无从推测。其中的"焦砂"，可能就是《天工开物》中提到的银矿石——"礁砂"：

---

① [同治]桂阳直隶州志·卷二十·货殖[M]//《中国地方志集成》编辑工作委员会.中国地方志集成·湖南府县志辑：第32册.南京：江苏古籍出版社，2002：431.
② 湖南省例成案·户律仓库·卷十二·钱法[M]//周文丽，雷昌仁.湖南桂阳冶金史资料汇编.长沙：湖南人民出版社，2019：72.
③ 湖南省例成案·户律仓库·卷十二·钱法[M]//周文丽，雷昌仁.湖南桂阳冶金史资料汇编.长沙：湖南人民出版社，2019：70.

清代湖南郴桂矿厂多金属矿冶技术研究

凡成银者曰礁,至碎者曰砂,其面分丫若枝形者曰铦,其外包环石块曰矿。矿石大者如斗,小者如拳,为弃置无用物。其礁砂形如煤炭,底衬石而不甚黑,其高下有数等……出土以斗量,付与冶工,高者六七两一斗,中者三四两,最下一二两。其礁砂放光甚者,精华泄漏,得银偏少。①

夏湘蓉等认为"礁砂"是以辉银矿(Ag_2S)为主要矿物成分的银矿石,辉银矿常为树枝状、丝状,呈现黑铅灰色,其表面常蚀变为黑色土状的硫化物②。《天工开物》中"礁砂"含银量最高可达3.6%,最低为0.52%,而郴桂矿厂的"焦砂"含银量最高也只有0.0625%(见第四章第一节),远不及含银量最低的"礁砂","焦砂"应该是含有少量辉银矿的方铅矿(PbS)。熖砂是郴桂矿厂铅银含量最高的铅银矿石,含银量也仅为0.12%。煅砂的银含量低于焦砂,而铅砂是不含银的铅矿石。至于焦砂、焦皮、煅土、煅砂、煅皮,以及铅砂、铅土、铅皮等,则是根据矿石的质地来命名的,分沙质、土质、皮壳状等。另外,头皮、窝翠为银铅矿石的脉石部分,通常被废弃,经过淘洗可用于炼铅。

同治《桂阳直隶州志》对铅银矿石的种类有详细的记载:

铅为五金母,矿必有铅。生银者,黑铅也,性柔,煎之,土石自涌于上,铅银下结矣。沙种类不可胜计:其在石者为光沙,色灿白,有四棱、苏钢、鲢鱼白三种;在土者到沙,最上紫衣到,其次焦粑、银皮、马尾、鱼鳞,各以形色名之,皆纯银无铅,和铅土乃能煎之。其如涂泥者二种,焦泥入水辄浮,漏泥浮水如脂膏,银最多,非良工不识也。取矿者,遇土泥一人力日取至万斤,遇石沙日仅得数十斤。沙之出铅,浓者百斤得五六十斤,淡者乃止数斤。然出银往往在刚土,刚土谓之荒甲,其名尤伙,有蓝甲古、椒泥古、铜矢古、绿豆古数十

---

① 宋应星. 天工开物·卷下·五金[M]. 魏毅,点校. 长沙:湖南科学技术出版社,2019:315.
② 夏湘蓉,李仲均,王根元. 中国古代矿业开发史[M]. 北京:地质出版社,1980:285-290.

种。古者,夹沙之名也。……铅百斤得银六七两,或三四两。①

这段记载提到了3种铅银矿石,即"在石者"为石质,"在土者"为土质,"如涂泥者"为泥质。石质的叫"光沙",颜色灿白,有四棱、苏钢、鲢鱼白3种,可能是铅灰色、有金属光泽的、立方体状的方铅矿(PbS);土质的叫"到沙",有紫衣到、焦粑、银皮、马尾、鱼鳞5种;泥质的有焦泥和漏泥2种,在水中会浮起来。矿石的质地不同,开采的难度不一样,土质、泥质较好开采,而石质、沙质很难开采。铅矿石的品位相差悬殊,铅含量高的可达50%～60%,低的只有百分之几。另外,产银的矿石常常在刚土中,刚土叫作"荒甲",有蓝甲古、椒泥古、铜矢古、绿豆古等几十个种类。

三、锌矿石

《湖南省例成案》称锌矿石为"白铅砂",白铅砂分上、中、下砂。相较于黑铅砂,白铅砂的种类很少,根据其质地来分类,有铅石、铅土、铅皮等②。另据同治《桂阳直隶州志》:"白铅……沙似黑铅,色暗,或青黑,或黄赤,名曰幼子,又曰熟石,其兼有黑铅者,曰黑白砂。"③ 锌矿石叫"幼子"或"熟石",像金属铅,颜色较暗,呈青黑、红黄色,应该是闪锌矿(ZnS),是最常见的硫化锌矿。闪锌矿往往与方铅矿紧密共生,这里的"黑白砂"即闪锌矿和方铅矿共生的铅锌矿。

清代郴桂矿厂可能也使用氧化锌矿,康熙年间桂阳州下廊桥出产"炉砶石"④,即炉甘石,主要成分为菱锌矿($ZnCO_3$),是明清时期炼锌最常用的锌矿石。

---

① [同治]桂阳直隶州志·卷二十·货殖[M]//《中国地方志集成》编辑工作委员会.中国地方志集成·湖南府县志辑:第32册.南京:江苏古籍出版社,2002:428.
② 湖南省例成案·户律仓库·卷十二·钱法[M]//周文丽,雷昌仁.湖南桂阳冶金史资料汇编.长沙:湖南人民出版社,2019:72.
③ [同治]桂阳直隶州志·卷二十·货殖[M]//《中国地方志集成》编辑工作委员会.中国地方志集成·湖南府县志辑:第32册.南京:江苏古籍出版社,2002:431.
④ [康熙]桂阳州志·卷六·风土·物产[M].清康熙二十二年(1683)刻本,7.

第二节 史料中的采矿技术

一、找矿

清代郴桂矿厂在正式开采前要先寻找"矿苗"或"砂苗"。乾隆初年，桂阳州民何植苔在大凑山开采银矿多年，一直都未找到银矿，以致钱财耗尽。他欲遣散矿丁，但矿丁们想为他最后再试采一次，"入山者七八人，一人惰，不欲下，姑凿旁土，见矿苗如指，再凿辄宽，呼众击之，巨矿也"①。其中一名矿丁偶然间发现指头般大小的矿苗，越凿越宽，最后发现了巨矿，何植苔由此发家。乾隆二十八年（1763），郴州桃花垅等矿厂枯竭，调查发现"历年俱就各垅附近，相近相度矿苗试采，子垅旋开旋竭，不一其名"②。又如，嘉庆八年（1803），郴州、永兴交界的干柴窝、显冲头"从前浮面略见砂苗，今所挖概系荒石，无从采办，应即封禁"③。可见，"矿苗"或"砂苗"是直接出露在地表或去除表土就能发现的金属矿床露出地面的部分，即"露头"。这种方法叫"矿苗追踪法"，是明清时期最为常见的找矿方法④。清代云南矿厂将"矿苗"称作"引"，《滇南矿厂图略》对不同的矿苗进行过总结⑤。

找到矿苗后，砂夫随即跟随"砂线"探矿，并进行试采。乾隆十九年（1754），由于发现石壁下附近的停砂垅有私采活动，衡永道委派桂阳州同知"亲赴该地，慎选能识砂线之人，看明银砂线脉宽广若干，深长若干，可否再

---

① ［同治］桂阳直隶州志·卷二十·货殖［M］//《中国地方志集成》编辑工作委员会.中国地方志集成·湖南府县志辑：第32册.南京：江苏古籍出版社，2002：430.
② 湖南省例成案·户律仓库·卷十七·钱法［M］//周文丽，雷昌仁.湖南桂阳冶金史资料汇编.长沙：湖南人民出版社，2019：161.
③ 嘉庆八年五月二十日，湖南巡抚高杞，奏为委员勘明郴桂二州铜铅各厂情形事，录副奏折（一档档号：03-2141-022）［M］//中国人民大学清史研究所，中国人民大学档案系中国政治制度史教研室.清代的矿业.北京：中华书局，1983：355.
④ 韩汝玢，柯俊.中国科学技术史：矿冶卷［M］.北京：科学出版社，2007：166.
⑤ 吴其濬.《滇南矿厂图略》校注［M］.马晓粉，校注.成都：西南交通大学出版社，2017：16.

于附近多开数垅"①。可见，探矿需要"能识砂线之人"，查看矿脉多宽、多深。如果砂线明显，即可试采，如常宁县崇山头"今有桂阳州夫长唐继文等采获垅口，相去老垅半里许，验明系古遗老垅，垅内砂线灿明，呈请试采"；有的砂线细微，如铜盆岭子垅观音硐"铜砂一线，现在每日出砂二三石不等，嗣因该垅砂纯，夫长、炉户不忍弃置"，石壁下子厂风垅旁的一箩油"系一线砂苗，出砂无几，每日获砂百余斤并及二三石不等"②。

史料中未记载郴桂矿厂具体是如何寻找矿苗、跟随砂线探矿的。倪慎枢《采铜炼铜记》指出铜矿的矿苗为绿色："谛观山崖、石穴之间，有碧色如缕，或如带，即知其为苗。"③《天工开物》详细记载如何通过矿苗找到银矿："凡石山硐中有鋣砂，其上现磊然小石，微带褐色者，分丫成径路。采者穴土十丈或二十丈，工程不可日月计。寻见土内银苗，然后得礁砂所在。"④

二、开采

清代郴桂矿厂采用矿井开采法，随着砂线开采。乾隆十八年（1753），桂阳州"黑铅砂垅井深俱数十丈，竟有跟线东穿西曲，多至五六井者"⑤。经过数十年的开采，桂阳州绿紫坳、石壁下"垅路屈曲深远，上等砂苗俱经陆续搜采殆尽"⑥。史料中未记载郴桂矿厂具体的矿井开拓方法，《滇南矿厂图略》有较详细的记载⑦。

从《湖南省例成案》中使用"凿采""凿打""凿通""锤声"等词可以看

---

① 湖南省例成案·户律仓库·卷十四·钱法［M］// 周文丽，雷昌仁. 湖南桂阳冶金史资料汇编. 长沙：湖南人民出版社，2019：117.

② 湖南省例成案·户律仓库·卷十七·钱法［M］// 周文丽，雷昌仁. 湖南桂阳冶金史资料汇编. 长沙：湖南人民出版社，2019：166-168.

③ 吴其濬.《滇南矿厂图略》校注［M］. 马晓粉，校注. 成都：西南交通大学出版社，2017：63.

④ 宋应星. 天工开物·卷下·五金［M］. 魏毅，点校. 长沙：湖南科学技术出版社，2019：314.

⑤ 湖南省例成案·户律仓库·卷十四·钱法［M］// 周文丽，雷昌仁. 湖南桂阳冶金史资料汇编. 长沙：湖南人民出版社，2019：111.

⑥ 嘉庆八年五月二十日，湖南巡抚高杞，奏为委员勘明郴桂二州铜铅各厂情形事，录副奏折（一档档案号：03-2141-022）［M］// 中国人民大学清史研究所，中国人民大学档案系中国政治制度史教研室. 清代的矿业. 北京：中华书局，1983：355.

⑦ 吴其濬.《滇南矿厂图略》校注［M］. 马晓粉，校注. 成都：西南交通大学出版社，2017：18.

出,开采所用的工具为凿和锤,其材质应为铁质。《滇南矿厂图略》记载了清代云南矿厂开采使用槌、凿等工具。槌有两种,一种"以铁打,如日用铁槌,而形长七八寸,木为柄,左手持尖,而右手持槌,一人用之",另一种"以铁铸,形圆而稍匾,重三四五斤,攒竹为柄,则一人双手持槌,一人持尖"。槌搭配尖使用,尖"以铁为之,长四五寸,锐其末,以藤横箍其梗,以藉手"。另有凿为"铁头,木柄,各长有尺,形似铁撬"①。民国初年常宁水口山土法采矿也用凿和锤:"左手执长二尺余之钢圆凿,凿端扁锐,如人形,右手执重五六斤之钢锤。"②

郴桂矿厂的矿井有"土垅"与"石垅"之分。土垅即土质的矿洞,比较容易开采:"马家岭各矿,离城五六里、八九里不等,周围二十里四面皆矿,土垅易挖,出砂亦多。"③但土垅也存在其他问题,比如桂阳州兴旺岭、万景窝锡厂由于是土垅,地势低洼,经常被水淹,时开时停,导致开采无法顺利进行④。石垅难开采,郴州中兴、东坡等厂多为石垅,刨挖非常艰难⑤。采矿时,开采土垅比石垅获得的矿砂要多很多,"取矿者,遇土泥一人力日取至万斤,遇石沙日仅得数十斤"⑥。井下开采一般需要支护,史料中未提到郴桂矿厂的井巷支护情况。郴桂矿厂的石垅石质坚硬,不需要支护;而土垅,如果土质疏松,很可能需要支护,采用的应是中国传统的木框架结构。

采矿时遇到坚硬难凿的岩石会使用"火攻"。乾隆三十一年(1766),绿紫坳开采年久,矿洞底部的矿石被塝石包裹,开采困难,故"谕令夫长人等多

---

① 吴其濬.《滇南矿厂图略》校注[M].马晓粉,校注.成都:西南交通大学出版社,2017:20.
② 高等实业学堂矿科二班.水口山铅矿报告书[J].实业杂志,1912(4):1.
③ 乾隆十一年三月初八日,湖广总督鄂弥达,奏陈湖南清厘矿厂弊端事,朱批奏折(一档档号:04-01-35-1237-004)[M]//周文丽,雷昌仁.湖南桂阳冶金史资料汇编.长沙:湖南人民出版社,2019:23.
④ 湖南省例成案·户律仓库·卷十七·钱法[M]//周文丽,雷昌仁.湖南桂阳冶金史资料汇编.长沙:湖南人民出版社,2019:166-167.
⑤ 乾隆十一年三月初八日,湖广总督鄂弥达,奏陈湖南清厘矿厂弊端事,朱批奏折(一档档号:04-01-35-1237-004)[M]//周文丽,雷昌仁.湖南桂阳冶金史资料汇编.长沙:湖南人民出版社,2019:26.
⑥ [同治]桂阳直隶州志·卷二十·货殖[M]//《中国地方志集成》编辑工作委员会.中国地方志集成·湖南府县志辑:第32册.南京:江苏古籍出版社,2002:428.

备柴炭，用火攻去塉石"；石壁下子厂风垅"因砂质低薄，砂性坚硬，必用火攻，方可凿采"[①]。这里的"火攻"应是明清时期采矿常用的"火爆法"，即用火烧岩石，然后泼冷水，使得岩石裂开，便于开凿。明清时期，黑火药也用于矿山爆破[②]。民国初年水口山土法采矿采用了"炸爆法"，即在凿子挖出的孔中放入爆药，点燃引线爆炸，这种火药比普通的火药多加硝石，可增强爆炸力[③]。清代郴桂矿厂也可能使用了黑火药。

开采出来的矿石由砂夫运出，而大量的废石由穷民"背荒"而出[④]。矿石、废石的运输应是人力用布袋背出或用竹篑拖出矿洞。《滇南矿厂图略》记载了清代云南矿厂砂夫使用一种形如褡裢的麻布袋，两头为袋，装矿石、废石等，一头搭放在肩部，另一头垂落在臀部[⑤]。而民国初年水口山是用绳子拖曳篾制的篑，沿着木梯将矿石、泥土等运出[⑥]。

三、矿井排水

清代郴桂矿厂采矿经常遇到矿井积水问题，必须抽干积水，才能采挖。乾隆三十年（1765），石壁下子垅新兴垅被水淹停采，后雇夫车戽，将积水抽干，才开采到矿砂。而次年春，又被水淹，车戽不及，又停采[⑦]。同年，万景窝锡厂因为雨水过多，榨塘不时倒塌，且矿洞内水势太大，夫长备本车戽，修整榨塘[⑧]。"车戽"是指用水车抽水，将矿洞里的积水排出洞外。使用这种水车，需要设置"榨塘"，应该是两个水车之间储水的池塘，榨塘时常倒塌，需

[①] 湖南省例成案·户律仓库·卷十七·钱法[M]//周文丽，雷昌仁.湖南桂阳冶金史资料汇编.长沙：湖南人民出版社，2019：168.

[②] 李进尧，吴晓煜，卢本珊.中国古代金属矿和煤矿开采工程技术史[M].太原：山西教育出版社，2007：209-210.

[③] 高等实业学堂矿科二班.水口山铅矿报告书[J].实业杂志，1912(4)：1-2.

[④] 湖南省例成案·户律仓库·卷十四·钱法[M]//周文丽，雷昌仁.湖南桂阳冶金史资料汇编.长沙：湖南人民出版社，2019：114.

[⑤] 吴其濬.《滇南矿厂图略》校注[M].马晓粉，校注.成都：西南交通大学出版社，2017：20.

[⑥] 高等实业学堂矿科二班.水口山铅矿报告书[J].实业杂志，1912(4)：2.

[⑦] 湖南省例成案·户律仓库·卷十七·钱法[M]//周文丽，雷昌仁.湖南桂阳冶金史资料汇编.长沙：湖南人民出版社，2019：168.

[⑧] 湖南省例成案·户律仓库·卷十七·钱法[M]//周文丽，雷昌仁.湖南桂阳冶金史资料汇编.长沙：湖南人民出版社，2019：167.

要修整。

中国古代曾用过一种竹制或木制的长筒形排水工具。早在宋代，四川开采盐井就用这种工具来抽水，称为"唧筒"①。《天工开物》记载："井及泉后，择美竹长丈者，凿净其中节，留底不去。其喉下安消息，吸水入筒。"② 所谓"喉下安消息"，就是安装逆水阀③。《滇南矿厂图略》则称其为"龙"，用于在矿洞里抽水，"或竹或木，长自八尺以至一丈六尺，虚其中，径四五寸。另有棍，或木或铁，如其长，剪皮为垫，缀棍末，用以摄水上行"④（图2-1a）。龙为竹制或木制，细长筒形，中空，中间有木棍或铁棍，在棍的末端安装有皮垫，用于将水提上。用龙排水需要大量的人力，"每龙每班用丁一名，换手一名，计龙一条，每日三班，共用丁六名"，且多条龙要同时操作，"每一龙为一闸，每闸视水多寡，排龙若干，深可六十闸，横可十三四排，过此则难施"⑤（图2-1b）。这种龙在中国南方地区矿井排水时较为常用。

清代郴桂矿厂很可能就使用这种竹龙或木龙。清末水口山土法开采也用这种抽水工具："抽水之器，截竹为之，俗称孔明车，一抽不盈升勺。"⑥ 至民国初年，水口山仍在使用这种抽水器："以长丈余之竹筒为之，下端接一四五寸之木筒，筒口固牛皮活瓣，另贯竹片，长约车半，上端为横柄，下端固一牛皮圆活瓣，一经抽送，水即逼开活瓣上冲，承以菱形之木，次第抽出。"⑦

清代郴桂矿厂还采用开挖排水巷道排水的方法，如兴旺岭锡厂由于地势低洼，凿通活水，砂装被淹，而需另凿水泄⑧。

---

① 李进尧，吴晓煜，卢本珊. 中国古代金属矿和煤矿开采工程技术史[M]. 太原：山西教育出版社，2007：288.

② 宋应星. 天工开物·卷上·作咸[M]. 魏毅，点校. 长沙：湖南科学技术出版社，2019：149.

③ 李进尧，吴晓煜，卢本珊. 中国古代金属矿和煤矿开采工程技术史[M]. 太原：山西教育出版社，2007：288.

④ 吴其濬.《滇南矿厂图略》校注[M]. 马晓粉，校注. 成都：西南交通大学出版社，2017：20.

⑤ 吴其濬.《滇南矿厂图略》校注[M]. 马晓粉，校注. 成都：西南交通大学出版社，2017：20.

⑥ 廖树蘅. 荛源银场录·卷一·禀抚部院陈并总局言水口山地势平衍请开明圹以避水害[M]. 清光绪年间刻本，5. 嘉兴市图书馆藏.

⑦ 高等实业学堂矿科二班. 水口山铅矿报告书[J]. 实业杂志，1912(4)：2.

⑧ 湖南省例成案·户律仓库·卷十七·钱法[M]// 周文丽，雷昌仁. 湖南桂阳冶金史资料汇编. 长沙：湖南人民出版社，2019：166-167.

第二章　郴桂矿厂的采矿技术

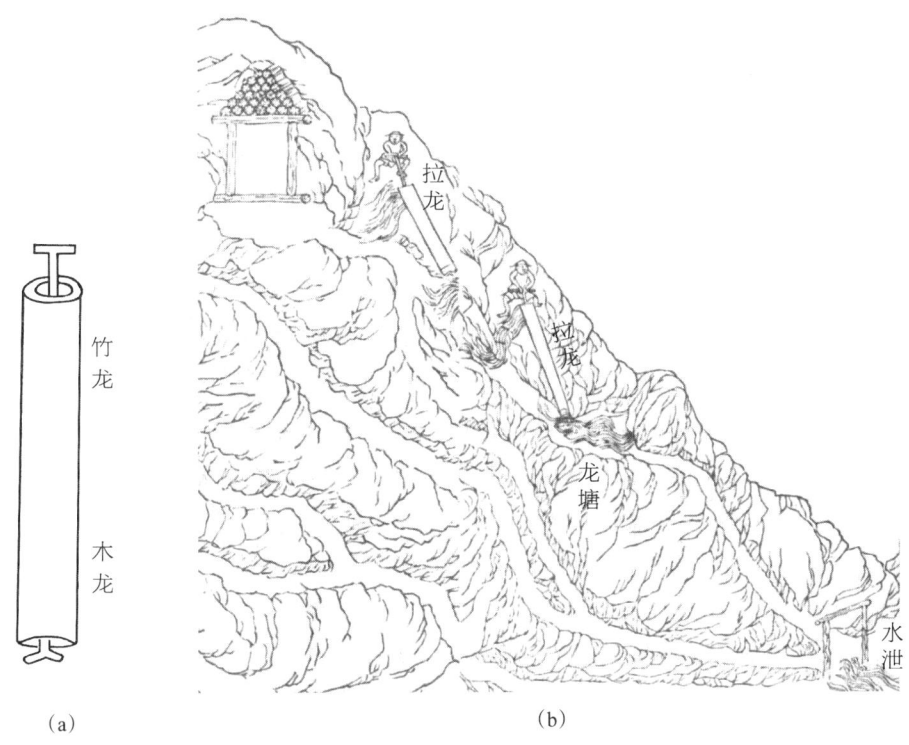

图 2-1　《滇南矿厂图略》竹木龙图(a)及拉龙图(b)①

四、矿井通风与照明

清代郴桂矿厂采矿要求矿井内空气流通，这样矿工才能呼吸，照明用的油灯才能点燃。矿井通风情况与季节有关，桂阳州"黑铅砂垅井……必须燃灯内照方可施工。一遇南风长发，气闭不通，灯不能燃，任有人力无可如何，所以每年秋冬旺于春夏"②。石壁下由于长时间开采，出现"垅路深远，每逢夏季，南风当令，炎热熏蒸，多致闭气，点灯不燃，难以施工，俟暑退秋凉，方可采取"③。可见，桂阳州春夏两季多刮南风，导致矿洞内空气不流通，无

---

① 吴其濬. 《滇南矿厂图略》校注[M]. 马晓粉，校注. 成都：西南交通大学出版社，2017：4, 12.
② 湖南省例成案·户律仓库·卷十四·钱法[M]// 周文丽，雷昌仁. 湖南桂阳冶金史资料汇编. 长沙：湖南人民出版社，2019：111.
③ 湖南省例成案·户律仓库·卷十七·钱法[M]// 周文丽，雷昌仁. 湖南桂阳冶金史资料汇编. 长沙：湖南人民出版社，2019：167-168.

法照明，影响正常开采作业，秋冬两季更适合开采。

火爆法要求矿井通风，有时需专门开凿通风巷道。乾隆三十一年（1766），石壁下子厂风坨火攻开采，"夫长上年凿穿通风太高，仍难爆火，又于五十垅之上另凿通风。现在督令夫长多催人夫昼夜轮班，两边凿打。据夫匠人等佥称，两边锤声听闻明朗，相隔不远。已据夫长工匠人等具限，准于五月可以凿通"①。三十二年（1767），李光华等夫长"承办大有、石壁二垅，两次凿打通风，岁经五载，费本万余"②，为了能在石壁下等矿厂采用火爆法，于是开凿通风巷道，但第一次开凿巷道的位置太高，无法通风，又再次开凿，两头同时凿打。两次开凿通风巷道耗时五年之久，花费了大量的工本，足见其不易。

史料未见记载清代郴桂矿厂通风和照明用具。关于通风用具，《滇南矿厂图略》记载了一种"风柜"，"形如仓中风米之箱后半截"③，而民国初年水口山土法采矿使用"鼓风器"通风："有风箱、风车二种，接以竹或木之长筒，为送风管。"④关于照明用具，《滇南矿厂图略》记载了一种叫作"亮子"的铁质油灯："如镫盏碟，而大可盛油半斤，其柄长五六寸，柄有钩。另有铁棍，长尺，末为眼，以受盏钩，上仍有钩可挂于套头上。棉花搓条为捻，计每丁四五人用亮子一照。"⑤水口山使用的油灯："概用铜或铁制之锅形，系以长勾，用盖或不用盖，灯草或面纱为灯芯，均用桐油，每人八小时，给油四两。"⑥清代郴桂矿厂大概亦用类似的鼓风器和油灯。

---

① 湖南省例成案·户律仓库·卷十七·钱法［M］//周文丽，雷昌仁.湖南桂阳冶金史资料汇编.长沙：湖南人民出版社，2019：168.
② 湖南省例成案·户律仓库·卷十八·钱法［M］//周文丽，雷昌仁.湖南桂阳冶金史资料汇编.长沙：湖南人民出版社，2019：172.
③ 吴其濬.《滇南矿厂图略》校注［M］.马晓粉，校注.成都：西南交通大学出版社，2017：20.
④ 高等实业学堂矿科二班.水口山铅矿报告书［J］.实业杂志，1912（4）：2.
⑤ 吴其濬.《滇南矿厂图略》校注［M］.马晓粉，校注.成都：西南交通大学出版社，2017：20.
⑥ 高等实业学堂矿科二班.水口山铅矿报告书［J］.实业杂志，1912（4）：2.

第二章　郴桂矿厂的采矿技术

第三节　采矿遗址的调查

采矿遗址主要分布在桂阳县城附近的宝山、黄沙坪矿区一带，桂阳县北部的雷坪、绿紫坳矿区一带，以及郴州市区的柿竹园矿区一带。宝山、黄沙坪、柿竹园等矿区的古矿洞大多已被现代采矿业所破坏或覆盖。目前调查发现了9处采矿遗址（图2-2），分别是桂阳县雷坪镇的万金窝、曲木遗址，桥市乡的老鸦洞、两头岩、观音窿、虾背、绿紫坳遗址，苏仙区的横山岭、野鸡尾遗址。结合史料和走访当地村民，推测这些遗址的年代为明清时期，也可能晚至民

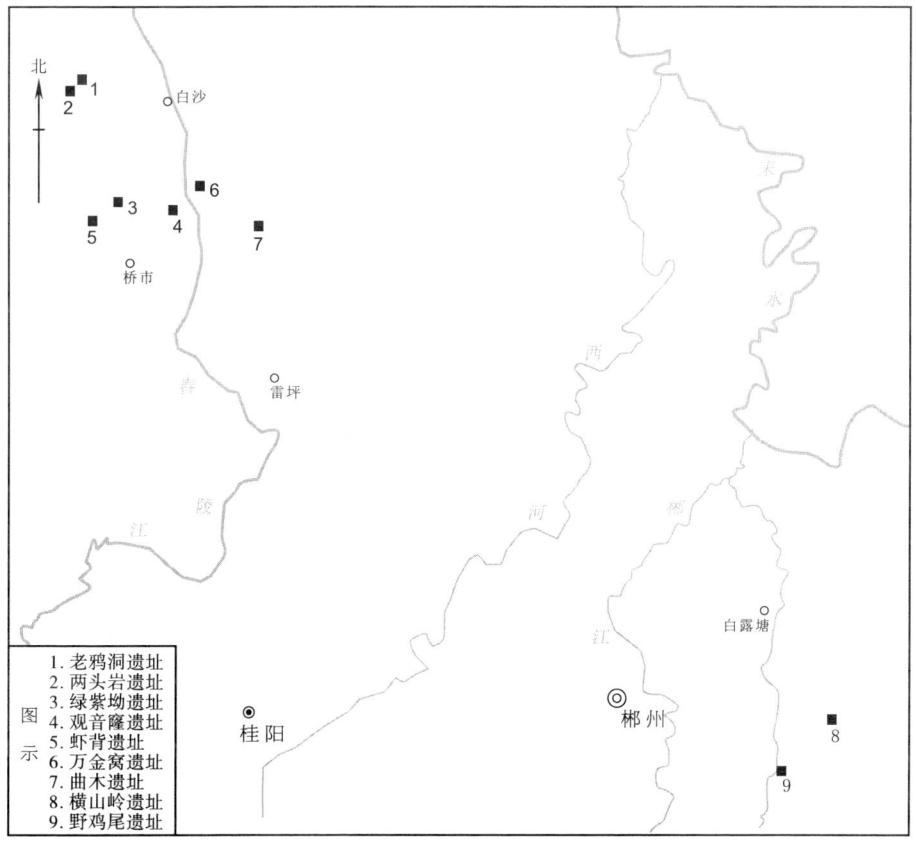

图2-2　郴桂地区采矿遗址分布图

国时期。虾背遗址崖壁上有天启年间开采的题记，绿紫坳遗址崖壁上有乾隆年间的题记，指出其早在天启年间就已开采，说明这两处遗址自明末就有开采。

这些采矿遗址均发现了矿洞的洞口，一部分矿洞由于安全原因已被回填掩埋，如宝山、绿紫坳一带的矿洞；一部分矿洞地处偏远，洞内地理情况复杂，调查人员由于没有充分的安全保障，只能在洞口外进行勘探调查。从矿洞的洞口来看，这些矿洞很大，深不见底，或是垂直向下，或是倾斜向下，或是水平延伸，有的是利用溶洞深入开采，未见支撑矿井用的巷木。可见当时开采规模大，需要大量的开凿、排水、通风等工作。多数采矿遗址附近未见冶炼遗存，应该是将矿石运往别处冶炼，而绿紫坳矿洞口旁有大量炼铜炉渣堆积，说明铜矿开采出来后在矿洞口旁进行冶炼。

1. 万金窝遗址

万金窝遗址位于雷坪镇欧家坑东面后山、马迹坳南面山头主峰，因矿产丰富，取名"万金窝"。采矿洞沿山体呈东北至西南走向，呈坡状向下延伸。采矿洞的出口有石墙砌筑。矿洞石壁上有人工榫孔。采矿洞南面有一塌陷的坑，当地邓氏村民称该地为"七十二铺床"。传说很久以前，72名矿工在这里采矿，山体塌陷，因山顶的工棚正好位于矿洞上方，导致矿工全部殒命。附近村民介绍此地出产锡矿，该遗址应该是乾隆年间万景窝锡厂所在地，万景窝"系土垅，地势低洼，每被水淹，时开时停"[①]。

2. 曲木遗址

曲木遗址位于雷坪镇曲木村北部约1千米处，原雷坪矿东南部（图2-3）。遗址南部还有几个竖井的洞口，直径约3米，垂直深度6～7米。该遗址可能是一处唐代至清代的铜矿开采遗址。据《旧唐书·食货志》记载，元和三年（808），郴州平阳、高亭两县交界之处有平阳冶及马迹、曲木等280余个古铜坑[②]。

---

① 湖南省例成案·户律仓库·卷十七·钱法［M］// 周文丽, 雷昌仁. 湖南桂阳冶金史资料汇编. 长沙：湖南人民出版社, 2019：169.

② 刘昫, 等. 旧唐书·卷四八·食货志上［M］. 北京：中华书局, 1975：2101.

另据附近村民告知,他们曾在老窿里发现抽水用的竹管,民国时期仅抽水的矿工就需40余名。

图2-3　曲木遗址

3. 老鸦洞遗址

老鸦洞遗址位于桥市乡辉山村老鸦自然村(老寨),距离村子北面约150米。因长时间开采,形成高约10米、宽约6米的矿洞,南北长约100米,高差约10米。南边入口小而平坦,北边出口大且陡峭,有小溪从南往北流。石壁上可见4个卯孔,还有一扣入岩石的马钉。洞上方还有几个通风的孔,已填满碎石。南边洞口处还遗留20世纪80—90年代的水泥洗矿设施。

4. 两头岩遗址

两头岩遗址位于桥市乡辉山村辉山坪南面,距离灰山坪约1.5千米(图2-4)。东面洞口高约3米,宽约5米,洞内上方有形态各异的钟乳石。东面洞口较大,而西面洞口较小,因此称为"两头岩"。洞中有溪流贯穿,部分狭窄的石沟上安放了便于通行的圆木。20世纪80—90年代村民在洞口修建了水坝,引水灌溉农田。洞口附近有白色石英岩碎块堆积,还在离此较近的茶园路边发现少量的冶炼炉渣。据村民告知,20世纪末此地有人在洞里采过矿石。

图 2-4 两头岩遗址

5. 观音窿遗址

观音窿遗址位于桥市乡大富村至枫树坪公路旁,因洞口有观音石而得名。主洞口高约 2 米,宽约 3 米。洞内上方有少量的钟乳石,由主洞延伸出多个支洞。对当地村民调查得知,此主洞在另一端还有个出口。在洞内发现了大量的碎石块,其中有铁矿石。洞内有大量群栖的蝙蝠以及众多的蜘蛛,还有现代采矿轨迹、电线等物品。

6. 虾背遗址

虾背遗址位于桥市乡枫树坪村西面峡谷的虾背自然村,距离村子约 500 米。分为左、右两洞,相距约 50 米。右洞开口较大,高约 1 米,宽约 2 米,内有杂乱的碎石。洞口东面石壁上有万历四年(1576)的摩崖石刻,但多数字迹模糊。左洞也高约 1 米,存在使用火爆法开采矿石的痕迹。据当地村民肖中苏告知,曾在洞中发现抽水竹筒、桶油等遗物,还流传着一首歌谣:"过了船形岭,银子十八鼎,鼎鼎十八块,块块十八两。"船形岭是枫树坪西南面的山。枫树坪一带可能是宋代"大富银坑"所在区域,明清时期陆续有开采活动。

7. 绿紫坳遗址

绿紫坳遗址位于桥市乡绿紫坳村,为集开采、冶炼于一体的遗址,面积约12万平方米。遗址南边山坳入口是绿紫坳古矿洞,为竖井式,坡度较陡,洞口宽约3米,高约4米。在洞口右侧石壁上有一方摩崖石刻,崖碑高2.25米,宽1.6米,上刻有"绿紫坳"3个大字(图2-5),竖写阴刻、楷书,其旁有5列楷书:"绿厂肇兴,始于明纪天启四年,国朝乾隆九年大兴开采。丙戌春,予奉委矿务,登临山顶,见宝气郁郁葱葱,其裨益于国课民资者,正复不浅,用标其目,以志不朽云。武林汪翼鹤题。"汪翼鹤,武林(今浙江杭州)人,乾隆三十一年(1766,即丙戌年)为湖南省宝庆府通判,任桂厂委员,专管绿紫坳等铜矿厂[①]。他的题记表明,绿紫坳早在天启四年(1624)始采,乾隆九年(1744)大规模开采。绿紫坳是同治《桂阳直隶州志》中所记桂阳州三矿地之一,乾隆年间兴盛,一直开采到道光时期(见第一章第三节)。

图2-5 绿紫坳古矿洞及摩崖石刻

---

① 乾隆三十二年八月二十五日,湖南巡抚方世儁,题为奏销桂阳等铜厂乾隆三十一年份炼铜抽税银数事,题本(一档档号:02-01-04-15951-002)。

8. 横山岭遗址

横山岭遗址位于苏仙区东坡矿区高峰水库边。该矿洞一侧有一处炼铅遗址，面积 3 万多平方米。矿洞在山坡底部，为横向，高 1.5 米、宽 1.2 米。矿洞前有长 4～5 米、宽约 2 米的露天巷道。

9. 野鸡尾遗址

野鸡尾遗址位于苏仙区野鸡尾矿区铜锡矿体的山腰上，海拔高度 620～695 米，矿口皆向西。矿洞多达 23 处，洞口大小不一，形状各异，是典型的沿着矿脉掘进挖矿的坑口。该区域存在铅锌锡等多金属矿产。

第四节　小结

本章通过梳理史料中有关清代郴桂矿厂矿石的记载，发现了两套认识矿石的术语。一套术语是《湖南省例成案》记载的乾隆年间郴桂矿厂各类矿业人员与各级官员所掌握的矿石分类方法，即将铜矿石、铅矿石、锌矿石分别称作铜砂、黑铅砂、白铅砂；铜砂和白铅砂一般按品位高低分为上、中、下砂，有质地的不同；黑铅砂往往含银，种类最多，根据矿石的质地和品位，分为熖砂、焦砂等 10 余种名色，每种名色又分上、中、下 3 等，每等之间还有差别，根据铅银矿石中铅、银含量的高低来定价。这种矿石的分类方法，应为当地矿业人员所用，矿砂买卖和政府抽税也采用了这套术语。另一套术语是同治《桂阳直隶州志》记载的桂阳州产的矿石，是从金属矿物的质地、形态、色泽等来命名，且多是描述高品位的矿石，部分矿石可以根据名称推断出是哪种金属矿物，可能是编撰方志的地方士绅参考了不同于《湖南省例成案》这类地方行政法规的资料。为何会有两套不同的术语，目前无法判断其原因，有待对不同史料中矿冶知识的来源进行深入研究。郴桂矿厂的这两套术语，均不同于清代云南矿厂对矿石的描述，应该是郴桂矿厂所独有的。

《湖南省例成案》还记载了乾隆年间郴桂矿厂找矿、开采、矿井排水、通风等采矿技术，即采用矿苗追踪法找矿，矿井开采法开采，遇到坚硬岩石时采用火攻法，用龙排水，开凿通风巷道等。这些都是中国传统的采矿技术，明清时期普遍采用。郴桂矿厂的采矿技术在很多方面与云南铜矿开采技术相似，如在矿井开采工具、使用火爆法、排水工具等方面。史料中有关郴桂矿厂采矿技术的描述较为简略，无法深入探究更加具体的矿井开拓技术、采掘工具、井巷支护技术等。清末民国时期常宁水口山土法采矿的记载为认识清代郴桂矿厂采矿技术提供了更多技术细节。通过对采矿遗址的初步调查，发现少量的矿洞口仅能容纳2～3人并排，大部分矿洞口都呈很大的或竖、或斜、或平的坑口状。不少现代矿洞是在老矿洞的基础上发掘形成的，可知矿洞里的围岩多是坚硬岩石，不太需要进行支护。

第三章

郴桂矿厂的炼铜技术

清代郴桂矿厂炼铜分两种方法，一种是"铜砂炼铜"，即用铜矿石来冶炼，炼出的铜叫"砂铜"；另一种是"铅渣炼铜"，即用铅渣来冶炼，铅渣是用含铜的铅矿石炼铅后获得的一种铜含量较高的物质，可以分离出冰铜，再用于炼铜，炼出的铜叫"渣铜"（见第四章第一节）。郴桂矿厂产的铜以砂铜为主，主要产自桂阳州北部的绿紫坳和石壁下矿厂，即今桂阳县北部雷坪镇、桥市乡一带，近年来考古调查发现了盘家、张家岭、绿紫坳等多处清代炼铜遗址。本章主要研究郴桂矿厂铜砂炼铜技术，先对史料记载中的炼铜技术进行复原，再介绍炼铜遗址的调查情况，最后通过对盘家遗址炼铜渣的分析来复原其炼铜技术。

第一节 史料中的炼铜技术

史料中有关清代郴桂矿厂炼铜技术的记载很少。《湖南省例成案》记载，乾隆十一年（1746），桂阳州知州汪度与候补知县李澎曾在马家岭试炼铜砂：

> 如卑职澎烧炼铜砂二百四十担，慎选炉户一名，严加关防，详加计议。盘大煅灶一座、小煅灶六座、高炉二座、煎炉一座、推炉一座，用炉匠二名、小工五名，每日将铜砂入炉灶煅。卑职澎俱亲历炉灶之

所，自晨至夕，冒烟看守。即当饮食之际，非朋友替换，即令诚实家人暂代。时刻加意稽查，处处留心节省，始免不致滋有弊端。若筹视稍有不周，煅砂即有热与不热，配搭铜砂入炉有过高过低，烧炉用炭有用多少，出釰水有净与不净，釰水入灶用炭有太过不足，以致所煅釰水有或生或过。种种弊窦，不胜枚举，均需多费人工炭火，有关工本。即买炭一项，时价原有不同，犹恐承买之人稍存私欲，一年用炭百数十万斤，更虑工本有亏。①

这段记载很好地揭示了郴桂矿厂炼铜技术的面貌：炼铜炉户要雇佣2名炉匠和5名小工，他们操作1座大煅灶、6座小煅灶、2座高炉、1座煎炉和1座推炉。炼铜前需要"煅砂"，即焙烧矿石，冶炼产生"釰水"，还要再次焙烧。这里的"釰水"应该是指冶炼硫化铜矿的中间产物冰铜，是一种铜铁硫化物（见第四章第一节）。这是一种典型的"硫化矿—冰铜—铜"法，即硫化矿经多次焙烧、富集熔炼，依次炼成多种中间产物冰铜，最后还原熔炼成铜。

清代最主要的产铜区是云南，不少云南官员记载了云南炼铜技术。通过比对云南炼铜有关史料，可对郴桂矿厂的炼铜技术做进一步复原。郴桂矿厂炼铜所用的大小煅灶、高炉、煎炉和推炉，可以与吴其濬《滇南矿厂图略》及所附的王昶《铜政全书·咨询各厂对》、倪慎枢《采铜炼铜记》等记载的煨窑、大炉、蟹壳炉、推炉等一一对应，下面分别进行讨论。

1. 煅灶

郴桂矿厂炼铜用的"煅灶"是焙烧矿石和冰铜的焙烧炉，云南称之为"煅窑""煨窑"。"灶"和"窑"都是指反应温度较低的炉子。云南煨窑"窑形如大馒首，高五六尺，小者高尺余，以柴炭间矿，泥封其外，上留火口"②。从《滇南矿厂图略》中的煅窑图来看，煅窑为长方形，三面筑墙，没有顶（图3-1a）。云南煨窑分大窑和小窑两种："大窑宽大五尺，深高四尺；小

---

① 湖南省例成案·户律仓库·卷十一·钱法[M]//周文丽，雷昌仁. 湖南桂阳冶金史资料汇编. 长沙: 湖南人民出版社, 2019: 60.

② 吴其濬. 《滇南矿厂图略》校注[M]. 马晓粉, 校注. 成都: 西南交通大学出版社, 2017: 64.

窑大一尺五寸，深四尺。先入大窑煅一次，受矿一万斤，需炭四百余斤，折耗三四百斤。次配青白代石，入大炉煎，折耗七千八九百斤，得冰铜一千六七百斤。复将冰铜入小窑翻煅七八次，折耗二百余斤。仍入大炉煎，折耗七八百斤，揭得净铜六七百斤。"[①]可见大窑较大，宽约1.6米，主要焙烧矿石，可焙烧约6 000千克（郴桂矿厂试炼240担，为14 000余千克）；小窑较小，宽0.5米，焙烧的是冰铜，可焙烧约1 000千克，需要翻煅7～8次。焙烧工序所需时间很长，《龙泉县志》记载焙烧铜矿石共需20余天，其中焙烧矿石"用柴炭装叠烧两次，共六日六夜"，焙烧冰铜需"连烧五火，计七日七夜"，再次冶炼成高品位冰铜后，还需"用柴炭连烧八日八夜"[②]。

中国古代炼铜用的焙烧炉发现得很少。内蒙古林西大井曾发现4座多孔窑式炼炉，直径1.5～2米，李延祥判断是对铜矿石进行死焙烧的焙烧炉[③]；另在九华山和尚山唐代炼铜遗址发现一处长方形冶炼遗迹，长6.7米，宽1.7米，李延祥认为是焙烧矿石的焙烧炉，并推测还存在另一种焙烧冰铜的焙烧炉[④]。近年来，湖北大冶铜绿山四方塘遗址发现了3座宋代焙烧炉、5座明代焙烧炉，多为长条形[⑤]。

1913年，日本地质学家山口义胜调查云南东川铜矿资源，记载了炼铜"煅矿炉"："一联二炉或三炉，各炉均成矩形，前后略长。"[⑥]1958年，土法炼铜也曾用过类似的方形排式焙烧炉（图3-1b），成排建造是为了方便不同窑次之间倒矿[⑦]。

[①] 吴其濬.《滇南矿厂图略》校注[M]. 马晓粉，校注. 成都：西南交通大学出版社，2017：71.

[②] 陆容. 菽园杂记[M]. 李健莉，点校. 上海：上海古籍出版社，2012：118.

[③] 李延祥，韩汝玢. 林西大井古铜矿冶遗址冶炼技术及产品特征初探[M]// 教育部人文社会科学重点研究基地，吉林大学边疆考古研究中心. 边疆考古研究：第1辑. 北京：科学出版社，2002：204-213.

[④] 李延祥. 铜绿山、九华山古代炼铜炉渣研究[D]. 北京科技大学博士论文，1995：121, 136.

[⑤] 陈树祥，王定兴，陈晨，等. 大冶铜绿山新见宋代炉（窑）之研究[J]. 湖北理工学院学报（人文社会科学版），2022（3）：17-24；陈树祥，王定兴，陈晨，等. 大冶铜绿山四方塘遗址新见明代焙烧炉及相关问题研究[J]. 南方文物，2022（5）：230-240.

[⑥] 山口义胜. 调查东川各矿山报告书[J]. 云南实业杂志，1914（2）：28.

[⑦] 谭德睿，孙淑云. 中国传统工艺全集·金属工艺[M]. 郑州：大象出版社，2007：41.

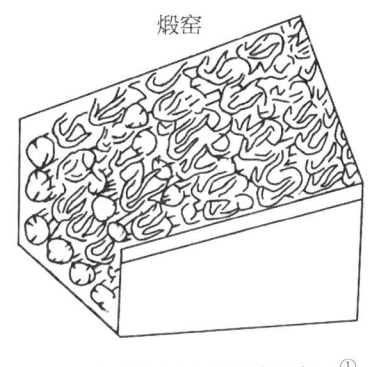
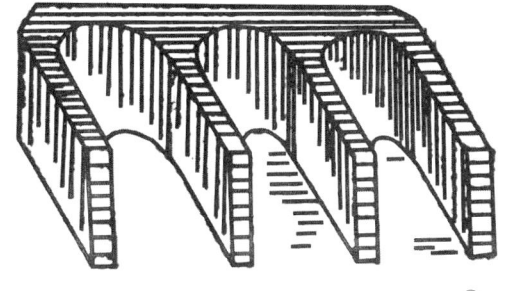

(a)《滇南矿厂图略》煅窑图①　　　　(b)1958年土法炼铜方形排式焙烧炉图②

图 3-1　煅窑图(a)及方形排式焙烧炉图(b)

由此推测，郴桂矿厂的"大煅灶"是焙烧矿石的大窑，"小煅灶"是焙烧冰铜的小窑，1座大煅灶搭配6座小煅灶，说明冰铜可能需要焙烧6次，建造6个小煅灶方便从一个小煅灶将冰铜翻移到另一个小煅灶，并可以同时进行多批冰铜的焙烧，节约焙烧时间。

2. 高炉

郴桂矿厂炼铜用的"高炉"是炼铜竖炉，云南称之为"大炉"。《滇南矿厂图略》记载："凡炉以土砌筑，底长方，广二尺余，厚尺余，旁杀渐上至顶而圆，高可八尺，空其中，曰甑子。面墙上为门，以进炭、矿；下为门，曰金门，仍用土封，至泼炉时始开；近底有窍，时开闭，以出䐑。后墙有穴，以受风。铜炉风穴上另有一穴，以看后火。"③这种炼铜炉(图3-2)高达2.6米，下部长方形，上部逐渐变圆，前面的墙开有两个门，上方的门是进料口，下方的门是金门，后面的墙设有鼓风口，鼓风口上有看火孔。《采铜炼铜记》记载的炼铜炉更大，高达4.8米："其炉长方高耸，外实中空，下宽上窄，高一丈五尺，宽九尺，底深二尺有奇。前为火门，架炭入矿之路也。红门下为小孔，谓之

---

① 吴其濬.《滇南矿厂图略》校注[M]. 马晓粉, 校注. 成都: 西南交通大学出版社, 2017: 13.
② 谭德睿, 孙淑云. 中国传统工艺全集·金属工艺[M]. 郑州: 大象出版社, 2007: 41.
③ 吴其濬.《滇南矿厂图略》校注[M]. 马晓粉, 校注. 成都: 西南交通大学出版社, 2017: 28.

金门，撤取渣䃲之窭也。后为风口，橐籥之所鼓也。"[1] 炼铜大炉按形态可分为将军炉、纱帽炉等，将军炉"上尖下圆，其形如胃"，纱帽炉"上方下圆，形如纱帽"[2]。清代云南炼铜大炉有两个用途，一是将在大窑里经过焙烧的铜矿石冶炼成冰铜，一是将在小窑里经过焙烧的冰铜冶炼成粗铜。

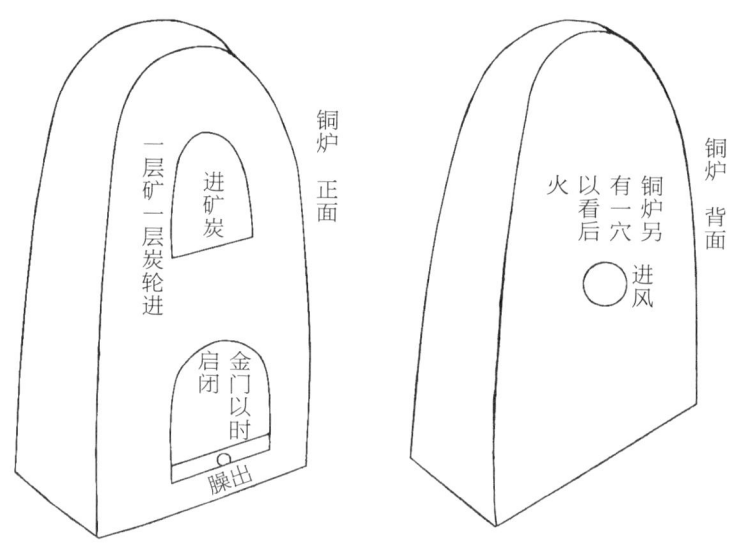

图 3-2 《滇南矿厂图略》铜炉图 [3]

云南东川多地发现清代炼铜炉（图 3-3）[4]，20 世纪也有东川传统炼铜炉的记载（图 3-4、图 3-5）[5]，基本上与史料记载的炉型结构相似。郴桂矿厂李澎试炼使用两座高炉，用于冶炼𨥧水（即冰铜）和毛铜（即粗铜），两座高炉可能存在着分工，一座炼冰铜，一座炼粗铜。

---

[1] 吴其濬.《滇南矿厂图略》校注[M]. 马晓粉，校注. 成都：西南交通大学出版社，2017：64.
[2] 吴其濬.《滇南矿厂图略》校注[M]. 马晓粉，校注. 成都：西南交通大学出版社，2017：64.
[3] 吴其濬.《滇南矿厂图略》校注[M]. 马晓粉，校注. 成都：西南交通大学出版社，2017：10，13.
[4] 李天祐. 绚丽多彩的云南东川古铜文化[J]. 中国文化遗产，2008(2)：47-49.
[5] 山口义胜. 调查东川各矿山报告书[J]. 云南实业杂志，1914(2)：30；张铭石. 土法炼铜：第4辑[M]. 北京：冶金工业出版社，1958：18.

第三章 郴桂矿厂的炼铜技术

（a）茂麓炼铜炉

（b）舍块达朵炼铜炉

图 3-3　东川清代炼铜炉[①]

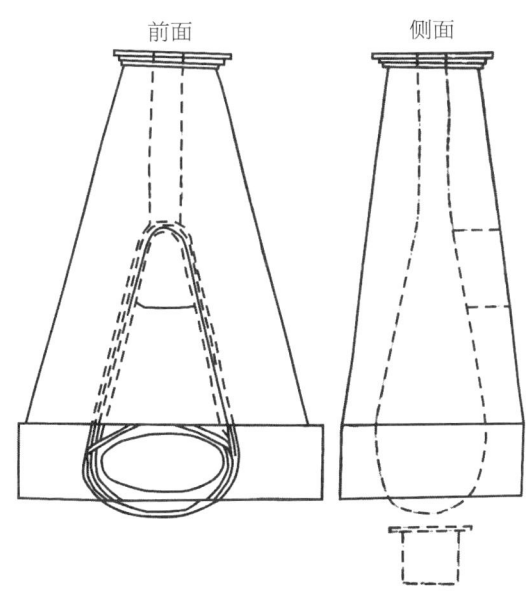

图 3-4　1913 年山口义胜调查的铜矿熔解炉图[②]

[①] 李天祜. 绚丽多彩的云南东川古铜文化[J]. 中国文化遗产, 2008(2): 48.
[②] 山口义胜. 调查东川各矿山报告书[J]. 云南实业杂志, 1914(2): 30.

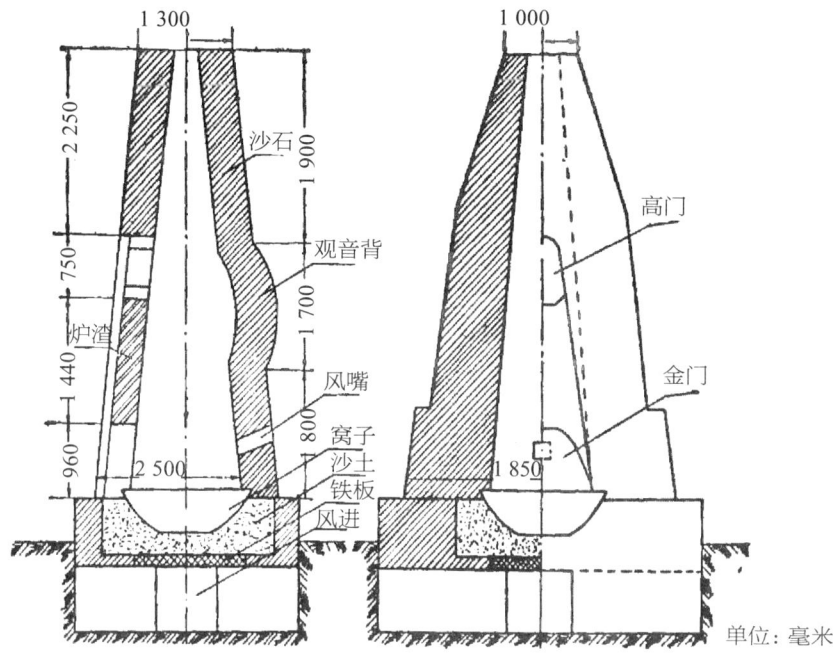

图3-5　1958年东川土法炼铜观音炉图[①]

3. 煎炉

郴桂矿厂炼铜用的"煎炉"是重熔粗铜进行精炼的炉子。云南还有一种大炉叫"蟹壳炉",用于粗铜精炼:"蟹壳炉形上圆下方,高八九尺,宽四五尺,深一尺有余,每炉受黑铜四百余斤,需炭五百余斤。铜汁镕于窝内,泼水一瓢,揭铜一元。以黑铜改煎蟹壳,每百斤约折耗铜十斤。"[②] 蟹壳炉上部圆形、下部方形,高2.6～2.9米,铜液在炉内的窝中熔化,将黑铜(即粗铜)熔化精炼成蟹壳铜(即净铜)。

云南东川汤丹桃园附近发现过蟹壳炉遗迹,高3米多(图3-6)[③],与史料记载的"上圆下方"相符。郴桂矿厂所用的"煎炉"应该就是将高炉中所炼出的粗铜重熔精炼的精炼炉。

---

① 张铭石. 土法炼铜:第4辑[M]. 北京:冶金工业出版社,1958:18.

② 吴其濬.《滇南矿厂图略》校注[M]. 马晓粉,校注. 成都:西南交通大学出版社,2017:70-71.

③ 李天祜. 绚丽多彩的云南东川古铜文化[J]. 中国文化遗产,2008(2):51-52.

第三章 郴桂矿厂的炼铜技术

图3-6 东川汤丹桃园附近的蟹壳炉[①]

4. 推炉

郴桂矿厂炼铜用的"推炉"是一种分离铜银的炉子，云南也有推炉。《采铜炼铜记》载："又有所谓铜中彻银者，其矿坚黑如镔铁，俗谓之明矿。先以大窑煅炼，然后入炉煎成冰铜，再入小窑翻炼七八次，亦同前法。复入推炉，形如椑器，首置橐籥，尾置铜瓦，挤彻铅水，搅和底母，撒成净铜。挤出铅水，入罩炉分金，罩形如龟甲，大尺余，加火于外。"[②]《铜政全书·咨询各厂对》载："推炉形如木槔，头高二尺五寸，尾高二尺，横宽二尺二寸，直长六尺。金门大八寸，高五尺，深五尺，受冰铜五十余斤，需柴头七八十斤；风箱安在头上，尾用竹瓦挤彻铅水。"[③]从这些记载可知，推炉用于冶炼含银的铜矿石，将焙烧过的冰铜放在推炉中，加入"底母"（即氧化铅），冶炼成铜、铅，铅从推炉尾部的铜瓦或竹瓦流出，再用炼银罩将其中的银分离出来，而铜则留在推炉内，可以精炼成净铜。可见，推炉是将氧化铜和氧化铅反应，铜中的银进入铅中，将铅银从铜中分离出去的分金炉。

---

① 李天祜. 绚丽多彩的云南东川古铜文化[J]. 中国文化遗产, 2008(2): 52.
② 吴其濬.《滇南矿厂图略》校注[M]. 马晓粉, 校注. 成都: 西南交通大学出版社, 2017: 64-65.
③ 吴其濬.《滇南矿厂图略》校注[M]. 马晓粉, 校注. 成都: 西南交通大学出版社, 2017: 71.

目前在云南未曾发现推炉遗迹,也未见土法推炉的记载,有关推炉的形制和用法有待进一步研究。乾隆年间郴桂矿厂试炼铜矿时使用过推炉,用于提取铜矿中的银。由于铜矿石含银量低,推炉只在试炼时使用,实际炼铜炉户并没有使用推炉。

由此,我们推测乾隆年间郴桂矿厂炼铜技术与云南相似,都是采用"硫化矿—冰铜—铜"法,具体工艺流程是:首先,将硫化铜矿置于大煅灶内焙烧,焙烧后的矿石用高炉冶炼成冰铜;然后,将冰铜置于小煅灶内焙烧多次,焙烧后的冰铜用高炉冶炼成粗铜;最后,用煎炉将粗铜精炼成净铜。

郴桂矿厂炼铜有很多影响工本和产量的因素。一方面,铜矿石品位有高低,产量也有高低:"桂阳州绿紫坳、大湖垅等处所产铜砂,原有上中下之分,成色既高低不一,是以历来煎炼铜斤数目,亦参差不齐,未能归于画一。"[①]绿紫坳矿厂"每炼砂一石,可出铜七斤有零"[②]。另从奏报的铜砂数和炼获净铜数推算,乾隆二十七年(1762),绿紫坳矿厂每百斤可炼铜9.8斤[③],嘉庆七年(1802)可炼8.1斤[④]。如果不考虑冶炼过程中铜的损耗,绿紫坳铜矿石品位不到10%,可见其矿石品位较低。另一方面,炼铜过程中很多操作都会影响其成本和产量。例如,李澎到现场亲自监督,发现焙烧矿石温度的高低、铜矿石品位的高低、使用木炭的多少、冶炼所得冰铜是否纯净、焙烧冰铜所用木炭的多少等,都会导致人工和木炭等成本增加,也会降低其产量[⑤]。而铜砂炼铜本身就非常费时、费工,成本很高:"铜砂煎炼必须费手八九次,人工、

---

① 湖南省例成案·户律仓库·卷十五·钱法[M]//周文丽,雷昌仁.湖南桂阳冶金史资料汇编.长沙:湖南人民出版社,2019:134-135.

② 湖南省例成案·户律仓库·卷十六·钱法[M]//周文丽,雷昌仁.湖南桂阳冶金史资料汇编.长沙:湖南人民出版社,2019:145.

③ 乾隆二十八年八月二十九日,刑部尚书暂管户部事务舒赫德,题为遵旨察核湖南省桂阳州各矿厂乾隆二十七年份抽收税银铜斤等项银两事,题本(一档档号:02-01-04-15629-008).

④ 嘉庆七年九月一日,户部尚书禄康,题覆湖南桂阳州属绿紫坳等处抽收税课开销事[M]//张伟仁.明清档案.台北:台湾"中研院"历史语言研究所,1986:A311-135.

⑤ 湖南省例成案·户律仓库·卷十一·钱法[M]//周文丽,雷昌仁.湖南桂阳冶金史资料汇编.长沙:湖南人民出版社,2019:60.

炭火甚巨，实费工本银一十余两，方可炼得铜一百斤。"① 桂阳州大有垅炉户"于围内设炉，惟建盖炉蓬及砌大小各灶，什物、工炭，每炉需银五十两"②。尤其是木炭用量很大，其价格影响着炼铜成本："即买炭一项，时价原有不同，犹恐承买之人稍存私欲，一年用炭百数十万斤，更虑工本有亏。"③

从李澎试炼情况可知，炼铜需要搭配 11 座炉灶，1 名炉户需要 2 名炉匠和 5 名小工操作。乾隆十一年（1746），马家岭矿厂官围办矿时，有 28 家炉户圈入官围④；三十二年（1767），石壁下风垅在黄田召充炉户 42 家，入围冶炼，后变为 28 家⑤；绿紫坳矿厂曾设炉 63 座⑥。如果一个矿厂算 30 名炉户，每名炉户共用 7 名工匠、10 座炉灶（不包括推炉），那么就有 210 名工匠、300 座炉灶，可见其规模之大。

第二节　炼铜遗址的调查

湖南省文物考古研究所等单位调查桂阳县矿冶遗址时发现了 5 处炼铜遗址（图 3-7），主要集中在今桂阳县北部的雷坪镇、桥市乡。2016 年 11 月初，对雷坪镇黄田村下辖的盘家自然村的炼铜遗址做了初步的调查，该遗址距县城约 30 千米。2018 年 4 月底，对盘家遗址进行复查，并对位于盘家南面

---

① 乾隆十一年三月初八日，湖广总督鄂弥达，奏陈湖南清厘矿厂弊端事，朱批奏折（一档档号：04-01-35-1237-004）[M]// 周文丽，雷昌仁. 湖南桂阳冶金史资料汇编. 长沙：湖南人民出版社，2019：23.

② 湖南省例成案·户律仓库·卷十八·钱法[M]// 周文丽，雷昌仁. 湖南桂阳冶金史资料汇编. 长沙：湖南人民出版社，2019：171.

③ 嘉庆七年九月一日，户部尚书禄康，题覆湖南桂阳州属绿紫坳等处抽收税课开销事[M]// 张伟仁. 明清档案. 台北：台湾"中研院"历史语言研究所，1986：A311-135.

④ 湖南省例成案·户律仓库·卷十一·钱法[M]// 周文丽，雷昌仁. 湖南桂阳冶金史资料汇编. 长沙：湖南人民出版社，2019：60.

⑤ 湖南省例成案·户律仓库·卷十一·钱法[M]// 周文丽，雷昌仁. 湖南桂阳冶金史资料汇编. 长沙：湖南人民出版社，2019：180.

⑥ 湖南省例成案·户律仓库·卷十八·钱法[M]// 周文丽，雷昌仁. 湖南桂阳冶金史资料汇编. 长沙：湖南人民出版社，2019：145.

1.5千米处的张家岭炼铜遗址进行了调查,另在盘家和张家岭附近的粮源、冲头源、藕塘、石家等村都发现类似的炼铜遗址。这些遗址均沿舂陵江东岸分布,以盘家和张家岭遗址规模最大。还对位于盘家、张家岭遗址西北部的桥市乡枫树村的绿紫坳遗址进行了调查,该遗址距县城约43千米。下面详细介绍盘家、张家岭和绿紫坳3处炼铜遗址的情况。

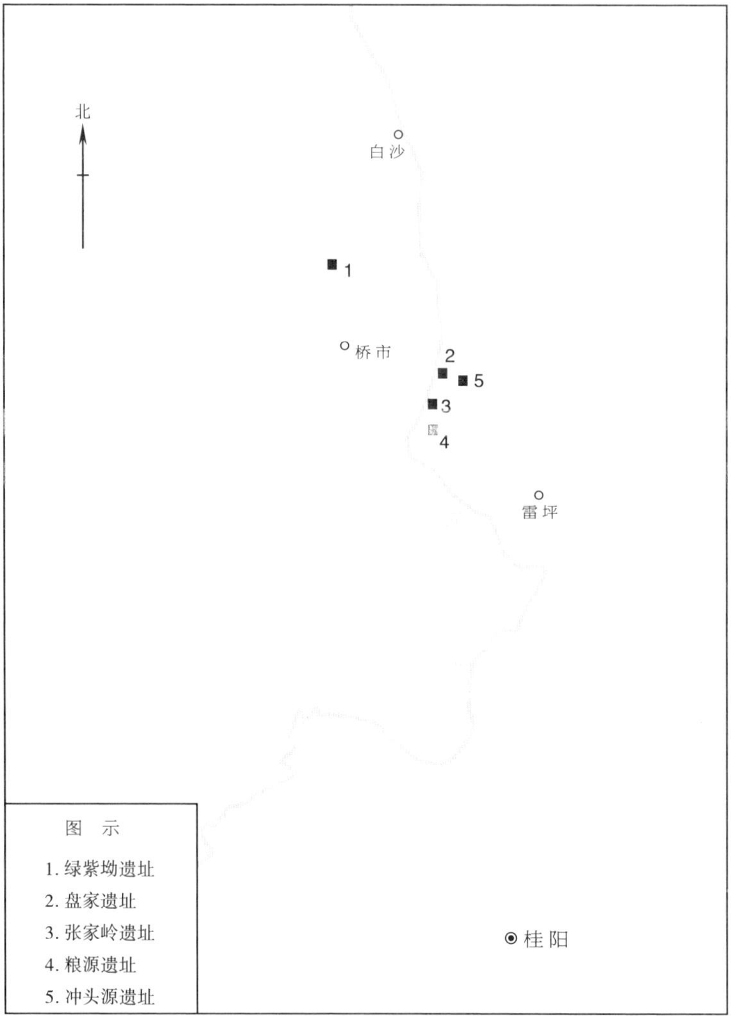

图示
1. 绿紫坳遗址
2. 盘家遗址
3. 张家岭遗址
4. 粮源遗址
5. 冲头源遗址

图 3-7 桂阳炼铜遗址分布图

1. 盘家遗址

盘家遗址位于黄田村盘家自然村北面，南北长 250 米，东西长 200 米，面积约 5 万平方米（图 3-8）。遗址地表均有炉渣堆积，呈小山包状，局部有小平台，炉渣层厚薄不一，最厚处约 7 米。从炉渣堆积的情况推测，起初在靠近江边的台地上冶炼，冶炼产生的炉渣堆积越来越多，冶炼平台逐渐向上扩展。大多数炉渣堆积是原生堆积，少部分被后期扰乱，部分遗址因现代建设已遭到一定程度的破坏。通过对遗址断面的观察，发现部分断面上有不同高度的工作面，在调查的 1 万平方米面积的范围内存在 4～5 处工作面。工作面由红色黏土填筑，一般厚约 10 厘米，较厚处有 28 厘米。在一断面处，发现有红色黏土填筑的两层工作面，距离 1 米左右。一个工作面，可能对应着一处作坊。经过简单勘探，在盘家遗址发现两个炉子，以及碎矿石臼、青花瓷片、陶罐残片、炼锌冶炼罐等。陶瓷片较少出现在遗址内，器型有青花瓷杯、碗，纹饰为菊花、缠枝番石榴、环形纹等，可分为景德镇、福建民窑和本地土窑 3 类。综合陶瓷片、家谱和史料判断，盘家遗址的时代可能为清乾隆时期。

图 3-8 盘家遗址航拍图

炉1（L1）位于遗址的中心部位，在一较大断面处的工作面上（图3-9）。L1仅保留了炉子的一角，残长1.2米，残宽0.6米，残高0.7米。L1由砖平铺砌筑，大部分使用完整砖块，砖已烧成红色，砖长24厘米，宽14.5厘米，厚6.5厘米。炉壁一侧为单砖错缝平铺垒砌，另一侧为双砖错缝平铺垒砌，砌筑稍显随意。炉内壁烧结严重，呈黑灰色，炉底部未见明显烧结面。炉底与一工作面平行相接，清理出工作面长约5米，厚约25厘米，由红色黏土、砖块、炉渣混合铺筑而成。根据L1形制和炉内壁烧结物的分析，判断其为精炼炉，即郴桂矿厂炼铜的"煎炉"。

图3-9　盘家遗址精炼炉L1

炉2（L2）位于遗址东北角，为并排的两个炉子（图3-10）。L2由炉渣、砖块、红色黏土堆筑而成。呈南北向，炉口朝东。南北长3米，东西宽2.6米，呈土包状，开口于矿渣之下。L2东端炉壁用残砖砌筑，砌筑不甚规整，炉南北两侧都有受热痕迹，炉西部残缺。左炉长1.3米，宽0.8米，残高0.66米；右炉长1.07米，宽0.86米，残高0.6米。根据L2形制和炉内烧结程度，判断其为焙烧炉，即郴桂矿厂炼铜的"煅灶"。

第三章 郴桂矿厂的炼铜技术

图 3-10　盘家遗址焙烧炉 L2

《湖南省例成案》记载乾隆十八年（1753）左右，黄田一带村民从石壁下矿厂购买铜砂冶炼："石壁下……历无烧铜炉座，俱系远隔十余里，数十里之江龙源、张家岭、吉冲头、藕塘、小溪头、冲头源、黄田等处民人买砂回家煅炼，炉座起停无定，既难稽查，路迳四通八达，卡不胜设。"[①] 盘家遗址即"黄田"，盘家附近的张家岭、冲头源、藕塘等遗址均是史料中提及的村名，说明盘家、张家岭等炼铜遗址应该是石壁下矿厂炼铜所在地。由于这些炉户炼铜较为分散，很难设卡缉私。乾隆三十二年（1767），官府选择在较为平坦的冲头围、瑶溪、藕塘等地聚集炉户炼铜，并在附近的道路上设置关卡，稽查偷运[②]。

盘家遗址南边即盘家自然村，是廖氏祖屋所在地，周边自然村的村民也多为廖氏后人。乾隆三十二年（1767），石壁下子垅大有垅的炼铜炉户中有好几位廖姓炉户[③]。据桂阳雷坪《廖氏宗谱》记载："村子北面的山坳上，有一

---

① 湖南省例成案·户律仓库·卷十四·钱法[M]// 周文丽, 雷昌仁. 湖南桂阳冶金史资料汇编. 长沙：湖南人民出版社, 2019: 181.
② 湖南省例成案·户律仓库·卷十八·钱法[M]// 周文丽, 雷昌仁. 湖南桂阳冶金史资料汇编. 长沙：湖南人民出版社, 2019: 112.
③ 湖南省例成案·户律仓库·卷十八·钱法[M]// 周文丽, 雷昌仁. 湖南桂阳冶金史资料汇编. 长沙：湖南人民出版社, 2019: 172.

道长三百米，宽约两米，高一至四米不等的石砌围墙。这是乾隆四年修建。它把肆虐的北风挡到墙外。"① 目前在村北面的山坡上还保留了青石垒砌的石墙（图3-11），墙上开有两处门洞，墙体中嵌有一块石碑，字迹模糊，隐约可见"乾隆"字样。盘家处在山坳之中，面向春陵江，两侧为山坡，其后为田地，并不需要建石墙来阻挡北风。该石墙正好位于炼铜作坊和盘家村之间，可能是为了阻拦炼铜产生的废气。

图3-11 盘家村石墙

2. 张家岭遗址

张家岭遗址位于黄田村藕塘自然村西面，南北长150米，东西长140米，面积约2万平方米，遗址表面均有炉渣堆积，炉渣层厚薄不一（图3-12）。从台地两侧看，遗址所在地应为台地凹处，被炉渣所填充。从一侧断面看，炉渣堆积厚度为3～5米。遗址保存完整，未被人为活动所破坏。遗址内有5～6个工作面，有两个工作面较明显，其中一个工作面上堆积有煤渣、炉渣和炼锌罐（图3-13）。

---

① 桂阳雷坪廖氏宗谱，2003: 31.

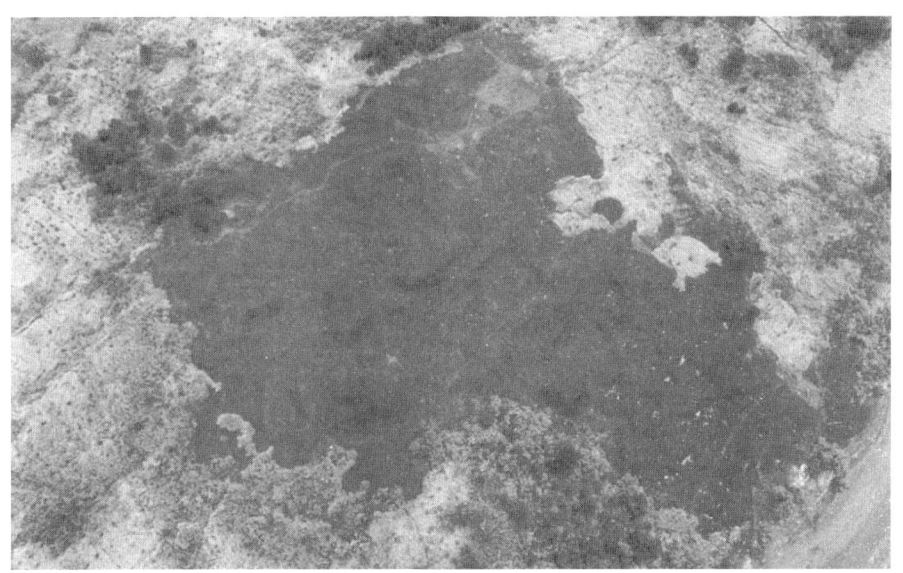

图3-12 张家岭遗址航拍图

图3-13 张家岭遗址炉渣堆积及工作面

对一个工作面做了清理,发现一座炼锌炉的长方形炉基(图 3-14)。该炼锌炉呈南北走向,与桐木岭遗址炼锌炉形制相同(见第五章第二节),平面为长条形,由炉床和炉室两部分组成。炉床由黄色黏土夯筑而成,残宽 80 厘米,在其上修筑炉室。炉室现可见炉栅、侧墙、通风口、炉下室等。多列炉栅平行排列于炉床之上,与侧墙下部通风口相通。炉栅长 25 厘米,厚 3 厘米,间距 18 厘米。炉基周围发现较多炼锌罐和冷凝器残块。

图 3-14　张家岭遗址炼锌炉 L1(标尺长 50 厘米)

3. 绿紫坳遗址

绿紫坳遗址在绿紫坳矿洞洞口(见第二章第三节)周围的山坡上有大量的炉渣堆积,南北长约 400 米,东西宽约 300 米,面积约 12 万平方米(图3-15)。炉渣多为椭圆形的块状,直径大小不一,多在 20 厘米以下,厚度在 3~5 厘米,表面较为粗糙,孔洞较多。大多数炉渣块保存较好,并且有一定规律地堆积摆放(图3-16)。绿紫坳遗址未发现炼炉遗迹,也未发现工作面,是目前桂阳一带冶炼遗址少有的现象。

第三章 郴桂矿厂的炼铜技术

绿紫坳的矿冶历史在前文中已作梳理(见第一章第三节)。从绿紫坳矿洞洞口的摩崖石刻看,绿紫坳自明天启年间开采,于乾隆九年(1744)大兴开采。绿紫坳是集铜矿开采和冶炼为一体的矿厂,是清代郴桂地区产量最大的铜矿厂,所产的铜是宝南局铸钱的主要来源。绿紫坳从乾隆、嘉庆直到道光年间开采,民国初年又有开采[1];20世纪50年代开始,桂阳县政府在绿紫坳开办县铜矿厂,重新开采绿紫坳铜矿[2]。

图3-15 绿紫坳遗址航拍图

---

[1] 张人价. 湖南之矿业[Z]. 长沙:湖南经济调查所,1934:226.
[2] 桂阳县志编纂委员会. 桂阳县志[M]. 北京:中国文史出版社,1994:444.

图 3-16　绿紫坳遗址炉渣堆积

第三节　炉渣分析揭示炼铜技术

本节对盘家遗址地表采集的 21 个炼铜渣样品（编号以 PJ 开头）进行显微组织观察和化学成分分析，以期揭示盘家遗址的炼铜技术。

一、炉渣分析

盘家遗址出土的炼铜渣大部分是灰黑色碗状和片状的玻璃态炉渣残块，少量为不规则形状，从外观上大致可分为 3 类（图 3-17）。

A 类炉渣为碗状，共 9 个（PJ01、PJ04～09、PJ17、PJ18），呈灰黑色，中间厚，周围薄，下表面外凸，粗糙多孔，上表面略内凹，较为致密。其中 PJ01 较为完整，直径可达 16 厘米；PJ17 为长条形，下表面带绿色锈蚀。

B 类炉渣为片状，共 5 个（PJ10～13、PJ20），呈灰黑色，有少量气孔，有的表面呈浅绿色或白色。

C类炉渣为不规则形状，共7个。其中小块不规则渣5个（PJ14～16、PJ19、PJ21），呈灰黑色，表面多呈流动态，较为致密；还有两个大块不规则渣（PJ02、PJ03），可见大量的气泡，一面较平，一面不规则，其中PJ02边缘有较高的凸起（图3-18）。

(a) 碗状炉渣 PJ17　　　　　　(b) 片状炉渣

(c) 不规则小块炉渣　　　　　(d) 不规则大块炉渣 PJ03

图 3-17　盘家遗址炼铜渣

(a)上表面　　　　　　　　　(b)下表面

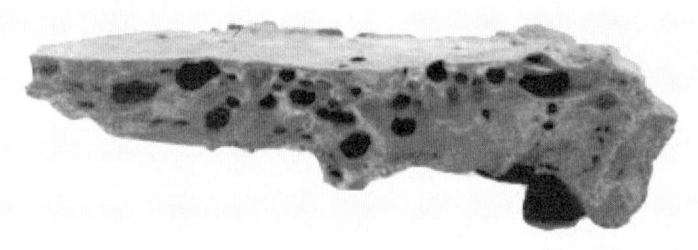

(c)断面

图 3-18　盘家遗址不规则大块炉渣 PJ02

分析结果显示，盘家遗址炼铜渣基体为 SiO_2-FeO-CaO、SiO_2-FeO 系炉渣，主要物相有玻璃态基体、长条状铁橄榄石（Fe_2SiO_4）和四边形铁尖晶石（$FeAl_2O_4$）。它们的 SiO_2 含量在 23%～35%，Al_2O_3 含量在 7%～15%（表 3-1）。炉渣样品 PJ03、PJ04、PJ06、PJ15、PJ16、PJ17、PJ19、PJ21 为 SiO_2-FeO 系炉渣，它们的 FeO 含量高达 40%～58%，CaO 含量小于 5%。其他样品为 SiO_2-FeO-CaO 系炉渣，FeO、CaO、MgO 含量波动较大，FeO 含量在 20%～45%，CaO 含量在 6%～27%，MgO 含量在 2%～16%。这些炉渣还含有少量的 SO_3、Cu_2O、ZnO、As_2O_3、SnO_2、PbO 等。

盘家遗址炼铜渣中夹杂物主要有黄渣、冰铜和金属颗粒 3 种，根据 3 种夹杂物的存在形态,将这些炉渣大致分为3类:Ⅰ类炉渣含黄渣和冰铜,Ⅱ类炉渣只含冰铜,Ⅲ类炉渣含金属颗粒和冰铜。

Ⅰ类炉渣中黄渣呈圆形颗粒,通常黄渣颗粒周围包裹着冰铜(图3-19a、b),也有单独的不规则形状的冰铜夹杂,共8个样品(PJ01、PJ02、PJ05、PJ09、PJ10、PJ13、PJ14、PJ18)。这类炉渣中的黄渣颗粒为铁砷化合物,铁含量为33%～55%,并含有5%～10%的铜、1%～5%的硫等(表3-2),冰铜的铜含量为16%～38%(表3-3);唯独PJ10中的黄渣颗粒为铜铁砷化合物,铜含量高达38%,铁含量约16%,冰铜的铜含量较高,约70%。另外,PJ05最大的黄渣-冰铜颗粒周围还包裹有铁氧化物,PJ09中还发现木炭残留痕迹(图3-19c)。

Ⅱ类炉渣中存在冰铜颗粒(图3-19d),不见黄渣,共10个样品(PJ04、PJ06、PJ07、PJ08、PJ11、PJ12、PJ15、PJ17、PJ19、PJ20)。这类炉渣中的冰铜颗粒呈圆形或不规则形状,铜含量在25%～71%(表3-3),主要存在Fe-S、Fe-Cu-S等物相。另外,PJ04冰铜中还存在细小的富砷铅颗粒,PJ06冰铜中存在砷铜颗粒、红铜颗粒、富锡砷铁相等,PJ12冰铜中存在铁氧化物,PJ15、PJ19冰铜中存在铜锡合金颗粒(图3-19e),锡含量分别为30.6%、20.7%。

Ⅲ类炉渣中存在铜颗粒,颗粒周围包裹着白冰铜(图3-19f),共3个样品(PJ03、PJ16、PJ21)。这3个样品中的铜颗粒均为铜锡合金颗粒,直径小则几十微米,大则300多微米,平均锡含量分别为4%、13.2%和12.5%,并含有不到1%的铁,PJ03还含有1%的砷、0.6%的铅(表3-4)。

表 3-1 盘家遗址炼铜渣的基体成分

单位：wt%

样品编号	Na_2O	MgO	Al_2O_3	SiO_2	SO_3	K_2O	CaO	TiO_2	MnO	FeO	Cu_2O	ZnO	As_2O_3	SnO_2	PbO
PJ01	0.6	7.8	13.3	27.0	1.2	0.7	15.2	0.4	1.6	25.9	0.3	3.4	2.0	—	0.5
PJ02	0.2	1.5	10.8	28.4	2.6	1.5	7.9	0.4	0.1	44.5	0.4	0.4	0.5	—	0.7
PJ03	0.3	0.6	11.8	35.4	—	1.1	1.0	0.6	0.4	40.0	2.5	1.8	0.2	1.7	2.5
PJ04	0.3	2.8	12.4	29.8	0.3	1.2	2.6	0.3	0.2	46.2	0.4	1.3	0.8	0.7	0.3
PJ05	0.2	8.5	6.7	23.4	1.7	0.9	16.5	0.4	0.5	37.9	0.1	1.3	1.4	0.6	—
PJ06	—	2.4	14.8	33.2	0.6	1.1	4.3	0.8	0.2	39.8	0.5	0.3	0.8	1.0	0.2
PJ07	0.4	16.3	12.4	30.1	0.6	1.0	12.6	0.5	0.2	19.8	0.2	1.4	4.3	—	0.3
PJ08	0.2	2.8	7.2	26.7	2.4	1.3	15.3	0.5	0.3	41.1	0.2	0.8	0.5	0.7	—
PJ09	0.4	3.4	11.6	32.6	2.2	2.4	9.4	0.7	0.4	33.8	0.1	1.9	0.6	0.5	—
PJ10	0.1	6.8	11.2	32.0	0.6	1.1	15.5	0.5	0.3	29.7	0.1	0.2	1.7	—	0.1
PJ11	0.5	1.6	7.9	31.1	1.5	1.1	10.7	0.5	0.2	40.9	0.2	2.9	0.6	—	0.3

(续表)

样品编号	Na$_2$O	MgO	Al$_2$O$_3$	SiO$_2$	SO$_3$	K$_2$O	CaO	TiO$_2$	MnO	FeO	Cu$_2$O	ZnO	As$_2$O$_3$	SnO$_2$	PbO
PJ12	0.3	1.4	7.2	30.0	1.2	0.7	26.5	0.4	0.3	30.1	0.1	1.0	0.6	—	0.2
PJ13	0.4	3.0	8.2	27.2	1.3	1.1	25.1	0.4	0.7	29.4	0.1	2.2	0.7	—	0.4
PJ14	0.3	2.5	7.6	28.4	2.4	1.3	16.0	0.4	0.5	37.5	0.3	1.6	0.8	—	0.5
PJ15	0.3	0.4	11.7	32.7	1.4	1.1	1.1	1.0	0.2	47.4	0.5	1.1	0.1	0.8	—
PJ16	0.1	0.5	10.4	27.5	0.3	1.2	1.3	0.7	0.2	55.6	0.6	0.3	0.1	1.2	—
PJ17	0.3	4.3	13.4	29.4	1.1	1.0	2.9	0.7	0.3	42.6	0.5	1.8	1.1	0.2	0.3
PJ18	0.4	7.4	8.5	30.3	1.3	1.3	13.1	0.6	0.5	32.2	0.1	2.1	1.8	0.1	0.2
PJ19	0.2	0.5	7.9	24.8	2.0	1.2	2.5	0.6	0.4	57.9	0.5	0.9	—	0.1	0.4
PJ20	0.3	3.9	11.1	27.1	1.1	0.9	6.1	0.3	0.3	44.6	0.7	1.4	1.1	0.8	0.3
PJ21	0.1	0.3	10.4	29.4	0.2	1.2	0.8	0.7	0.1	53.3	0.7	0.9	0.1	1.6	0.1

表 3-2　盘家遗址 I 类炉渣中黄渣的平均成分

单位：wt%

样品编号	最大直径/μm	O	S	Fe	Cu	As	Sn	Pb	其他
PJ01	130	1.4	4.0	33.5	10.0	44.4	1.0	5.2	Ag0.4
PJ02	90	0.4	2.5	47.7	9.3	38.0	0.4	1.0	Ni0.3
PJ05	80	2.8	2.6	47.9	10.1	36.5	—	—	—
PJ09	70	1.2	3.1	39.2	5.4	49.7	1.1	—	—
PJ10	110	—	1.0	15.9	38.1	43.6	1.0	—	Sb0.6
PJ13	65	0.2	2.8	55.0	7.5	34.0	—	—	Sb0.5
PJ14	145	0.6	3.4	47.3	8.6	39.6	0.5	—	—
PJ18	270	1.7	4.1	34.5	9.4	48.6	1.4	—	—

表 3-3　盘家遗址 I、II 类炉渣中冰铜的平均成分

单位：wt%

样品编号	炉渣种类	最大直径/μm	O	S	Fe	Cu	Zn	As	Sn
PJ01	I	250	2.4	27.8	29.9	38.3	0.5	0.8	0.3
PJ02	I	250	7.0	25.4	50.2	15.8	—	1.0	—
PJ04	II	210	—	20.2	2.8	74.8	—	2.2	—
PJ05	I	120	5.4	26.7	49.5	17.8	—	0.6	—
PJ06	II	260	0.8	18.4	5.9	68.6	—	5.7	—
PJ07	II	190	1.4	26.3	23.3	43.8	1.6	0.9	2.5
PJ08	II	120	3.9	27.8	34.4	32.6	—	0.7	0.6
PJ09	I	90	2.1	29.1	44.0	22.0	2.2	0.4	—
PJ10	I	90	0.8	18.8	5.2	70.1	—	4.4	0.8
PJ11	II	140	0.8	22.5	13.3	62.3	—	1.0	—
PJ12	II	200	10.2	19.3	41.3	25.1	0.8	2.4	—

（续表）

样品编号	炉渣种类	最大直径/μm	O	S	Fe	Cu	Zn	As	Sn
PJ13	I	75	3.3	26.5	42.0	17.6	6.5	3.0	0.2
PJ14	I	210	3.7	27.2	48.6	17.3	1.9	0.3	1.0
PJ15	II	250	1.4	21.1	7.9	68.1	—	0.7	0.8
PJ17	II	660	2.5	25.1	19.2	51.7	—	0.6	0.9
PJ18	I	340	3.2	26.3	33.9	29.9	3.6	0.6	2.2
PJ19	II	160	0.3	22.3	6.0	71.2	—	—	—
PJ20	II	190	0.9	22.8	7.9	61.4	0.4	5.1	1.4

表3-4　盘家遗址III类炉渣中铜颗粒的成分

单位：wt%

样品编号	直径/μm	O	S	Fe	Ni	Cu	As	Ag	Sn	Pb
PJ03	360	0.3	0.2	0.1	—	94.4	0.5	0.1	3.7	0.6
	340	0.5	0.1	0.2	—	92.6	2.1	0.2	3.6	0.8
	110	0.3	0.3	0.3	—	93.4	0.5	—	4.7	0.4
PJ16	140	0.8	—	0.2	—	86.3	—	—	12.7	—
	120	1.1	0.1	0.1	—	86.1	0.1	—	12.4	—
	100	0.8	—	0.3	—	85.6	0.1	—	13.2	—
	70	0.9	—	0.5	—	83.3	0.1	—	15.2	—
	70	0.8	0.1	0.2	—	86.5	0.1	—	12.5	—
PJ21	100	0.3	0.1	0.3	0.9	86.6	0.1	—	11.6	0.2
	100	0.2	0.1	0.6	0.7	85.5	—	—	12.5	0.4
	50	0.1	—	0.4	0.5	83.7	0.1	—	14.9	0.2
	30	0.3	0.1	1.9	0.4	86.3	—	—	11.0	—

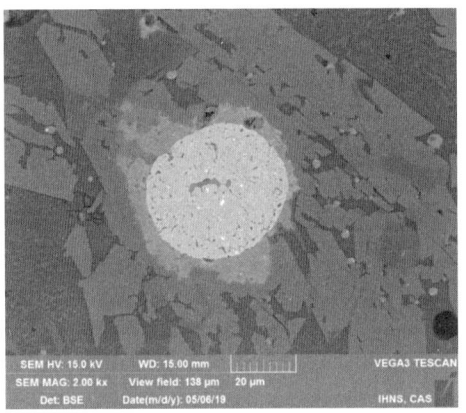
(a) PJ02 黄渣颗粒及周围的冰铜

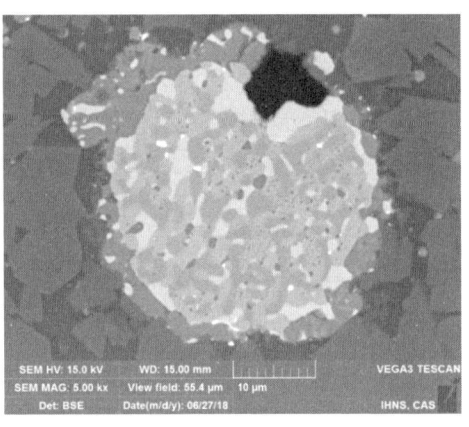
(b) PJ09 黄渣颗粒

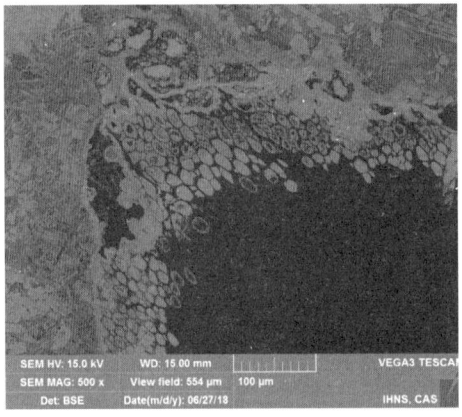
(c) PJ09 木炭残留物

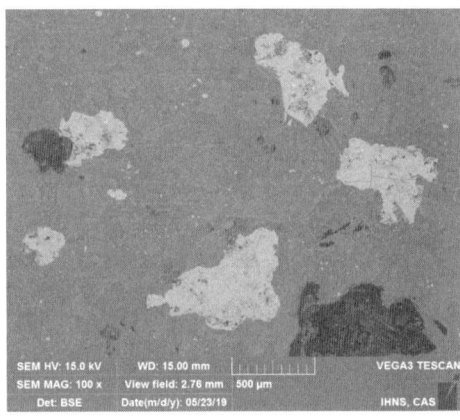
(d) PJ17 冰铜颗粒

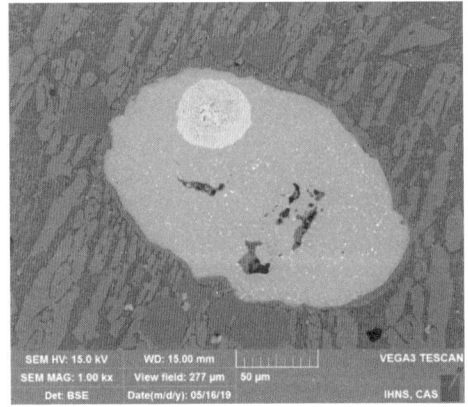
(e) PJ15 冰铜颗粒中存在铜锡合金颗粒

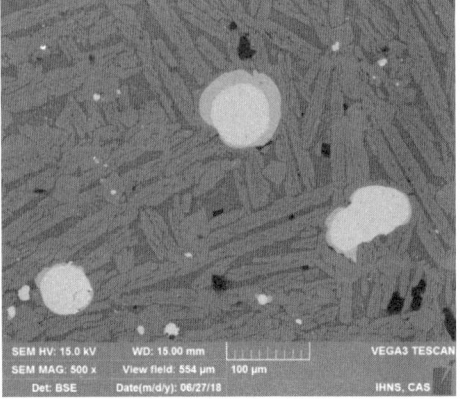
(f) PJ16 铜锡合金颗粒及周围的白冰铜

图 3-19　盘家遗址炼铜渣的显微组织

二、讨论

1. 炼铜炉

通过考古发现和科技检测可见，盘家遗址炼铜所用的炉子至少有3种，即焙烧炉、高炉和精炼炉。

盘家遗址 L2 应是焙烧炉。L2 是两个长方形炉子并排排列，三面有墙，前端开口，应为炉门。炉墙由炉渣、砖块、红色黏土等堆筑而成，可见其对筑炉材料要求不高。双炉的内壁未见高温烧结的痕迹，不是需要高温的冶炼炉、精炼炉。双炉中单个炉的形制与《滇南矿厂图略》中所绘的煅窑相似（图3-1a）。焙烧炉多炉并列是常见的炼铜焙烧炉的特点，如1913年山口义胜记载的煅矿炉"一联二炉或三炉"，1958年土法炼铜方形排式焙烧炉常常3个并排（图3-1b）。目前还无法判断它们是焙烧矿石的焙烧炉，还是焙烧冰铜的焙烧炉。从尺寸上看，双炉介于云南大煅窑和小煅窑之间，它们是两个炉子并排排列，因此更可能是焙烧冰铜的焙烧炉，但是也不排除用于焙烧矿石的可能性。实际上，焙烧矿石的焙烧炉与焙烧冰铜的焙烧炉可能并没有严格区分，如1958年土法炼铜时，一般是将块矿、砂矿、冰铜分窑焙烧，也有将多种物料混合焙烧的情况[①]。

盘家遗址未发现高炉炉基，但是从炉渣的分析可以判断高炉的存在。前面分析的21个炉渣中有18个样品为冰铜熔炼渣，还有3个为还原渣，表明该遗址存在冶炼冰铜和冶炼粗铜的活动，均应在高炉中进行。炉渣 PJ02 不是排出渣，而是炼铜炉内的浮渣，它呈圆角长方形，说明炼铜炉的内径也是呈圆角长方形。另外，遗址上采集了一些长方形的砖块，由此推测盘家炼铜高炉可能与云南清代炼铜炉形制类似（图3-3），是一种近似长方体的形状。炼铜渣中发现了木炭残留痕迹，推测使用木炭来做燃料和还原剂。史料中明确记载郴桂矿厂炼铜需要木炭，并且用量很大："一年用炭百数十万斤。"[②]

---

① 谭德睿, 孙淑云. 中国传统工艺全集·金属工艺[M]. 郑州: 大象出版社, 2007: 42.
② 湖南省例成案·户律仓库·卷十一·钱法[M]// 周文丽, 雷昌仁. 湖南桂阳冶金史资料汇编. 长沙: 湖南人民出版社, 2019: 60.

盘家遗址 L1 推测是精炼炉。L1 只残留一侧由砖砌成的炉墙，可能为方形的炉子。炉壁内侧烧结严重，曾受过高温。炉壁烧结层有很高的铜、锡、铅含量，存在红铜、二氧化锡、富铅相，不是冶炼渣的特征，而是典型的熔炼渣的特征。由于 L1 保存部分有限，无法复原其结构。L1 残留部分类似清代云南使用的"上圆下方"的蟹壳炉的下部（图 3-6）。

需要补充的是，焙烧炉不需要鼓风，而高炉和精炼炉需要鼓风。盘家遗址尚未发现鼓风用的风箱，清代至 20 世纪云南传统炼铜炉用筒形风箱，桐木岭炼铅炉用筒形风箱来鼓风（见第四章第三节），推测盘家也使用筒形风箱。由于炼铜炉较大，筒形风箱应该尺寸较大，需 3～4 人鼓风。

2. 炼铜技术

从盘家遗址炼铜渣的分析结果来看，大部分炉渣中存在冰铜，是冶炼冰铜的冰铜渣，只有少量存在金属颗粒，为冶炼铜的还原渣。因此，盘家遗址所用的铜矿石为硫化铜矿，采用了"硫化矿—冰铜—铜"的炼铜技术。

目前在盘家遗址未发现铜矿石。乾隆年间，盘家及附近的张家岭等遗址曾属于黄田，石壁下子厂风垅（又叫大有垅）开采的铜矿石运到黄田设炉炼铜："大有垅即石壁下风垅，原设炉于黄田等处地方，供办有年。"[①] 民国时期地质工作者曾调查过大有窿锡砒矿，其脉石为石灰岩，金属矿物主要有毒砂（$FeAsS$）、黄铜矿（$CuFeS_2$）、闪锌矿（ZnS）、锡石（SnO_2）等，还有少量黄铁矿（FeS_2）、斑铜矿（Cu_5FeS_4）、辉铜矿（Cu_2S）等[②]。盘家遗址的炉渣基体含有少量的 SO_3、Cu_2O、ZnO、As_2O_3、SnO_2 等，部分炉渣夹杂有富砷的黄渣和冰铜，有的冰铜中还有铜锡合金颗粒，最后的铜产品中含有锡。这说明盘家遗址所用的铜矿石为硫化铜矿，以黄铜矿为主，含有毒砂、锡石、闪锌矿、黄铁矿等。

---

① 湖南省例成案·户律仓库·卷十八·钱法[M]//周文丽，雷昌仁. 湖南桂阳冶金史资料汇编. 长沙：湖南人民出版社，2019：180.

② 王竹泉，熊永先. 湖南常宁桂阳锡砒矿报告[J]. 地质汇报，1935(26)：62-64.

盘家遗址炼铜可能需要进行两次冰铜熔炼。盘家所用的铜矿石夹杂有较多毒砂、锡石等，需要先放到大的焙烧炉里焙烧，这些矿石中的部分硫、砷会氧化挥发。经过焙烧的矿石，还存在一些硫、砷，在高炉中冶炼后，会形成含有黄渣、冰铜的炉渣（Ⅰ类炉渣）。这类炉渣中冰铜的铜含量较低，可能是初次冶炼产生的低品位冰铜渣含有黄渣，通过密度不同将冰铜和黄渣分离。然后，将低品位冰铜焙烧后，再次冶炼，得到只含有冰铜的炉渣（Ⅱ类炉渣）。这类炉渣中冰铜的铜含量较高，可能是第二次冶炼产生的更高品位冰铜渣。冰铜熔炼可能需要进行更多次。最后，将高品位冰铜进行死焙烧，冶炼成粗铜。

3. 产品

盘家遗址Ⅲ类炉渣中的铜颗粒是铜锡合金（表3-4），其中PJ03中铜颗粒的平均锡含量为4%，PJ16、PJ21中铜颗粒的平均锡含量分别为13.2%、12.5%，可达15%，其他元素如铅、铁、砷等含量均较低。这些铜颗粒一定程度上可以代表盘家遗址炼铜的产品。经初步分析，绿紫坳、张家岭遗址的炉渣中也发现了类似的铜锡合金颗粒。

这些清代炼铜遗址均位于今桂阳县北部，这一带早在唐代就曾开采过铜矿。《旧唐书·食货志》中提到的马迹、曲木等古铜坑就位于桂阳县北部一带，产铜锡[1]。崇祯年间，署桂阳州知州徐开禧"议酌开矿以救疲苦之病"，他调查发现"郴桂矿场近有黄沙坪等处产䃟石，远有六子岙等处产铜锡，地险岩深，势难清稽"[2]。这里的"六子岙"即绿紫坳，当时产铜锡。这些史料印证了桂阳县北部一带的铜矿含锡，唐代、明末曾产过铜锡，清代也产铜锡合金。

郴桂矿厂产的铜含一定量的锡，对于宝南局铸钱配铸青钱会产生一定的影响。乾隆五年（1740），清政府规定铸钱的合金配比采用铜50%、锌41.5%、铅6.5%、锡2%，在不影响铜钱品质的情况下尽可能多配入锌、铅等廉价原

---

[1] 刘昫, 等. 旧唐书·卷四八·食货志上 [M]. 北京：中华书局, 1975: 2101.
[2] 徐开禧. 韩山考·卷二·申报救病切要详 [M]. 明崇祯十二年（1639）刻本, 27. 日本国立公文书馆藏.

料,并加入少量锡,使得黄铜不适于打造器皿,以阻止民间毁钱作器①。含锡的郴桂铜运往宝南局铸钱,可能就不再需要配入锡。不过,郴桂铜的锡含量不稳定,盘家遗址炼铜渣中铜颗粒的锡含量有高有低,但所测样品较少,其他遗址的炉渣也未做系统分析,因此无法判断郴桂铜的平均锡含量。宝南局使用含锡的郴桂铜铸钱,就无法保证所铸铜钱的锡含量为2%,也就是说宝南局所铸乾隆通宝的锡含量很可能不太稳定。

乾隆年间,郴桂铜曾被认为是一种成色较好的铜料。乾隆十年(1745),湖南巡抚蒋溥奏:"窃照湖南郴州、桂阳州二处,现开铜矿所出之铜,成色颇高,目今开局鼓铸。从前所购云南金钗厂铜,夹杂铅砂,成色甚低,全赖搭用郴桂铜斤,配以铅锡,方可鼓铸。"②宝南局铸钱除了用郴桂铜,还用云南金钗厂铜,但是金钗厂铜含铅,成色很低。金钗厂铜"每正耗铜一百二十三斤,炼净八十四斤十三两零"③,相当于只含铜69%,其余主要是铅。乾隆十三年(1748),"滇铜用完,郴桂产铜渐旺,铜色较高"④,宝南局铸钱全用成色较好的郴桂铜,但后来郴桂铜成色下降。乾隆十八年(1753),"石壁下现无铜砂,止东边垅出产灰砂,约可炼砂铜,一年不过数千斤。且铜色止有八成,价值并无少减……出铜无几,多费虚糜,铜色又低,不堪供铸,实不如专精致力于绿紫坳之为事半功倍"⑤。可见,石壁下一带多是灰砂炼砒后再炼铜,铜产量低,且所产铜只有大约80%的铜含量。后来,郴桂铜还含有较多铅,乾隆四十四年(1779),郴桂矿厂"铜质日低,内夹黑铅,铸钱坠结罐底,致铸出钱文,未能足数将炉户应得火工钱文补额"⑥。

---

① 周卫荣.中国古代钱币合金成分研究[M].北京:中华书局,2004:456.
② 乾隆十年二月初四日,湖南巡抚蒋溥,奏为委员刨试铜砂并试采锡斤事,朱批奏折(一档档号:04-01-36-0085-015)[M]//中国人民大学清史研究所,中国人民大学档案系中国政治制度史教研室.清代的矿业.北京:中华书局,1983:231.
③ 满汉名臣传·卷二一·谢启昆传[M].哈尔滨:黑龙江人民出版社,1991:4344.
④ [光绪]湖南通志·卷五七·食货志三·钱法[M]//《续修四库全书》编纂委员会.续修四库全书:史部第662册.上海:上海古籍出版社,2002:664.
⑤ 湖南省例成案·户律仓库·卷十四·钱法[M]//周文丽,雷昌仁.湖南桂阳冶金史资料汇编.长沙:湖南人民出版社,2019:110,112.
⑥ [光绪]湖南通志·卷五七·食货志三·钱法[M]//《续修四库全书》编纂委员会.续修四库全书:史部第662册.上海:上海古籍出版社,2002:664.

第三章　郴桂矿厂的炼铜技术

第四节　小结

本章从史料记载、炼铜遗址的调查以及对炼铜渣的分析，复原了清代郴桂矿厂炼铜的炉子组合、冶炼工艺流程、矿石种类和产品特征等。史料记载郴桂矿厂搭配使用大煅灶、小煅灶、高炉、煎炉等，通过比对滇铜冶炼用炉的记载，判断大、小煅灶分别是焙烧铜矿石和冰铜的焙烧炉，高炉是冶炼冰铜或粗铜的冶炼炉，煎炉是对粗铜提纯的精炼炉。盘家遗址发现的L2是焙烧炉，L1是精炼炉。盘家遗址使用的矿石是以黄铜矿为主的硫化铜矿，含有毒砂、锡石、闪锌矿、黄铁矿等伴生矿物，最后的产品是铜锡合金。

由此可推测郴桂矿厂炼铜流程，即硫化铜矿石先在大煅灶中焙烧，焙烧过的矿石用高炉冶炼成冰铜，再将冰铜放在小煅灶中焙烧，焙烧过的冰铜用高炉冶炼成粗铜，有可能需要两次或两次以上冰铜熔炼，最后将粗铜放入煎炉中精炼（图3-20）。这是一种典型的"硫化矿—冰铜—铜"的炼铜技术。这种技术在唐宋时期已经非常成熟，一般需要采用多次冰铜熔炼法，如唐代九华山使用含铜6%的硫化铜矿，多次

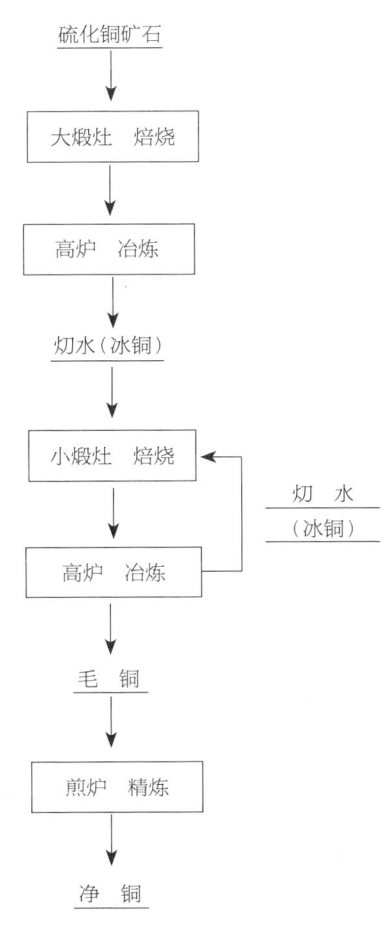

图3-20　郴桂矿厂炼铜技术工艺流程图

清代湖南郴桂矿厂多金属矿冶技术研究

焙烧,依次炼出25%、40%的冰铜,最后死焙烧还原成铜[①];《龙泉县志》记载利用含铜3.3%的铜矿石,多次焙烧,依次炼出称为"烹"和"钛"的冰铜,以及称为"生铜"的白冰铜或粗铜,最后炼出铜[②]。清代郴桂矿厂的铜矿品位不高,也需要进行多次冰铜熔炼。由于矿石中含锡,冶炼得到的是铜锡合金。

---

① 李延祥,韩汝玢,柯俊. 九华山唐代炼铜炉渣研究[J]. 自然科学史研究,1996(3):285-294.
② 陆容. 菽园杂记[M]. 李健莉,点校. 上海:上海古籍出版社,2012:118;李延祥. 从古文献看长江中下游地区火法炼铜技术[J]. 中国科技史料,1993(4):83-90.

第四章

郴桂矿厂的炼铅银铜技术

清代郴桂矿厂炼铅用高炉来冶炼。若铅矿石中含银,可用灰吹法从炼出的铅中提银;若铅矿石中含铜,可用炼出铅后分离出的铅渣来提铜。郴桂矿厂炼铅活动分布范围较广,在多个矿区均有发现,还常与炼锌遗址在一起。在桐木岭炼锌遗址也出土了炼铅渣,并发现了铅渣炼铜的证据。本章研究的对象是郴桂矿厂炼铅、铅中提银、铅渣炼铜技术,先对史料记载中的炼铅银铜技术进行复原,再介绍炼铅遗址的调查和发掘情况,最后通过对桐木岭遗址炼铅渣的分析来复原其炼铅铜技术。

第一节 史料中的炼铅银铜技术

一、炼铅技术

史料中有关清代郴桂矿厂炼铅技术的记载很简略。《湖南省例成案》明确指出:"黑铅是高炉装炼,每炉可装砂数石,就得铅数百斤。"① 可见,炼铅是用高炉来冶炼的,高炉即竖炉,唐宋以来南方地区多使用竖炉来炼铅。郴桂

---

① 湖南省例成案·户律仓库·卷十六·钱法[M]// 周文丽,雷昌仁. 湖南桂阳冶金史资料汇编. 长沙:湖南人民出版社,2019:153.

矿厂一座高炉装铅矿石数石（1石为100斤），就可炼得金属铅数百斤，可见这种铅矿石品位比较高。实际上，铅矿石品位有高有低："沙之出铅，浓者百斤得五六十斤，淡者乃止数斤。"① 铅矿石品位可高达60%，低的只有百分之几，足见品位高低相差较大。乾隆十三年（1748），衡永道朱陵试炼了18次铅矿石，不同名色的铅矿石产铅量不同，最好的熘砂每百斤产铅40～50斤，上铅砂每百斤产铅约30斤，上焦砂、中焦砂、下焦砂每百斤产铅10余斤，中煅砂、头皮、窝翠等每百斤产铅不及10斤，可见铅矿石品位最高可达50%，最低不及10%②（表4-1）。

古代炼铅高炉的形制和结构如何，目前并没有直接的史料和考古证据。《天工开物》中有一幅冶炼铜铅共生矿的竖炉的插图（图4-1），这种炉子也可以炼铅。1917年，曹仁在《土法冶锌术》中记载了从桂阳传去常宁的土法炼锌和炼铅技术，其中有关炼铅炉的描述如下：

> 黑铅炉土名高炉，如截头圆锥形，以普通泥砖砌筑而成。炉高四尺，底面内径二尺，上面内径八寸。前面底部一圆口，即炉门。门外地面作一窝，当炉渣或铅流出时，即贮于此窝内，再用铁瓢取出。炉后面底部距地五寸处，开一小圆孔，斜向炉底中心，打风箱即由此以鼓风也。③

该炼铅炉（附图3）高约1.3米，"每日能炼珠子八九石，出铅一百六七十斤"④，与郴桂矿厂"每炉可装砂数石，就得铅数百斤"⑤的记载基本相符。郴桂矿厂炼铅高炉应该也是类似形制和大小，高1米多，炉前设一金门，炉后设鼓风口。

---

① [同治]桂阳直隶州志·卷二十·货殖[M]//《中国地方志集成》编辑工作委员会.中国地方志集成·湖南府县志辑：第32册.南京：江苏古籍出版社，2002：428.

② 湖南省例成案·户律仓库·卷十二·钱法[M]//周文丽，雷昌仁.湖南桂阳冶金史资料汇编.长沙：湖南人民出版社，2019：70.

③ 曹仁.土法冶锌术[J].矿业杂志，1917(2)：26-27.

④ 曹仁.土法冶锌术[J].矿业杂志，1917(2)：27.

⑤ 湖南省例成案·户律仓库·卷十六·钱法[M]//周文丽，雷昌仁.湖南桂阳冶金史资料汇编.长沙：湖南人民出版社，2019：153.

第四章 郴桂矿厂的炼铅银铜技术

图 4-1 《天工开物》化铜图①

值得一提的是,史料中还有郴桂矿厂炼铅活动生产组织的线索。在郴桂矿厂,炼铜炉较少,而"郴桂铅炉繁多"②"铅炉或烧或停,炉户往来不定"③"各炉户架设炉棚烧炼,在州城附近十里内外乡城共计五百座,起停不一,未可额定"④。可见,郴桂矿厂炼铅炉主要集中在州城附近,数量很多,

---

① 宋应星. 天工开物·卷下·五金[M]. 魏毅, 点校. 长沙: 湖南科学技术出版社, 2019: 328.
② 湖南省例成案·户律仓库·卷十三·钱法[M]// 周文丽, 雷昌仁. 湖南桂阳冶金史资料汇编. 长沙: 湖南人民出版社, 2019: 97.
③ 乾隆十一年三月初八日, 湖广总督鄂弥达, 奏陈湖南清厘矿厂弊端事, 朱批奏折(一档档号: 04-01-35-1237-004)[M]// 周文丽, 雷昌仁. 湖南桂阳冶金史资料汇编. 长沙: 湖南人民出版社, 2019: 25.
④ 湖南省例成案·户律仓库·卷十八·钱法[M]// 周文丽, 雷昌仁. 湖南桂阳冶金史资料汇编. 长沙: 湖南人民出版社, 2019: 146.

时而冶炼，时而停炉，炉户也常常流动。另外，桂阳州炼铅"妇人孺子无不晓习，城乡市镇无不常烧。家家日用器具无不用此打造，平常柴米油盐多有用此兑换"①，表明铅是桂阳州城镇乡村老百姓都能冶炼的金属，在日常生活中普遍使用。由此可知，在郴桂矿厂，相对于炼铜和炼锌，炼铅是一种简单、普及的技术。

二、炼银技术

清代郴桂矿厂"黑铅砂内带有银气，多寡不等"②，即铅矿中伴生多少不一的银矿，可以炼银。"生银者黑铅也，性柔，煎之，土石自涌于上，铅银下结矣"③，形象地说明冶炼含银铅矿的过程中，铅会聚集在炉子底部，银进入了铅中。另外，"炼铅提银之后，将炉底再煎"④，表明从铅中提取银后，还需要将"炉底"再次冶炼，这是中国古代炼银最常用的"灰吹法"。灰吹法是利用金银易溶于铅、铅易被氧化成氧化铅、氧化铅可被排出或被炉灰吸收的性质，而把金银从铅中提取出来的技术。一般是将炼出来的含银的金属铅置于地坑或炉子中，底铺炉灰或草灰，用木炭将铅熔化，铅先氧化成氧化铅，沉入炉底，银则富集在炭灰表面⑤。富含氧化铅的炉底可以再炼铅，即"将炉底再煎"。

中国古代灰吹法最早的记载见于东汉方士狐刚子的《出金矿图录》，称灰吹法的炉子为"灰坯"："作灰坯：火屋中以土墼作土墙，高三尺，长短任人，其中作模。皆得坯中细炼灰，使满其中，以水和柔，使熟，不湿不干，用

---

① 湖南省例成案·户律仓库·卷十四·钱法［M］//周文丽，雷昌仁.湖南桂阳冶金史资料汇编.长沙：湖南人民出版社，2019：113.

② 乾隆十六年五月初十日，湖南巡抚杨锡绂，奏为敬陈查核清厘湘省矿厂事宜事，朱批奏折（一档档号：04-01-36-0087-007）［M］//中国人民大学清史研究所，中国人民大学档案系中国政治制度史教研室.清代的矿业.北京：中华书局，1983：352.

③［同治］桂阳直隶州志·卷二十·货殖［M］//《中国地方志集成》编辑工作委员会.中国地方志集成·湖南府县志辑：第 32 册.南京：江苏古籍出版社，2002：428.

④ 乾隆七年正月初八日，湖南巡抚许容，奏报试采湖南省郴桂二厂收存税银铜斤白铅数目事，朱批奏折（一档档号：朱批：04-01-36-0084-008）.

⑤ 韩汝玢，柯俊.中国科学技术史：矿冶卷［M］.北京：科学出版社，2007：319.

之。"① 至宋代，是在地上挖坑，在坑里加灰，称为"灰池"或"灰窠"。例如，北宋苏颂《本草图经》载："采山木叶烧灰，开地作炉，填灰其中，谓之灰池。置银铅于灰上，更加火大煅，铅渗灰下，银住灰上，罢火候冷出银。"②《龙泉县志》载："次就地用上等炉灰，视铅驼大小，作一浅灰窠，置铅驼于灰窠内，用炭围叠侧，扇火不住手……铅性畏灰，故用灰以捕铅。铅既入灰，惟银独存。"③

明清时期出现了"虾蟆炉""虾蟆罩""七星罩"等灰吹炉。《天工开物》记载："入分金炉（一名虾蟆炉）内，用松木炭匝围，透一门以辨火色。其炉或施风箱，或使交箪。火热功到，铅沉下为底子。（其底已成陀僧样，别入炉炼，又成扁担铅。）"④《滇南矿厂图略》详细描述了虾蟆罩、七星罩（图4-2）的形制和用法：

> 小曰虾蟆罩，形似之，下为土台，长三四尺，横尺余，四周土墙高尺许，顶如鱼背。面上有口，以透火，下有口不封，以看火候。铺灰于底，置镰其中，炭在沙条上，炼约对时许，银浮于罩口内。用铁器水浸盖之，即凝成片，渣沉灰底，即底母也。出银后即拆毁另打。
>
> 大曰七星罩，形如墓，又曰墓门罩。下亦土台，长五六尺，横二尺，四周土墙，顶圆，有七孔以透火，因曰七星罩。前高二尺，上口添炭，下口为金门，土板封之。后以次而杀，铺灰于底，置矿其上，掺以镰，炭在沙条之上。约二时开金门，用铁条赶臊一次，仍封之，或一对时，或两对时，银亦出于罩口内。出银后添入矿镰，随出银，随添矿，可经累月，须俟损裂，再行打造，故又曰万年罩。⑤

---

① 皇帝九鼎神丹经决・卷九・出矿银法［M］. 正统道藏・卷五八四・洞神部众类. 民国十三年八月上海涵芬楼影印本，7.

② 唐慎微. 重修政和经史证类备用本草：上［M］. 陆拯，郑苏，傅睿，校注. 北京：中国中医药出版社，2013：274.

③ 陆容. 菽园杂记［M］. 李健莉，点校. 上海：上海古籍出版社，2012：117.

④ 宋应星. 天工开物・卷下・五金［M］. 魏毅，点校. 长沙：湖南科学技术出版社，2019：316.

⑤ 吴其濬.《滇南矿厂图略》校注［M］. 马晓粉，校注. 成都：西南交通大学出版社，2017：32.

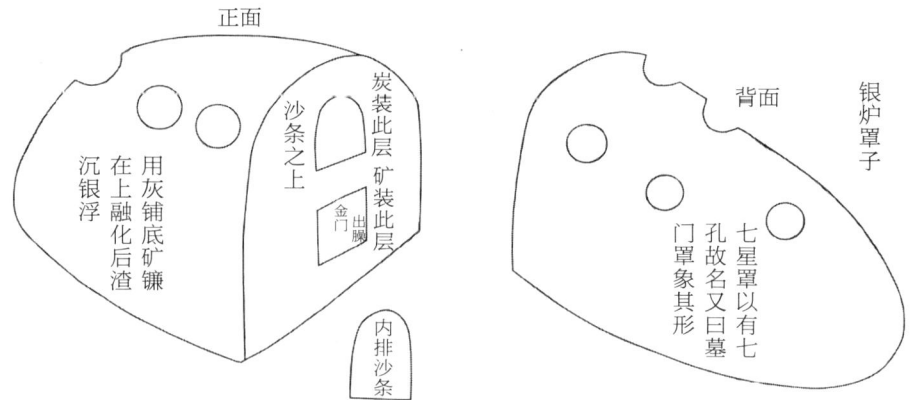

图 4-2 《滇南矿厂图略》七星罩图①

2011年,杨煜达和金兰中在云南双柏石羊厂发现19世纪中期类似"七星罩"的灰吹地炉遗迹(图4-3)。这些地炉为穹顶,略呈椭圆形,高1.5~2米,宽约1.4米。炉顶残留4~6个通风孔,其中两个地炉在后墙的下部有一个大洞,原始高度不能确定②。

图 4-3 云南双柏石羊厂的灰吹地炉③

---

① 吴其濬. 《滇南矿厂图略》校注[M]. 马晓粉, 校注. 成都: 西南交通大学出版社, 2017: 11.
② YANG Y D, KIM N. Texts and technologies in Chinese silver metallurgy, twelfth to nineteenth centuries[J]. EASTM, 2019, 49: 67-68.
③ YANG Y D, KIM N. Texts and technologies in Chinese silver metallurgy, twelfth to nineteenth centuries[J]. EASTM, 2019, 49: 69.

第四章 郴桂矿厂的炼铅银铜技术

虽然目前尚无直接的史料依据和考古发现，清代郴桂矿厂灰吹炉应该类似于云南炼银的炉子。1917年，曹仁在《土法冶锌术》中记载了常宁水口山的土法炼银炉：

> 炉似截面半球体状。高二尺五寸，半径约一尺，炉底为窝形，炉后面一小圆孔，为打风之用，全为泥砖砌筑而成……法以炉灰（土名银灰，来自桂阳州）合少许水，于此炉底作一窝巢，俗名装铺。巢内铺稻草一层，巢上用铁棒横架其间，炭则燃烧于此棒上。①

炼银炉炉底所用的炉灰是来自桂阳州的银灰，这种土法炼银法有可能是从桂阳传来的。

《湖南省例成案》详细记录了乾隆十三年（1748）朱陵的18次试炼所获得的铅和银的量（表4-1）：

> 本道住州五旬，出其不意，陆续上山，无论高低，抽其试验，共炼砂二十余石。
> （1）除价五钱四分之下焦砂一百八十斤，炼出灰盘二十五斤，提无银气；
> （2）价五钱八分五厘之上铅砂九十斤，炼出灰盘二十七斤，提无银气；
> （3）价七钱一分五厘之上铅砂一百一十斤，炼出灰盘三十斤，提无银气；
> （4）又价六分之上窝翠一百斤，炼出灰盘六斤，提无银气；
> （5）以及头皮弃砂五百斤，淘洗出净砂三十斤，炼出毛铅七斤半；
> （6）又窝翠弃砂五百斤，淘洗出净砂二十五斤，炼出毛铅六斤半，均无银气，不用上灰盘外；
> （7）内有原价六钱之中焦砂一石，炼出灰盘铅十六斤，提出纹

---

① 曹仁. 土法冶锌术[J]. 矿业杂志, 1917(2): 27-28.

银四钱四分；

（8）又价一两五分之中焦砂一石半，炼出灰盘铅十七斤，提出纹银九钱七分五厘；

（9）又价九钱之中焦砂一石，炼出灰盘铅十四斤，提出纹银一两二分；

（10）又九钱之中焦砂一石，炼出灰盘铅十七斤半，提出纹银八钱；

（11）又价一两之上焦砂一石，炼出灰盘铅十七斤半，提出纹银一两；

（12）又价一两之上焦砂一石，炼出灰盘铅十五斤，提出纹银九钱三分；

（13）又价三两之焰砂一石，炼出灰盘铅五十一斤，提出纹银一两九钱九分；

（14）又价三两之焰砂一石，炼出灰盘铅四十五斤，提出纹银一两九钱；

（15）又价一两三钱之上焦砂一石，炼出灰盘铅二十三斤，提出纹银九钱九分；

（16）又价一两三钱之上焦砂一石，炼出灰盘铅十七斤，提出纹银八钱七分；

（17）又价四钱五分之中煅砂一石，并价银一钱之套砂五十斤，共炼出灰盘铅十四斤，提出纹银三钱六分五厘；

（18）又价四钱五分之中煅砂一石，并价一钱之套砂五十斤，炼出灰盘铅十三斤，共提出纹银六钱。①

朱陵试炼铅矿石，前4次炼出"灰盘"，没有炼出银；第5、6次冶炼的头皮和窝翠弃砂，是不含银的低品位铅矿石，"不用上灰盘"，炼出的是"毛铅"，即有较多杂质的粗铅；后12次炼出"灰盘铅"，并提出了银。"灰盘"是

---

① 湖南省例成案·户律仓库·卷十二·钱法[M]//周文丽，雷昌仁. 湖南桂阳冶金史资料汇编. 长沙：湖南人民出版社，2019：70.

用灰制成的盘状物;"上灰盘"就是将含银的铅放入灰盘中进行灰吹;"灰盘铅"就是炼银后已经渗入了氧化铅的灰盘,是一种氧化铅和灰的混合物。前4次炼出的"灰盘"应该是"灰盘铅",是灰吹法炼银后的副产品,"系客贩向炉户收买灰盘,自交炉房煎炼"[1]。后12次试炼中,每百斤铅中炼出银2.8~7.3两,与同治《桂阳直隶州志》记载的"铅百斤得银六七两,或三四两"相符[2];而每百斤铅矿石炼出银最多1.99两、最少只有0.24两,可知这些铅矿石的银品位最高为0.124%、最低为0.015%。

从清代云南银矿石品位的记载,可以推测郴桂矿厂银矿石品位较低。《滇南矿厂图略》记载,高品位的银矿石"有一两至七八两胚子",即每斤矿石含银1两至7~8两,即含银6.25%~50%;而铅矿石"不过数分胚子",而"矿一斤得银一分,为一分胚子,即可入罩",说明其含银量不高,最低含银量0.062 5%,即可炼银[3]。全汉昇对明代银矿石含银量进行过统计[4],浙江龙泉、北直隶蓟州以及辽宁3地银矿石1斤最高可产银1~2两,一般有几钱,只有龙泉下等砂含银量略高于0.062 5%。而广东番禺、河南嵩山试采银矿,其含银量分别是0.025%、0.003%,低于0.062 5%,因品位太低,未开采。可见"一分胚子,即可入罩"在明代银矿中也基本适用。

再看郴桂矿厂炼银,乾隆十三年(1748)朱陵的多次试炼中,第9、11、12、15次试炼的上、中焦砂含银量在0.061%~0.064%,相当于一分胚子;第13、14次试炼的熘砂含银量分别为0.124%、0.119%,相当于二分胚子;其他几次试炼的矿石均是不到一分的胚子。由此判断,当时郴桂矿厂铅矿石的银品位较低,仅有部分矿石达到可提银的临界线,炼银价值并不大。郴桂矿厂开采铅矿石主要用于炼铅,炼银是炼铅的副产品,根据铅中银含量的高低来确定是否炼银。

---

[1] 湖南省例成案·户律仓库·卷十四·钱法[M]//周文丽,雷昌仁.湖南桂阳冶金史资料汇编.长沙:湖南人民出版社,2019:120.

[2] [同治]桂阳直隶州志·卷二十·货殖[M]//《中国地方志集成》编辑工作委员会.中国地方志集成·湖南府县志辑:第32册.南京:江苏古籍出版社,2002:428.

[3] 吴其濬.《滇南矿厂图略》校注[M].马晓粉,校注.成都:西南交通大学出版社,2017:22.

[4] 全汉昇.明代的银课与银产额[C]//全汉昇.中国经济史研究二.北京:中华书局,2011:123-124.

表 4-1 乾隆十三年(1748)衡永道朱陵抽查铅矿产铅、银量

编号	砂名	价格/两	铅砂/斤	产铅	产铅/斤	产银/两	每百斤铅砂产铅/斤	每百斤铅砂产银/两	每百斤铅产银/两	铅砂银含量/%
1	下焦砂	0.54	180	灰盘25		无银气	13.9	—	—	—
2	上铅砂	0.585	90	灰盘27		无银气	30	—	—	—
3	上铅砂	0.715	110	灰盘30		无银气	27.3	—	—	—
4	上窝翠	0.06	100	灰盘6		无银气	6	—	—	—
5	头皮莽砂	—	500,淘洗出净砂30斤	毛铅7.5		无银气	1.5	—	—	—
6	窝翠莽砂	—	500,淘洗出净砂25斤	毛铅6.5		无银气	1.3	—	—	—
7	中焦砂	0.6	100	灰盘铅16		0.44	16	0.44	2.8	0.027 5
8	中焦砂	1.05	150	灰盘铅17		0.975	11.3	0.65	5.7	0.041
9	中焦砂	0.9	100	灰盘铅14		1.02	14	1.02	7.3	0.064

（续表）

编号	砂名	价格/两	铅砂/斤	产铅/斤	产银/两	每百斤铅砂产铅/斤	每百斤铅砂产银/两	每百斤铅产银/两	铅砂银含量/%
10	中焦砂	0.9	100	灰盘铅17.5	0.8	17.5	0.8	4.6	0.05
11	上焦砂	1	100	灰盘铅17.5	1	17.5	1	5.7	0.063
12	上焦砂	1	100	灰盘铅15	0.93	15	0.93	6.2	0.061
13	焰砂	3	100	灰盘铅51	1.99	51	1.99	3.9	0.124
14	焰砂	3	100	灰盘铅45	1.9	45	1.9	4.2	0.119
15	上焦砂	1.3	100	灰盘铅23	0.99	23	0.99	4.3	0.062
16	上焦砂	1.3	100	灰盘铅17	0.87	17	0.87	5.1	0.054
17	中煅砂套砂	0.45+0.1	100+50	灰盘铅14	0.365	9.3	0.24	2.6	0.015
18	中煅砂套砂	0.45+0.1	100+50	灰盘铅13	0.6	8.7	0.4	4.6	0.025

三、铅渣炼铜技术

清代郴桂矿厂的铅矿中还有一种含铜的铅矿石。乾隆五年（1740），桂阳州马家岭等矿厂试采之时所出铜矿中，有一种夹杂铜的铅矿石[①]，郴桂矿厂先用于炼铅，再用一种叫作"铅渣炼铜"的技术来炼铜。

乾隆十一年（1746），鄂弥达、杨锡绂的奏折中有解释"铅渣炼铜"：

> 查铅质重而铜质轻，熔炼时沉于底者为铅，浮于面者，铅内有铜，为铅渣，先行撇起。每毛铅百斤有渣二十余斤，又将此渣上高炉熔化，铅仍沉底，铜仍浮面，用铁钳揭起浮皮，谓之灯水，即铜斤，粗质也。再加煎炼，乃为净铜。桂阳州铅渣每百斤可得净铜五六七斤不等，计铅渣内每挤铜一斤，需折耗渣二斤七八两，其余仍可煎得净铅。[②]

从这段记载可知，铅渣炼铜是将炼铅所得到的毛铅（即粗铅）熔炼，由于铅和铜不互溶、铅比铜重，铅沉到底部，而浮在表面的为"铅渣"；再将铅渣熔化，其中的铅沉底，浮在表面的为"灯水"；最后，将"灯水"炼为净铜（图4-4）。依奏折所言，其法是根据铅和铜密度不同来分离它们，进行两次熔炼就可很好地分离。然而，铅渣炼铜并不是两种金属的分离。

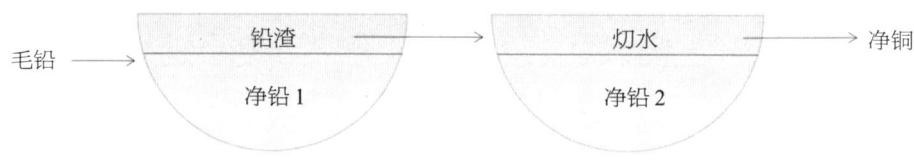

图4-4 "铅渣炼铜"冶炼流程示意图

从"灯水，即铜斤，粗质也"字面意思上看，"灯水"是含有较多杂质的金属铜。而根据《湖南省例成案》中有关炼铜的记载，"灯水"应是金属硫

---

① 乾隆五年三月二十八日，湖广总督班第，奏为查明湘省矿厂情形并请开铜坑冲等处铜铅矿产事，朱批奏折（一档档号：04-01-36-0083-031）[M]// 中国人民大学清史研究所，中国人民大学档案系中国政治制度史教研室. 清代的矿业. 北京：中华书局，1983：230.

② 乾隆十一年三月初八日，湖广总督鄂弥达，奏陈湖南清厘矿厂弊端事，朱批奏折（一档档号：04-01-35-1237-004）[M]// 周文丽，雷昌仁. 湖南桂阳冶金史资料汇编. 长沙：湖南人民出版社，2019：24.

化物，即冰铜。乾隆十一年（1746），桂阳州知州汪度与候补知县李澎试炼铜砂①，先将铜矿石在煅灶中焙烧，在高炉中冶炼成"灯水"，而"灯水"还需要再焙烧，最后才能炼成铜。这说明所用的矿石为硫化铜矿石，采用"硫化矿—冰铜—铜"炼铜法，"灯水"为炼铜的中间产物冰铜。《滇南矿厂图略》指出，冰铜"一冷即碎，故曰冰，亦曰宾铜"②，说明其遇冷易碎的特征。据李延祥考证，南宋时期冰铜称为"钜"，《龙泉县志》解释说"钜者，粗油即出，渐见铜体矣"，可见当时人们将冰铜当作一种粗浊的铜③。郴桂矿厂的"灯水"同样是类似的粗质铜，它的本质是冰铜，而非金属铜。

综上所述，"铅渣"实际上是一种包含冰铜和铅的物质。熔炼铅渣将冰铜分离出来，再用于提炼金属铜。从《湖南省例成案》中有关铅渣炼铜的详细记载来看，铅渣炼铜的实际操作是非常繁复的。首先，从铅渣中分离出冰铜有时需要熔炼两次："至渣内提铅之法，第一次烧炼提出铅斤，即为灯水；第二次将灯水烧炼，再提尽铅斤，即为乌片。"④熔炼铅渣得到的"灯水"还含有铅，需再次熔炼，得到"乌片"。"乌片"即黑色的片状物，应该是指黑色的冰铜。冰铜熔炼时浮在表面，揭出为片状。其次，将冰铜炼成铜需要多次烧炼："灯水炼铜，约费火工七八次，需用人工柴炭甚多。"⑤"以渣挤铜，须烧炼十余次，为时二十余日始能成铜。其一切炭火、人工、日食、盘脚需费实繁。"⑥"挤炼渣铅，既需坚炭煅炼，始能成铜。"⑦多处记载显示，冰铜炼铜还要经过多次焙烧和冶炼，逐渐提高冰铜品位，最后冶炼成毛铜，再精炼成净铜。

---

① 湖南省例成案·户律仓库·卷十一·钱法［M］//周文丽，雷昌仁.湖南桂阳冶金史资料汇编.长沙：湖南人民出版社，2019：60.

② 吴其濬.《滇南矿厂图略》校注［M］.马晓粉，校注.成都：西南交通大学出版社，2017：28.

③ 陆容.菽园杂记［M］.李健莉，点校.上海：上海古籍出版社，2012：118.

④ 湖南省例成案·户律仓库·卷十一·钱法［M］//周文丽，雷昌仁.湖南桂阳冶金史资料汇编.长沙：湖南人民出版社，2019：63.

⑤ 湖南省例成案·户律仓库·卷十四·钱法［M］//周文丽，雷昌仁.湖南桂阳冶金史资料汇编.长沙：湖南人民出版社，2019：118.

⑥ 湖南省例成案·户律仓库·卷十五·钱法［M］//周文丽，雷昌仁.湖南桂阳冶金史资料汇编.长沙：湖南人民出版社，2019：139.

⑦ 湖南省例成案·户律仓库·卷十四·钱法［M］//周文丽，雷昌仁.湖南桂阳冶金史资料汇编.长沙：湖南人民出版社，2019：115.

清代湖南郴桂矿厂多金属矿冶技术研究

由于铅渣炼铜技术复杂，且能够出产铅和铜两种金属，所以政府十分重视铅渣炼铜的税收政策。乾隆十余年，政府制定了郴桂矿厂铅渣炼铜的章程，明确规定铅渣炼铜各步骤的产品和产量：

> 积税渣一千六百斤，炼圳水二百五十斤，始出铜一百斤，耗折一百五十斤，尚获净铅一千三百五十斤。是需毛铅六千四百斤，始炼出铅渣一千六百斤，将渣再炼，得铜一百斤，仍获净铅一千三百五十斤，折耗铅渣一百五十斤。①

即每6 400斤毛铅产1 600斤铅渣，可炼出铜100斤（表4-2）。实际上，铅渣中可提取的铜也有多有少：

> 查得铅渣一项，高低不一。其最上之渣名曰灰盘，每年所出不过十分之二。此种渣铜气稍旺……每渣一千六百斤出铜一百零五斤，提出净铅一千三百三十七斤，铅虽不足，出铜已敷原议之数。其次之渣名曰水砂，所产之数大概十居七八，每渣一千六百斤提出净铅一千三百五十斤。其二百五十斤之渣内……实止获铜八十斤，与原议之数少铜二十斤。②

铅渣中铜的含量有高低，铜含量高的为"灰盘"（应该不是炼银的"灰盘"），每1 600斤灰盘产铜105斤，但灰盘较少；铜含量低的为"水砂"，每1 600斤水砂产铜80斤，水砂占多数（表4-2）。从这些数据可知，郴桂矿厂每6 400斤毛铅可产1 600斤铅渣，可得到250～263斤圳水，炼得铜80～105斤。如果不考虑冶炼中铜的损耗，可以推算出圳水含铜32%～40%，铅渣含铜5.0%～6.6%，毛铅含铜1.25%～1.64%。郴桂矿厂铅矿石含铅量有高有低："沙之出铅，浓者百斤得五六十斤，淡者乃止数斤。"③假设铅矿石含铅30%，铅矿石的铜含量约为0.5%，是品位非常低的铜矿石。

---

① 湖南省例成案·户律仓库·卷十四·钱法［M］//周文丽，雷昌仁.湖南桂阳冶金史资料汇编.长沙：湖南人民出版社，2019：111.

② 湖南省例成案·户律仓库·卷十一·钱法［M］//周文丽，雷昌仁.湖南桂阳冶金史资料汇编.长沙：湖南人民出版社，2019：64.

③ ［同治］桂阳直隶州志·卷二十·货殖［M］//《中国地方志集成》编辑工作委员会.中国地方志集成·湖南府县志辑：第32册.南京：江苏古籍出版社，2002：428.

第四章 郴桂矿厂的炼铅银铜技术

表4-2 乾隆年间郴桂矿厂铅渣炼铜各步骤产物的质量

单位：斤

项目	毛铅	净铅1	铅渣	净铅2	灿水	铜
章程	6 400	4 800	1 600	1 350	250	100
灰盘	6 400	4 800	1 600	1 337	263	105
水砂	6 400	4 800	1 600	1 350	250	80

由上可知，铅渣炼铜是一种铅铜共生矿冶炼技术，其完整的冶炼流程至少需要6步：第1步，冶炼含铜的铅矿石，得到毛铅；第2步，熔炼毛铅，得到铅渣和净铅；第3步，熔炼铅渣，得到灿水（即冰铜）和净铅；第4步，焙烧冰铜；第5步，冶炼焙烧过的冰铜，得到毛铅；第6步，将毛铜精炼，得到净铜。在这个流程中，也可能需要将冰铜进行多次焙烧、冶炼，提高冰铜品位，最后才能炼成铜。

第二节 炼铅遗址的调查和发掘

一、炼铅遗址的调查

桂阳县历史文化研究中心对桂阳炼铅遗址进行了前期的调查工作。2015年7月，由湖南省文物考古研究所、北京大学考古文博学院、桂阳县历史文化研究中心组成调查队重新确认前期的调查成果。2016年7—12月，湖南省文物考古研究所联合相关单位调查了桂阳县以及郴州柿竹园矿区内的炼铅遗址。

调查发现，郴桂地区炼铅遗址主要分布在宝山、黄沙坪、柿竹园、香花岭等矿区及周围（图4-5），一般为就矿冶炼。很多遗址位于城区边上或城中间，已经被破坏。宝山矿区即历史上的大凑山，在乾隆年间，"贴近州城之铅矿，总名大凑山。中有马家岭、杨家岭、萧家岭、骆家岭、纱帽岭等小地名之别。周山二十五里，各垅口所产砂石，黑白不一，黑铅砂多，白铅砂少"[①]。宝山

[①] 湖南省例成案·户律仓库·卷十六·钱法[M]// 周文丽，雷昌仁. 湖南桂阳冶金史资料汇编. 长沙：湖南人民出版社，2019: 146.

炼铅遗址群大多数遗址位于桂阳县城内或周边，数量众多，但均有不同程度的破坏，如土药仓库、二三八队、蒙泉遗址，离宝山稍远的炉渣岭遗址保存相对完整。郴州柿竹园矿区同样保存了较多的炼铅遗址，保存较为完整，如白沙、横山岭上和横山岭遗址。另外，在桂阳县西水河流域和锦里河流域的炼锌遗址群中多存在炼铅炉渣堆积，如桐木岭、八十担遗址。

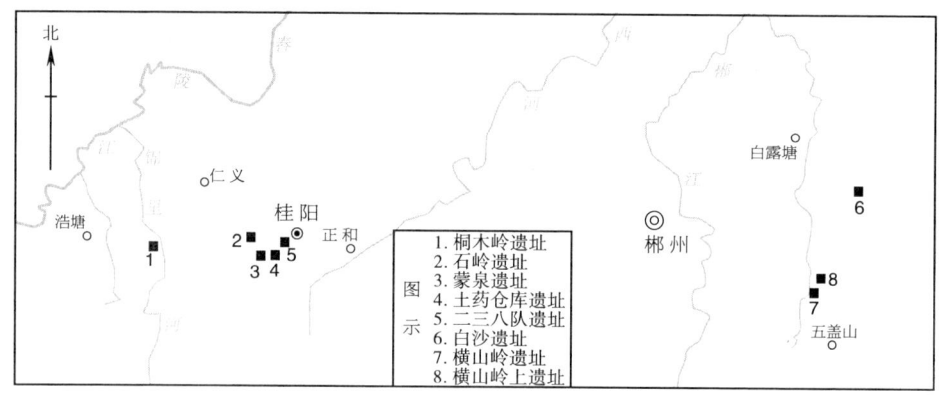

图 4-5　郴桂地区炼铅遗址分布图

1. 土药仓库遗址

土药仓库遗址位于桂阳县南部的蔡伦井附近的居民区，现存面积约 1 万平方米（图 4-6a）。有大量炉渣呈坡状堆积，堆积厚度 3～10 米，剖面可见炉渣分层堆积现象，内含少量冶炼罐残片、陶瓷残片（图 4-6b）。遗址大部分已被居民楼所覆盖，未见冶炼炉。遗址上方有居民楼和树木，说明炉渣堆积较薄，该遗址可能仅为炉渣堆积点。

(a)　　　　　　　　　　(b)

图 4-6　桂阳县土药仓库遗址(a)及炉渣堆积(b)

2. 二三八队遗址

二三八队遗址位于桂阳县环城西路东及培才路东侧，现保存高度3米左右，现存面积约1万平方米。有大量炉渣呈坡状堆积，炉渣板结坚硬，呈块状，有气孔。伴随有少量清代的青花瓷片。遗址上方为周边村民的菜地和少量的树木，推测该遗址上方覆盖较薄的土层。

3. 蒙泉遗址

蒙泉遗址位于桂阳县芙蓉峰东西部及蒙泉西北面，现存面积约1万平方米。炉渣堆积呈坡状，炉渣呈片状和碗状，与桐木岭遗址炼铅渣相似。坡上田地可见较少的炉渣堆积，而在遗址下方的居民区内堆积较厚，其上覆盖泥土，厚度在50厘米左右。居民区内可见较粗的樟树，表明部分区域内存在较薄的炉渣堆积。

4. 炉渣岭遗址

炉渣岭遗址位于桂阳县鹿峰街道石山村，现存面积约3万平方米（图4-7a）。遗址上方被茅草、杂木覆盖，地面上有小块黑色炉渣堆积，清理炉渣后可见红烧土板结面（图4-7b），该地可能是冶炼场地。还发现少量的清代青花瓷片。该遗址未见大量的炉渣堆积，可能是由于20世纪90年代当地人将炉渣用于炼铁而导致的。

(a)　　　　　　　　　　　(b)

图4-7　桂阳县炉渣岭遗址（a）及红烧土板结面（b）

5. 白沙遗址

白沙遗址位于苏仙区柿竹园家属区旁，面积约2万平方米（图4-8a）。山坡上可见大量块状渣，大小不一，厚度1厘米左右。遗址被杂木、菜地、毛竹覆盖，未见较大树木。但在遗址旁的居民区内，可见较大的樟树。居民区较遗址低，而比菜地高，以此推测该遗址主要存在于山坡和菜地里。走访当地村民得知，此处炉渣在20世纪90年代被卖往他处炼铁，因此留下少量炉渣（图4-8b）。

(a)　　　　　　　　　　　　(b)

图4-8　苏仙区白沙遗址（a）及炉渣（b）

6. 横山岭上遗址

横山岭上遗址位于苏仙区东坡矿区高峰水库旁，面积2万多平方米（图4-9a）。遗址处在两面山坳的缓坡上，属坡状堆积，被杂木覆盖。炉渣堆积存在分层现象，堆积厚度在3米左右。炉渣呈碎块状，板结，有气孔。在土埂台阶面可见3个冶炼炉炉底，成圜底状，深30厘米，宽50厘米（图4-9b）。炉子周边已成烧结状，每个炉子间隔5～6米。

(a)　　　　　　　　　　　　(b)

图4-9　苏仙区横山岭上遗址（a）及冶炼炉炉底（b）

7. 横山岭遗址

横山岭遗址也位于苏仙区东坡矿区高峰水库旁，面积3万多平方米。大量的炉渣呈坡状堆积，厚度在3～8米，碎块状，黑色，存在气孔，还有板结现象。炉渣较多地裸露在外，被少量茅草覆盖。遗址上方缓形的山坡上，可见小型树木，推测冶炼场地主要在山坡上。在炉渣边缘可见冶炼炉遗迹，呈椭圆形，长1.4米，宽1米，周边有烧结现象。山坡底部及炉渣边缘见一横向矿洞，高度1.5米，宽度1.2米左右。炉渣中伴随有少量的青花瓷片。

二、炼铅遗址的发掘

2016年发掘桐木岭遗址时，在第一冶炼区西北部，发现了明显不同于炼锌遗址的遗迹、遗物[①]。发掘时，首先在第一冶炼区西部冶炼罐砌墙的房子上发现大量炉渣堆积，这些炉渣不同于酥松多孔的炼锌渣，是一种灰黑色致密的炉渣，有的表面泛出铜绿色。随后发现了与这些炉渣有关的遗迹K23、K24（图4-10）。K23平面大致呈圆形，直径约0.4米，坑深0.34米。坑壁不规整，坑口南北两侧有3块残损的石质护圈，西南侧有绿色的颗粒状碎炉渣。K24平面略呈勺形，前部为圆形，直径0.95米，坑长1.85米，最大深0.88米。坑口沿为炉灰砌筑，较为板结，坑壁不规整。坑内堆积灰褐色沙土，坑底有炉渣数块。K24内出土圆形带孔木板（K24∶3），直径40.5厘米，厚2.5厘米，边缘有磨痕，部分残缺，中部有一圆孔，孔径5厘米（图4-11）。K23和K24均打破了炼锌炉LX8的炉床。炼锌炉LX8与保存最完整的炼锌炉LX1应为同一时期，且附近留存有大量的原料，推测是桐木岭炼锌作坊中最晚的炼锌炉。初步判断，K23和K24晚于第一冶炼区的炼锌活动，综合遗址的年代及周边家谱的调查，推测它们的年代最晚至清嘉庆时期。

---

① 湖南省文物考古研究所，北京大学考古文博学院，中国科学院自然科学史研究所，等. 湖南桂阳县桐木岭矿冶遗址发掘简报［J］. 考古，2018（6）：51-69.

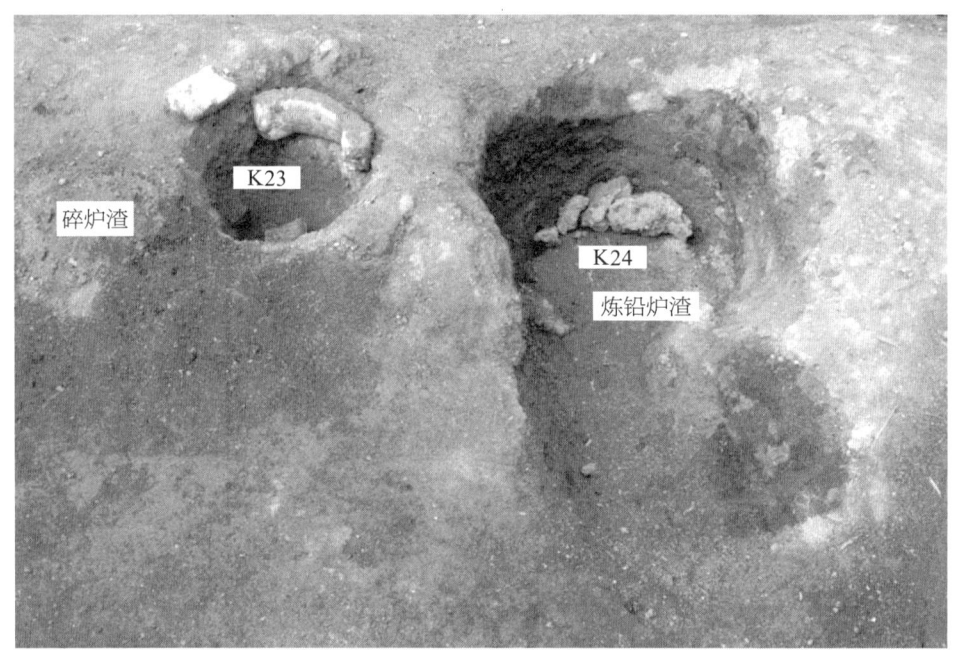

图 4-10 桐木岭遗址 K23 和 K24

图 4-11 桐木岭遗址出土风箱活塞板

第三节　炉渣分析揭示炼铅铜技术

本节对桐木岭遗址的13个炼铅渣样品（编号以TML04开头）进行显微组织观察和化学成分分析，以期揭示桐木岭遗址的炼铅铜技术。

一、炉渣分析

桐木岭遗址出土的炼铅渣，大部分是灰黑色碗状和片状的炉渣残块，有的炉渣上带有绿色锈蚀，少量为不规则形状、带绿色锈蚀的炉渣。从外观上大致可分为3类（图4-12）。

A类炉渣为碗状，共5个（TML04-4～7、TML04-10）。该类样品中间厚，周围薄，下表面外凸，粗糙带孔，上表面内凹，较为致密。有的碗状炉渣上有一层黑色层，表面和断面可见绿色锈蚀，如TML04-4、TML04-5。

B类炉渣为片状，共4个（TML04-3、TML04-11～13）。其中TML04-3可见两层灰黑色炉渣，两层炉渣中间夹有一层黑色层。

C类炉渣为不规则形状，共4个（TML04-1～2、TML04-8～9）。其中TML04-2、TML04-8和TML04-9为不规则块状，存在绿色锈蚀。而TML04-1似一矛头，上表面为灰黑色炉渣，下表面有木炭碎屑和绿色锈蚀。

分析结果显示，桐木岭遗址炼铅渣基体为$FeO-SiO_2$系炉渣，含有大量长条状的铁橄榄石（Fe_2SiO_4）、少量四边形的铁尖晶石（$FeAl_2O_4$）及玻璃态基体。炉渣基体的化学成分较为一致（表4-3），大部分样品含26%～36%的FeO，22%～30%的SiO_2，7%～10%的Al_2O_3，6%～10%的CaO，2%～4%的K_2O等。另外，炉渣中含有较高的ZnO（多为11%～14%），2%～3%的PbO，2%～4%的SO_3，以及低于1%的Cu_2O等。

(a) 碗状渣 TML04-5 　　　　　　　(b) 片状渣 TML04-12

(c) 碗状渣 TML04-10 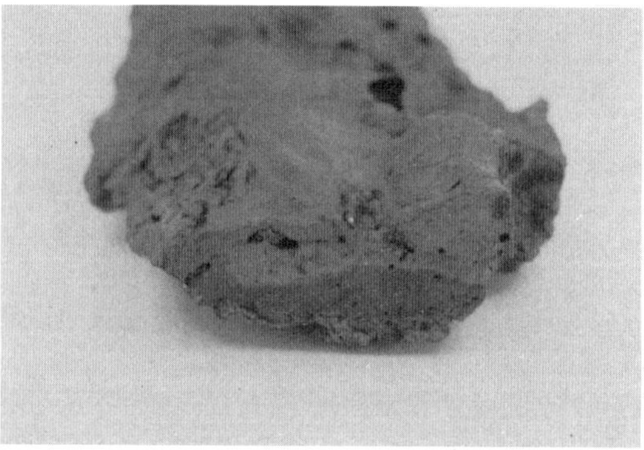　　　　　　 (d) 不规则形状渣 TML04-1

图 4-12　桐木岭遗址炼铅渣

炉渣中夹杂有较多冰铜和铅颗粒（图 4-13a）。冰铜为含铁、铜、铅和锌的硫化物，形状不规则，成分变化较大，铁含量多则 40%、少则 4%，铜含量多则 34%、少则 14%，铅含量多则 51%、少则 5%，锌含量多则 25%、少则 2%（表 4-4）。冰铜中存在 Fe-Zn-S（或 Fe-S）、Cu-Fe-S 以及 PbS-（Fe-Cu-S）交织相（图 4-13b）。铅颗粒直径通常为几十微米到 200 微米，最大的铅颗粒直径为 1 毫米（TML04-1、TML04-10）。铅颗粒周围通常有一圈冰铜。铅颗粒含铅 79%～92%，还含有少量的氧、锑和硫，其中 3 个样品（TML04-6、TML04-10、TML04-11）的铅颗粒含有一定量的银，最高达 3.7%（表 4-5）。

表 4-3 桐木岭遗址炼铅渣的基体成分

单位：wt%

样品编号	Na_2O	MgO	Al_2O_3	SiO_2	SO_3	K_2O	CaO	TiO_2	MnO	FeO	Cu_2O	ZnO	PbO
TML04-1	1.9	0.4	8.5	26.5	3.3	2.7	8.5	2.1	2.5	26.1	0.7	14.2	2.6
TML04-2	1.3	—	8.7	25.5	2.4	2.6	8.5	1.7	1.8	33.0	0.4	11.3	2.9
TML04-3	1.5	0.2	8.6	26.9	2.8	2.4	5.8	1.5	1.6	32.4	0.6	13.5	2.2
TML04-5	2.1	—	6.6	21.8	3.5	3.4	9.7	0.8	2.6	29.4	0.5	16.5	3.3
TML04-6	1.3	0.1	9.3	28.6	3.9	2.7	7.9	2.5	2.5	26.1	0.4	12.7	1.9
TML04-7	1.6	—	6.6	22.6	2.6	3.3	7.4	1.3	2.0	36.1	0.3	12.6	3.5
TML04-10	1.3	0.1	9.4	25.0	3.1	2.7	8.6	2.0	1.8	31.1	0.1	12.4	2.3
TML04-11	0.4	0.1	13.6	29.8	7.3	1.5	2.9	5.1	3.7	30.1	0.2	4.3	1.0
TML04-12	1.1	—	8.1	27.3	3.2	3.6	9.6	4.3	3.3	24.5	0.6	11.7	2.8
TML04-13	1.9	0.3	8.5	25.1	3.3	2.2	6.0	1.4	1.4	33.1	0.3	14.1	2.3

有的样品还存在炉渣和冰铜分层现象,即炉渣和冰铜单独为一层,如TML04-1、TML04-2、TML04-3、TML04-5、TML04-10;有的样品只存在冰铜层,如TML04-8、TML04-9。冰铜层也是含铁、铜、铅和锌的硫化物(表4-4),存在Fe-Zn-S(或Fe-S)、Cu-Fe-S以及PbS-(Fe-Cu-S)交织相。有的冰铜层中还存在较多铅颗粒及硫酸铅(图4-13c)。另外,在TML04-1、TML04-8、TML04-9等样品中还发现了木炭残留物,表明冶炼所用的燃料为木炭(图4-13d)。

需要补充说明的是,桐木岭遗址K23前面发现了一些碎炉渣,呈黑色或绿色,分析发现它们中存在炉渣相和冰铜相。这些碎炉渣应该是将炼铅渣进行破碎后的遗存,很可能是为了分离出冰铜。

表4-4 桐木岭遗址炼铅渣中冰铜的平均成分

单位: wt%

样品编号	O	Si	S	Fe	Cu	Pb	Zn
TML04-1冰铜层	5.9	—	30.0	20.5	17.5	5.5	20.8
TML04-2炉渣中冰铜	4.9	—	26.4	32.1	18.6	11.5	7.6
TML04-2冰铜层	6.7	0.9	26.0	37.6	17.8	8.7	2.2
TML04-3炉渣中冰铜	3.3	—	23.8	11.1	31.0	21.1	9.7
TML04-3冰铜层	3.7	—	25.0	15.7	33.8	13.0	8.6
TML04-5冰铜层	7.1	—	24.0	20.0	24.0	13.6	11.6
TML04-6炉渣中冰铜	3.3	—	25.2	8.7	13.9	24.4	24.5
TML04-7炉渣中冰铜	3.5	—	18.9	4.4	16.1	50.6	6.5
TML04-8冰铜层	7.1	—	28.0	38.5	15.3	6.8	4.2
TML04-9冰铜层	6.4	0.4	28.4	39.7	14.7	4.6	5.7
TML04-10冰铜层	5.7	—	27.0	32.5	20.8	6.7	7.4

表4-5 桐木岭遗址炼铅渣中铅颗粒的平均成分

单位：wt%

样品编号	最大直径/μm	O	S	Fe	Cu	As	Ag	Sb	Pb
TML04-1	1 000	8.7	1.8	—	—	—	—	1.5	88.1
TML04-2	150	4.6	0.7	0.4	—	—	—	2.4	91.8
TML04-3	100	7.7	2.4	—	—	—	—	1.1	89.0
TML04-5	250	8.7	2.1	1.3	0.3	0.6	—	3.1	84.1
TML04-6	100	3.1	2.2	—	—	—	1.0	2.3	91.3
TML04-7	150	4.1	1.6	0.6	—	—	—	3.0	90.7
TML04-8	50	11.0	3.2	0.2	—	—	—	—	85.5
TML04-9	100	14.0	3.2	1.6	—	—	—	1.9	78.9
TML04-10	1 000	10.0	2.4	0.8	0.3	—	1.7	3.2	81.4
TML04-11	50	9.4	2.6	2.9	—	—	3.7	0.9	80.5
TML04-12	50	3.3	2.2	0.8	—	—	—	3.7	90.0
TML04-13	50	5.7	2.0	—	0.5	—	—	3.1	88.7

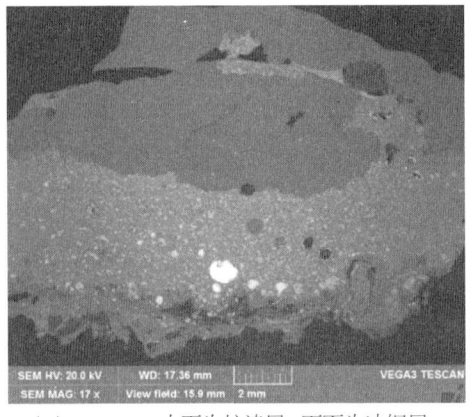

(a)TML04-1 上面为炉渣层,下面为冰铜层,亮相为铅颗粒

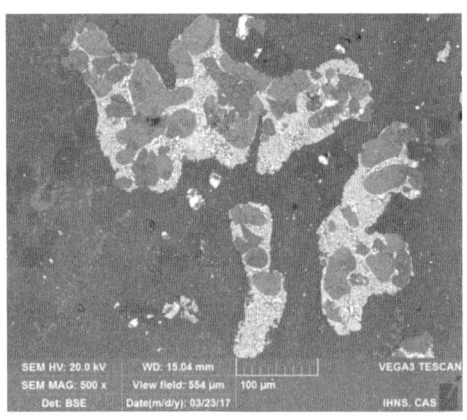

(b)TML04-5 炉渣层中的冰铜

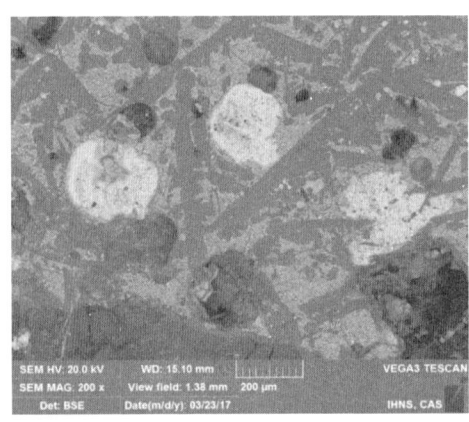

(c)TML04-5 冰铜层中的铅颗粒

(d)TML04-1 木炭残留物

图 4-13　桐木岭遗址炼铅渣的显微组织

二、讨论

1. 炼铅炉及风箱

前文已提到,郴桂矿厂炼铅用高炉,类似于 1917 年曹仁记载的土法炼铅炉(附图 3),炉高 1 米多,炉前底部设炉门,炉门外有一窝,炉渣或铅从炉门流出,就贮于此窝内,炉后设鼓风口[①]。通过考古发现的炼铅遗迹、炉渣、风箱活塞板等,可以进一步复原桐木岭遗址的炼铅炉及风箱。

---

① 曹仁. 土法冶锌术[J]. 矿业杂志,1917(2):26-27.

桐木岭遗址发现的 K23 和 K24 保存不完整，很难判断是否是炼铅炉的炉底。从尺寸上看，K24 直径 0.95 米，比曹仁记载炼铅炉的直径（0.64 米）较大，有可能是炼铅炉的炉底。而 K23 直径 0.4 米，有护圈残块，推测 K23 可能是用于排放炉渣和铅的炉前坑。

这种炼铅炉需要人力鼓风，桐木岭遗址发现的圆形带孔的木板（图 4-11），应该是筒形风箱的活塞板，板中央的孔应该曾连接抽拉用的拉杆。筒形风箱是中国传统的双作用活塞式风箱。双作用活塞式风箱有两种形状，一种是方形，另一种是筒形，两种结构类似，均可通过活门自动开闭实现活塞两侧异步鼓风、进风。这种风箱风压高、风量大、鼓风效率高，在宋元时期用于冶金鼓风，明清时期已较为普遍[1]。《滇南矿厂图略》介绍过这种风箱："曰风箱，大木而空其中，形圆，口径一尺三四五寸，长一丈二三尺。每箱每班用三人。设无整木，亦可以板箍用，然风力究逊。亦有小者，一人可扯。"[2] 大的筒形风箱直径 42~48 厘米，长 3.8~4.2 米，需要 3 人同时操作，也有小的筒形风箱，1 人操作即可（图 4-14）。1913 年，山口义胜调查发现东川炼铜和精炼所用的鼓风器为木制圆筒唧子式风箱，外径 61 厘米，内径 54 厘米，长 2.7 米，需 3~4 人拉动（图 4-15）[3]。郴桂地区也有冶金时使用筒形风箱鼓风的传统。2011 年，嘉禾县文物管理所征集了一件打铁用的筒形风箱，直径 29 厘米，长 1.4 米（图 4-16）。桐木岭遗址风箱活塞板的直径 40.5 厘米，其风箱的外径应该稍大，大约 45 厘米，与《滇南矿厂图略》中的大风箱直径相似。桐木岭遗址风箱的长度无法复原，如果炼铅炉高 1 米多，那么所用风箱长度为 1.5~2 米，1~2 人鼓风即可。该筒形风箱应该是横着放置，其出风口设在中间，与炼铅炉的鼓风口对接。

---

[1] 冯立昇. 中国传统的双作用活塞风箱：历史考察与实物研究[C]. 第五届中日机械技术史及机械设计国际学术会议. 日本千叶，2005：30-37；黄兴，潜伟. 世界古代鼓风器比较研究[J]. 自然科学史研究，2013（1）：84-111.

[2] 吴其濬.《滇南矿厂图略》校注[M]. 马晓粉，校注. 成都：西南交通大学出版社，2017：31.

[3] 山口义胜. 调查东川各矿山报告书[J]. 云南实业杂志，1914（2）：31，36-37.

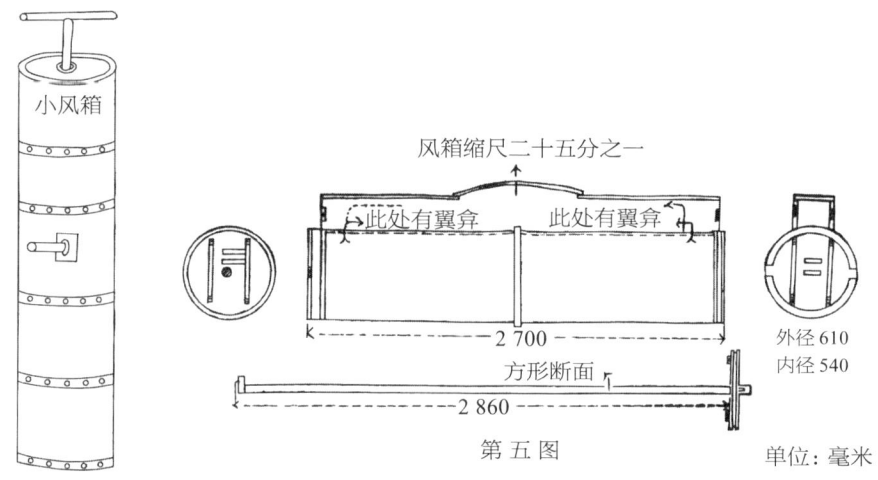

图4-14 《滇南矿厂图略》小风箱图①

图4-15 1913年山口义胜调查的筒形风箱②

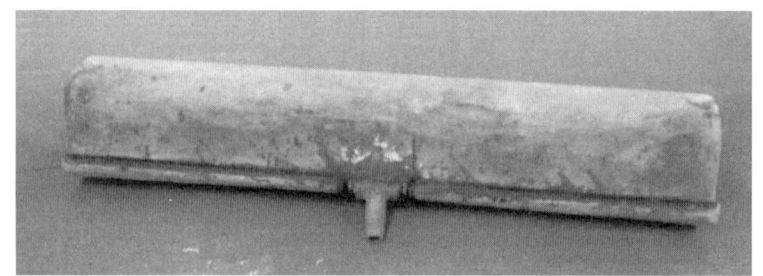

图4-16 嘉禾县文物管理所征集的打铁用筒形风箱

2. 炼铅技术

桐木岭遗址炼铅是在竖炉中冶炼的，竖炉炼铅存在两种方法，一种是烧结—还原熔炼法，另一种是铁还原法。两者的区别在于，烧结—还原熔炼法在冶炼前需要焙烧矿石，而铁还原法在冶炼前不需要焙烧矿石。《湖南省例成案》明确记载郴桂矿厂炼铜、炼锌需要"煅砂"（即焙烧矿石），但未提及炼铅需要"煅砂"。因此，郴桂矿厂炼铅很可能使用了铁还原法。

---

① 吴其濬.《滇南矿厂图略》校注[M]. 马晓粉, 校注. 成都：西南交通大学出版社, 2017: 12.
② 山口义胜. 调查东川各矿山报告书[J]. 云南实业杂志, 1914(2): 37.

从桐木岭遗址炼铅渣的分析结果可进一步推断郴桂矿厂炼铅技术。首先，从炉渣的 SO_3 和 PbO 的含量高低可以判断炼铅技术的类型。刘思然等通过中外多处炼铅遗址炉渣的成分比较，发现烧结—还原熔炼法由于冶炼前矿石经过焙烧脱硫，冶炼产生的炉渣 SO_3 含量较低（<1.5%），而还原过程中较强的还原气氛，使得炉渣中的 PbO 含量降低且波动较大（总体低于 25%）；而铁还原法由于矿石未经过焙烧，冶炼产生的炉渣中有较高的 SO_3 含量（>2%），而 PbO 含量很低（<6%）[1]。根据这个判断标准，桐木岭遗址炼铅渣含有 2%～7% 的 SO_3 及 2%～7% 的 PbO，并有较高的 FeO 含量（26%～33%），可认为其采用了铁还原法。其次，炼铅渣存在较多的冰铜颗粒，有的还存在冰铜层，说明炼铅竖炉除了排出炼铅渣，还排出了冰铜。炼铅产生了较多冰铜，说明所用的硫化铅矿石没有脱硫或少量脱硫，才会导致炉渣中存在较多冰铜以及冰铜单独排出。由此判断，桐木岭遗址竖炉炼铅应该采用了铁还原法。

桐木岭遗址炼铅所用的矿石为方铅矿（PbS），从炉渣的成分和夹杂冰铜的成分来看，矿石中还含有较高的锌、铜等，即伴生有较多闪锌矿（ZnS）、黄铜矿（$CuFeS_2$）等。在铁还原法炼铅过程中，由于铁比铅与硫有更好的亲和性，金属铁能将硫化铅中的铅还原出来（反应过程为：PbS+Fe══FeS+Pb）。而铜比铁更容易与硫结合，铁无法将硫化铜中的铜置换出来，铜会以硫化物的形式进入冰铜中，因此该遗址炼铅渣中的冰铜有较高的铜含量（14%～34%），最高可达 34%，与史料记载的钔水的铜含量（32%～40%）相符。

根据使用铁还原法的传统坩埚炼铅的记载，坩埚炼铅用铁量不一，多则为铅矿质量的 30%～40%，少则 10%，而且多是铁屑、铁末、铁皮、铁块等废铁，还有的用铁矿石[2]。在河南桐柏围山、河北曲阳燕川、辽宁辽阳江官屯坩埚炼铅遗址的炉渣中发现了残留的金属铁颗粒，说明这些遗址使用金属铁为

---

[1] 刘思然，陈建立，徐长青，等．江西上高蒙山遗址古代银铅冶炼技术研究[J]．江汉考古，2018(1)：101-111．

[2] 周文丽，刘思然，刘海峰，等．中国传统坩埚炼铅技术初探[J]．自然科学史研究，2014(2)：201-215．

还原剂。但是，桐木岭遗址炼铅渣中未发现残留的金属铁颗粒。《湖南省例成案》记载郴桂矿厂存在往铅渣中掺杂"铁末""脚铜"的作弊行为①，这里的"铁末"很可能就是炼铅时使用的。18世纪后期以来，德国、法国、英国、日本等国采用铁还原法鼓风炉炼铅，除加入金属铁以外，还加入了铁精炼渣、铁矿石等富含氧化铁的原料代替金属铁②。1917年曹仁记载的土法炼铅炉中加入了"青渣"，即"陈炉渣"③，应该是铁含量较高的炉渣。桐木岭遗址炼铅也可能使用铁末、炉渣为还原剂。

桐木岭遗址炼铅渣的铅颗粒中有的含有一定量的银，推测可以进一步用于提银，但目前在郴桂地区尚未发现炼银用的灰吹炉。

3. 铜铅共生矿冶炼技术

桐木岭遗址炼铅渣中存在较多铜含量高的冰铜，说明炼铅产生了大量冰铜，一部分冰铜进入了炼铅渣，应该还有一部分冰铜进入了冶炼产生的粗铅。遗址中未发现粗铅产品，但可以推测粗铅中存在冰铜，可以熔炼分离出冰铜，用于炼铜。K23发现的碎炉渣说明对炼铅渣进行过破碎，可能是为了分离出其中的冰铜和铅。桐木岭遗址发现冶炼含铜铅矿石留下的遗存，未见后续铅渣炼铜的遗存。乾隆年间，桂阳州炼铅多在州城附近，所炼得的粗铅运到州城的官局熔炼成净铅，产生的铅渣会进一步处理成钏水，运往州北部木炭资源丰富的野鹿滩去炼铜④。因此，炼铅作坊不会存在后续步骤产生的遗存。桐木岭遗址炼铅渣中的冰铜是否用于炼铜无法判断，但其存在可从侧面印证郴桂矿厂存在铅渣炼铜活动。

中国古代铜铅共生矿冶炼的记载最早见于明末宋应星《天工开物》："凡铜质有数种。有全体皆铜，不夹铅、银者，洪炉单炼而成；有与铅同体者，其

---

① 湖南省例成案·户律仓库·卷十二·钱法[M]//周文丽，雷昌仁. 湖南桂阳冶金史资料汇编. 长沙：湖南人民出版社，2019：73.

② DUBE R K. The extraction of lead from its ores by the iron-reduction process: a historical perspective [J]. JOM, 2006(10): 18-23.

③ 曹仁. 土法治锌术[J]. 矿业杂志，1917(2)：27.

④ 湖南省例成案·户律仓库·卷十四·钱法[M]//周文丽，雷昌仁. 湖南桂阳冶金史资料汇编. 长沙：湖南人民出版社，2019：115.

煎炼炉法，旁通高、低二孔，铅质先化，从上孔流出，铜质后化，从下孔流出。"① 如图4-1所示。另，"凡产铅山穴，繁于铜、锡。其质有三种……一出铜矿中，入洪炉炼化，铅先出，铜后随，曰铜山铅。此铅贵州为盛……广信郡上饶、饶郡乐平出杂铜铅"②。这两段记载表明，铜矿和铅矿常常共生，将铜铅共生矿在高炉中冶炼，铅先流出，铜后流出。但是，"铅质先化，从上孔流出，铜质后化，从下孔流出"的说法与插图中所绘的出铅口低于出铜口不符，实际上铅的密度大于铜，应该是铅从下孔流出，铜从上孔流出。《天工开物》记载的铜铅共生矿冶炼技术比较简略，未指出矿石的种类，以及冶炼前是否需要焙烧矿石。从冶炼先出铅、后出铜的描述来看，应该冶炼的是氧化矿或焙烧过的硫化矿，由于铅易被还原且熔点较低，先从炉子流出；而铜难被还原且熔点较高，后从炉子流出。

目前我国已发现多处古代冶炼遗址使用铜铅共生矿冶炼技术。内蒙古赤峰塔布敖包为夏家店上层文化的冶炼遗址，主要从林西大井古铜矿开采的共生矿石直接冶炼铜锡砷三元合金；该遗址还发现了两件铜铅硫化、氧化共生矿石和一件铜铅合金残块，李延祥等认为塔布敖包遗址曾使用铜铅共生矿直接冶炼铜铅合金并铸造青铜③。湖北阳新大路铺遗址的两个炉渣中发现铅、纯铜、白冰铜共存，推测是铜铅共生矿冶炼的遗物，冶炼过程中可能先排出易还原、密度较大、熔点较低的金属铅，后排出纯铜④。广西北流铜石岭汉唐冶铜遗址发现铜铅冶炼渣，炉渣中存在铜铅合金颗粒，未发现冰铜，说明冶炼的是铜铅锌共生氧化矿，产物是铜铅合金，并使用凝析法将铜、铅分离⑤。四川西昌东坪汉代遗址发现了铜铅冶炼渣，炉渣中存在铜铅合金颗粒和冰铜，说明其使用铜铅共生硫化矿，经不完全焙烧后冶炼出铜铅合金，并

---

① 宋应星. 天工开物·卷下·五金[M]. 魏毅, 点校. 长沙：湖南科学技术出版社, 2019: 325.
② 宋应星. 天工开物·卷下·五金[M]. 魏毅, 点校. 长沙：湖南科学技术出版社, 2019: 343.
③ 李延祥, 董利军, 陈建立, 等. 塔布敖包古铜遗址再探[M]// 教育部人文社会科学重点研究基地, 吉林大学边疆考古研究中心. 边疆考古研究：第12辑. 北京：科学出版社, 2012: 389-395.
④ 李延祥, 李建西. 阳新大路铺遗址炉渣初步研究[C]// 冯少龙. 阳新大路铺：下. 北京：文物出版社, 2013: 859.
⑤ 李永春, 黄全胜, 李延祥. 广西北流铜石岭遗址冶炼技术分析[J]. 有色金属, 2010(2): 116-122.

可能采用凝析法分离铜、铅①。上述遗址的铜铅共生矿冶炼方法，多采用的是氧化矿或焙烧过的硫化矿，在高炉中冶炼，反应得到铜铅合金，可以进一步分离出铜和铅。

清代郴桂矿厂使用的是铜铅共生硫化矿，在冶炼前未经焙烧，用铁还原法在高炉中炼铅，炼出的粗铅可分离出铅渣，从铅渣中分离出㸑水（冰铜），可以焙烧、冶炼成铜。这种冶炼铜铅共生矿的方法，与《天工开物》记载和其他地区考古发现均不同，在中国古代冶金史上为首次发现。

清代郴桂矿厂使用铅渣炼铜技术从铅矿中炼铜，是由于郴桂矿厂铜矿资源少，但又要满足宝南局铸钱对铜料的需求，因此只能想办法从铅矿中提铜。在中国古代炼铜史上，唐宋时期已经能使用铜含量在3%～6%的硫化铜矿石炼铜，如唐代九华山使用含铜6%的铜矿石②，南宋龙泉使用含铜3.3%的铜矿石③。清代郴桂矿厂通过铅渣炼铜的方法，可利用含铜量不到1%的铅矿石炼铜，体现了古人最大限度利用矿石中各种金属的智慧。

第四节　小结

本章通过史料解读、考古调查和对炼铅渣的分析，复原了郴桂矿厂炼铅技术、炼银技术和铅渣炼铜技术（图4-17）。

郴桂矿厂炼铅是用高炉冶炼，桐木岭遗址发现的K23、K24可能是炼铅炉及炉前坑，发现的带孔圆形木板是筒形风箱的活塞板。从桐木岭遗址炼铅渣的分析来看，所用的矿石为硫化铅矿石，不需要焙烧，采用铁还原法直接还原，可能使用铁末或铁含量高的炉渣为还原剂，以木炭为燃料。铁还原法炼铅主要用于北方地区辽金元以来的坩埚炼铅活动，在江西上高蒙山也发现

---

① 严弼宸，刘思然，李延祥，等.四川西昌东坪遗址炉渣分析与冶炼技术研究[J].中国文物科学研究，2018（2）：66-75.

② 李延祥，韩汝玢，柯俊.九华山唐代炼铜炉渣研究[J].自然科学史研究，1996（3）：285-294.

③ 陆容.菽园杂记[M].李健莉，点校.上海：上海古籍出版社，2012：118；李延祥.从古文献看长江中下游地区火法炼铜技术[J].中国科技史料，1993（4）：83-90.

了采用铁还原法的竖炉炼铅活动。

郴桂矿厂炼银技术采用的是灰吹法,即将含银的粗铅用灰盘(即灰吹炉)来提银,银留在灰盘上,铅氧化进入灰盘中成为灰盘铅,灰盘铅可以再次炼成铅。从史料来看,乾隆年间郴桂矿厂开采的铅银矿石银含量较低,每百斤铅矿石最高含银约2两,低的只有2钱,低品位的矿石居多。遗憾的是,目前在郴桂地区尚未发现灰盘、炼银渣等炼银遗存,有待进一步研究。

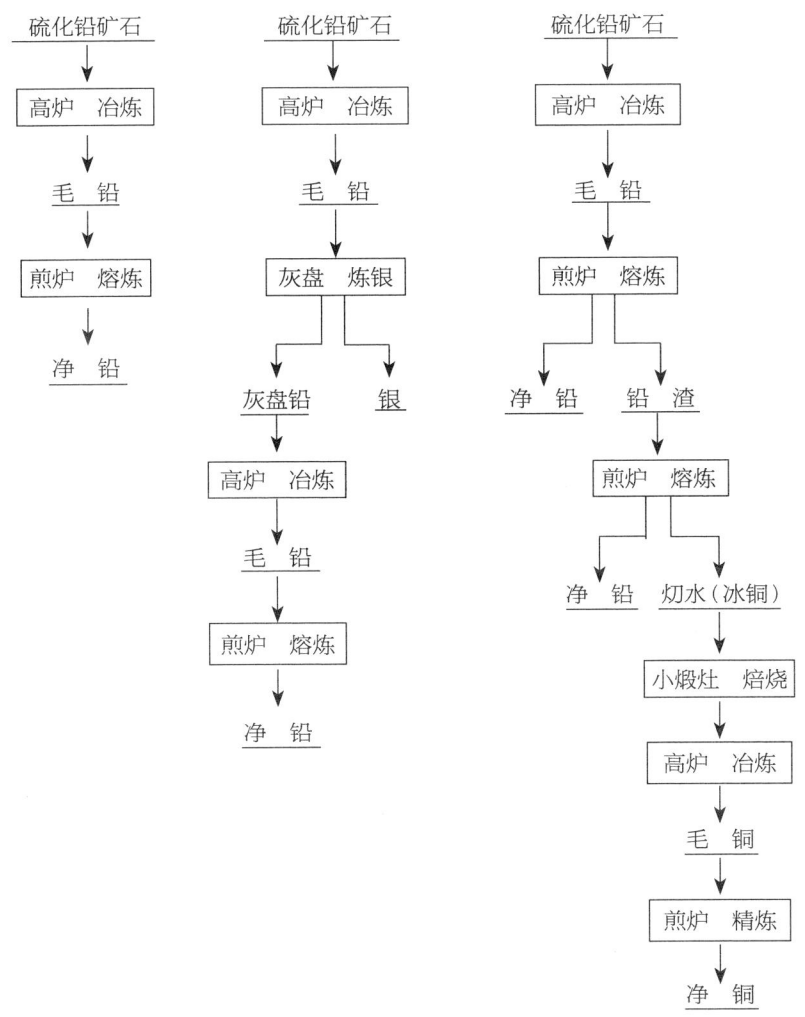

图4-17 郴桂矿厂炼铅银铜技术工艺流程图

清代湖南郴桂矿厂多金属矿冶技术研究

郴桂矿厂掌握了一种铅渣炼铜技术,即将粗铅熔炼产生的铅渣再次熔炼,分离出灼水(冰铜)和净铅,灼水用于炼铜,应该是在小煅灶中焙烧、炼铜高炉中冶炼成粗铜,再在煎炉中精炼成净铜。铅渣炼铜技术系冶金史上的首次发现,相对其他铜铅共生矿技术更为复杂。郴桂矿厂选择这样的技术,可能与当地铜矿资源少,但又要满足宝南局铸钱对铜料的需求密切相关。通过铅渣炼铜的方法,可有效利用含铜量不到1%的铅矿石,其在郴桂地区的技术发展脉络有待更多的田野调查和炉渣的分析工作。

第五章

郴桂矿厂的炼锌技术

清代郴桂矿厂炼锌采用的是蒸馏法炼锌技术,由于矿石主要为硫化锌矿,冶炼前需先将矿石焙烧脱硫。郴桂炼锌主要在桂阳州的马家岭、长富坪等铅锌矿厂,以及郴州的铅锌矿厂。近年来在桂阳、郴州市区等地调查发现了多处炼锌遗址,并发掘了桐木岭遗址。本章先对史料记载中的炼锌技术进行复原,再介绍炼锌遗址的调查情况,重点介绍桐木岭遗址的发掘情况,最后通过对桐木岭遗址蒸馏罐和炼锌渣的分析来复原其炼锌技术。

第一节 史料中的炼锌技术

学界公认明末宋应星的《天工开物》是最早记载炼锌的文献,该书初刊于崇祯十年(1637),记载了倭铅的冶炼:

> 凡倭铅,古书本无之,乃近世所立名色。其质用炉甘石熬炼而成,繁产山西太行山一带,而荆、衡为次之。每炉甘石十斤,装载入一泥罐内,封裹泥固以渐硚干,勿使见火拆裂。然后逐层用煤炭饼垫盛,其底铺薪,发火煅红,罐中炉甘石熔化成团。冷定毁罐取出。每十耗去其二,即倭铅也。此物无铜收伏,入火即成烟飞去。以其似铅而性

猛,故名之倭云。①

这段记载的意思是,"倭铅"(即锌)是用"炉甘石"(即菱锌矿,$ZnCO_3$)还原冶炼而成,需要将炉甘石装入"泥罐"(即蒸馏罐)内,用煤饼为燃料,冶炼后需要毁罐才能取出,并且会有20%的损耗,如果不与铜合金化,就会"入火即成烟飞去",表明"倭铅"是一种挥发性的金属,文中插图上标有"升炼倭铅"(图5-1)。虽然这段记载没有科学地表述蒸馏法炼锌技术,如泥罐内部结构和反应过程未写清、插图中泥罐堆积在炼炉里无法实现蒸馏等,但这是目前描述炼锌技术的最早记载。

图5-1 《天工开物》升炼倭铅图②

① 宋应星. 天工开物·卷下·五金[M]. 魏毅,点校. 长沙:湖南科学技术出版社,2019:327.
② 宋应星. 天工开物·卷下·五金[M]. 魏毅,点校. 长沙:湖南科学技术出版社,2019:329.

第五章　郴桂矿厂的炼锌技术

《湖南省例成案》明确记载清代郴桂矿厂蒸馏法炼锌技术。乾隆二十六年（1761），衡永道孔传祖调查白铅渣一案，询问炉户郭启祥、胡汝能、杨义先等，他们对炼锌的原理、原料、成本及产量做了简单的描述：

> 况小的们烧炼白铅，砂性坚硬，比炼黑铅费煤炭甚多，瓦罐、铁盖都要钱买，又要煅砂、捶砂、整罐、装炉，比黑铅费的人工加倍。到三五日后，炉座烧裂，还要停炼修炉，人工饭食都是白费。且黑铅是高炉装炼，每炉可装砂数石，就得铅数百斤。白铅用罐装砂，每罐一个如茶杯大，罐口才长七寸，每罐正好装砂二三斤，就已塞满。自早上烧起，直到夜里才得透出气来，从旁眼里冲到铁盖，复番跌入土窝，然后揭盖，忙用铁匙撇取，每罐不过撇得二三匙子，其余砂渣都已成灰，每罐不过出毛铅二两五六钱。每烧罐一百个，每月约抽税五十斤。①

这段记载描述了蒸馏法炼锌技术的流程。首先，炼锌所用"瓦罐"（蒸馏罐）如茶杯大小②，每罐可装矿石2～3斤（1.2～1.8千克），这些罐子放置到炉子里冶炼，需要大量的煤炭。其次，炼锌需要一整天，"自早上烧起，直到夜里才得透出气来"，这里的"气"为锌蒸气；"从旁眼里冲到铁盖，复番跌入土窝"，即从冷凝兜的缺口冲到冷凝盖，然后滴到冷凝兜里。最后，冶炼结束，打开铁盖，用铁匙撇取2～3次，每罐能产粗锌2两5～6钱（93～97克）。另外，衡永道调查后将炼锌的过程简单概括为"白铅砂性坚硬，置罐装烧，所费煤炭委属繁重，罐面冲浮些须水气"③。其中"罐面冲浮些须水气"，正是冷凝兜内有锌蒸气和液态锌的描述。

---

① 湖南省例成案·户律仓库·卷十六·钱法[M]// 周文丽，雷昌仁. 湖南桂阳冶金史资料汇编. 长沙：湖南人民出版社，2019：153.

② 这里"罐口才长七寸"，似有歧义，可能指罐子高7寸，当时1寸为3.2厘米，7寸即22.4厘米。

③ 湖南省例成案·户律仓库·卷十六·钱法[M]// 周文丽，雷昌仁. 湖南桂阳冶金史资料汇编. 长沙：湖南人民出版社，2019：153.

《湖南省例成案》还记载了乾隆十三年（1748）湖南巡抚温福派衡永道朱陵前往桂阳州调查大凑山铅锌产量的情况，其中调查到白铅抽税的问题，列出了桂阳州开呈烧炼工本、炉户开呈烧炼工本、衡永道试炼工本，以及产量、抽税、余锌贩卖后的利润等[①]（表5-1）。通过这些记载，可以了解到郴桂矿厂炼锌是以"每日烧罐一百个"为单位来计算工本和产量的，所需工本包括购买白铅砂和煤、添补罐子和铁盖等费用，以及人工、饭食、挑砂所需银两。结合其他史料，可以试图复原炼锌活动的更多细节。

表5-1 桂阳州炼白铅砂[②]和白铅渣[③]100罐的各项生产成本及其占比

项目	桂阳州开呈烧炼工本	炉户开呈烧炼工本	衡永道试炼工本	炉户炼白铅渣工本
砂	上砂100斤，4钱 中砂100斤，2钱 （59.7%）	上砂20斤，8分 中砂50斤，1钱 下砂130斤，1钱2分 （44.8%）	中砂200斤，4钱 （49.7%）	铅渣100斤，1两 （32.6%）
煤	1钱8分5厘 （18.4%）	1钱8分 （26.9%）	1钱8分5厘 （23.0%）	煤600斤，掺和砂内散煤150斤，共5钱2分5厘 （17.1%）
人工银和饭食银	炉头1工工价银，4分 小工2工工价银，3分 炉头、小工饭食银，6分 （12.9%）	炉头1工工价银，4分 小工2工工价银，3分 炉头、小工饭食银，6分 （19.4%）	1钱3分 （16.1%）	炉头1名，小工2名，捶渣小工1名，共2钱4分 （17.8%）

---

① 湖南省例成案·户律仓库·卷十二·钱法[M]//周文丽，雷昌仁.湖南桂阳冶金史资料汇编.长沙：湖南人民出版社，2019：74.

② 湖南省例成案·户律仓库·卷十二·钱法[M]//周文丽，雷昌仁.湖南桂阳冶金史资料汇编.长沙：湖南人民出版社，2019：74.

③ 湖南省例成案·户律仓库·卷十六·钱法[M]//周文丽，雷昌仁.湖南桂阳冶金史资料汇编.长沙：湖南人民出版社，2019：155.

(续表)

项目	桂阳州开呈烧炼工本	炉户开呈烧炼工本	衡永道试炼工本	炉户炼白铅渣工本
挑砂银	4分（4.0%）	4分（6.0%）	4分（5.0%）	—
添补罐子、铁盖等	5分（5.0%）	2分（3.0%）	5分（6.2%）	罐100个,6钱 铁盖100块,7钱（42.4%）
共计	1两5厘	6钱7分	8钱5厘	2两6分5厘
净锌	30斤	19斤	25斤	30斤（值银1两）
抽税	1斤10两7钱	1斤10两7钱	1斤10两7钱	—
余锌	28斤5两3钱	17斤5两3钱	23斤5两3钱	—
余锌卖价	1两1钱3分3厘（每100斤值银4两）	6钱9分3厘（每100斤值银4两）	9钱3分3厘	—
纯利	1钱2分8厘	2分3厘	1钱2分3厘	亏1两6分5厘

(1) 砂

炼锌所用白铅砂分"上砂""中砂"和"下砂"3个等级。郴桂矿厂"白铅砂，则有铅石、铅土、铅皮之名……就一样名色的砂，仍有上中下三等"[①]。每100罐共可装砂200斤，即每罐装砂2斤，与前述"每罐正好装砂二三斤，

---

① 湖南省例成案·户律仓库·卷十二·钱法[M]// 周文丽,雷昌仁. 湖南桂阳冶金史资料汇编. 长沙：湖南人民出版社, 2019: 72.

就已塞满"相符。桂阳州知州将上砂100斤和中砂100斤搭配冶炼,炉户则用上砂20斤、中砂50斤和下砂130斤搭配冶炼,而衡永道试炼用了200斤中砂。桂阳州知州、炉户和衡永道分别炼出30斤、19斤和25斤锌。通过计算可知,上砂100斤需4钱,可炼出锌17.5斤;中砂100斤需2钱,可炼出锌12.5斤;而下砂100斤约需9分,可炼出锌约7.1斤。如果不考虑在焙烧和冶炼过程中锌的各种损耗,上砂、中砂和下砂的平均品位分别为17.5%、12.5%和7.1%。乾隆十三年(1748),桂阳州所采锌矿石中品位高的上砂较少,中下砂较多①。至二十五年(1760),郭启祥等炉户称当时专产白铅砂的蓝土岭因硐老山空而封闭,只有马家岭夹产白铅砂,但是"砂质甚低,渣滓甚重"②。根据郭启祥等炉户所说的"每罐不过出毛铅二两五六钱",可知其矿石品位只有6%~7%,属于下砂。

(2)煤

桂阳州和炉户呈报炼锌100罐需要用煤1钱8分左右,这个数据存在问题。冶炼白铅渣需要用煤600斤作为炉内燃料,还要"掺和砂内散煤"150斤作为还原剂,每百斤煤价银7分,两项煤需银分别为4钱2分、1钱5厘,共5钱2分5厘,推测桂阳州和炉户所报的约1钱8分的煤是还原剂煤,并未包括燃料煤;或者是他们所用的煤价格比较低,若按750斤来算,每斤煤只需2分4厘,是冶炼白铅渣所用煤价格的三分之一。后者的可能性是存在的,因为很多炼锌作坊将矿石运到煤矿附近区域,煤的成本可能很低。

(3)人工银和饭食银

炼锌的工匠包括炉头1名和小工2名,其中炉头的工价银为4分,而小工的工价银为1分5厘,小工2名为3分,可见炉头和小工的工价银比例是8∶3。此外,炉头和小工的饭食银是另给,共6分。人工银是付给炉头和小工在炼锌作坊所做的各项工作的报酬,应该包括了"煅砂""捶砂""整罐""装

---

① 湖南省例成案·户律仓库·卷十二·钱法[M]//周文丽,雷昌仁.湖南桂阳冶金史资料汇编.长沙:湖南人民出版社,2019:74.

② 湖南省例成案·户律仓库·卷十六·钱法[M]//周文丽,雷昌仁.湖南桂阳冶金史资料汇编.长沙:湖南人民出版社,2019:151.

炉""修炉"等工作。据20世纪西南地区土法炼锌的记载,一座炼锌炉需要一名炉头和几名小工,炉头与小工有明确的分工[①]。

(4)挑砂银

挑砂银应该是炉户从砂夫处购买矿石后人力挑担运到冶炼作坊的费用。挑砂银单独列出,可见是工本里一笔重要的花费。

(5)添补罐子、铁盖等项

在冶炼过程中,罐子和铁盖会有破损,需要及时补充,而"瓦罐、铁盖都要钱买"。据郭启祥等炉户所描述白铅渣冶炼工本,购买100个罐需银6钱,100个铁盖需银7钱[②]。而桂阳州和炉户呈报的添补罐子、铁盖等项费用仅为5分和2分,可能只是添补破损的罐子和铁盖,并不是全部购买新的罐子和铁盖。桂阳州和炉户呈报的此项费用分别为5分和2分,而桂阳州所列费用除了添补罐子和铁盖,还有皮灰筛、草鞋、牙祭的费用。

总的来看,郴桂矿厂每个炼锌罐可装矿砂2斤,矿砂的品位影响到产量,一般需要搭配上、中、下砂冶炼,3次试炼所得锌分别为0.3斤、0.19斤和0.25斤。在炼锌的工本中,锌矿石占最高比例,3次试炼为45%～60%,其次是煤(18%～27%)、人工银和饭食银(13%～19%),最少的是挑砂银(4%～6%)、添补罐子、铁盖等(3%～6%)。炼锌炉户还指出,影响炼锌的产量除了矿石品位高低,还有"天时晴雨、炉座燥湿、火候猛烈从容、配砂好丑多寡"等因素[③]。

另外,需要补充的是,郴桂矿厂还存在白铅渣。白铅渣为熔炼粗锌的精炼渣,可以再提锌:"每百斤毛铅,炼净出渣,不过二三斤不等。每百斤铅渣重复烧炼,不过出铅三十斤,顶好只值一两银子。"[④] 由于炼锌炉户利润微薄,起初允许白铅渣与余锌一同贩卖归本。乾隆二十二年(1757),由于省局添炉,

---

① ZHOU W L. The technology of large-scale zinc production in Chongqing in Ming and Qing China[M]. Oxford: BAR Publishing, 2016: 21.

② 湖南省例成案·户律仓库·卷十六·钱法[M]//周文丽,雷昌仁. 湖南桂阳冶金史资料汇编. 长沙:湖南人民出版社,2019: 151.

③ 湖南省例成案·户律仓库·卷十二·钱法[M]//周文丽,雷昌仁. 湖南桂阳冶金史资料汇编. 长沙:湖南人民出版社,2019: 80.

④ 湖南省例成案·户律仓库·卷十六·钱法[M]//周文丽,雷昌仁. 湖南桂阳冶金史资料汇编. 长沙:湖南人民出版社,2019: 153.

余锌全部官买,不允许白铅渣贩卖,炉户亏本。二十五年(1760),官府试图让炉户自己冶炼白铅渣,白铅炉户称:"烧炼铅渣,较之烧炼砂子,更费周章。只因铅渣的质重,不比砂质松放,若全用铅渣装满瓦罐,入炉见火,那瓦罐就被铅渣压破了。"① 单独冶炼白铅渣的工本很高(表5-1),炉户不愿承炼。三十三年(1768),又允许贩卖白铅渣②。

第二节 炼锌遗址的调查和发掘

一、炼锌遗址的调查

郴桂地区发现了一批炼锌遗址,最早由桂阳县历史文化研究中心开展了多年调查工作。2015年7月,由湖南省文物考古研究所、北京大学考古文博学院、桂阳县历史文化研究中心组成调查队,重新确认前期的调查成果。2016年7—12月,湖南省文物考古研究所联合多家单位调查了桂阳县14处炼锌遗址,并对桐木岭遗址和陡岭下遗址进行了主动发掘。另在桂阳县飞仙镇塘落虎村后山发现1处制作冶炼罐的遗址,所产陶罐与炼锌遗址发现的大部分冶炼罐相似。近年来,陆续进行了多次调查,在郴州市区、桂阳县和嘉禾县发现了更多炼锌遗址,目前共发现28处炼锌遗址。

桂阳县发现20处炼锌遗址,主要分布在西水河流域和锦里河流域(图5-2)。西水河流域遗址群分布在正和镇一带,分布较为密集,包括解放村的茅岭、巴茅豁、双霞岭遗址,官溪村的王家窑、陡岭下遗址,火田村的八十担(图5-3a)、桐梓坪、王家窑、巴茅岭、肖家门、炉渣岭、黎家洞遗址,以及油菜湾、豆坪、青山、石山头等遗址。遗址面积从1万~10万平方米不等,均

---

① 湖南省例成案·户律仓库·卷十二·钱法[M]//周文丽,雷昌仁.湖南桂阳冶金史资料汇编.长沙:湖南人民出版社,2019:155.

② 湖南省例成案·户律仓库·卷十六·钱法[M]//周文丽,雷昌仁.湖南桂阳冶金史资料汇编.长沙:湖南人民出版社,2019:178.

存在体量庞大的炉渣、冶炼罐堆积。锦里河流域遗址群分布在浩塘、仁义、方元等乡镇的村落中,有石山背、桐木岭(图5-3b)、观山、大留、楠木豁等遗址。遗址面积多在4万~5万平方米,最大的为桐木岭遗址,面积约11万平方米。锦里河遗址群属于春陵江流域,距离春陵江10千米左右,运输炼锌罐和产品十分方便。桂阳炼锌遗址的矿石应该来自桂阳的宝山、黄沙坪等铅锌矿区,这些遗址附近有丰富的煤矿资源,体现了炼锌"移矿就煤"的特点。

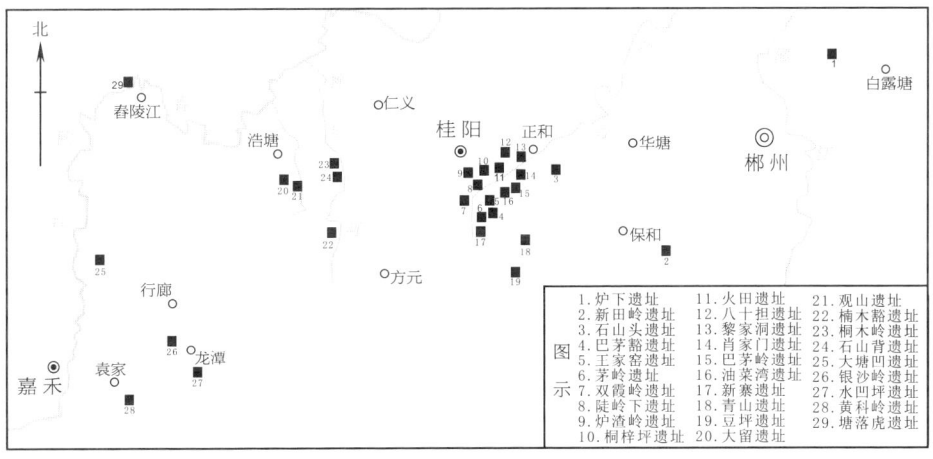

图5-2 郴桂地区炼锌遗址分布图

图5-3 桂阳县八十担遗址(a)和桐木岭遗址(b)

郴州市区发现3处炼锌遗址，分别为新田岭、石山头和炉下遗址。新田岭遗址位于北湖区安和街道安和工矿区内，遗址有冶炼罐、煤渣、炼渣堆积，还伴随有少量的青花瓷片，面积约6万平方米。石山头遗址位于华塘镇石山头村，植被覆盖较为茂盛，地面上可见冶炼罐和炉渣，面积约1万平方米。炉下遗址（图5-4）位于苏仙区江背塘自然村，由冶炼罐、炼锌渣、煤渣、炼铅渣堆积而成，面积在6万～10万平方米。这些遗址采集的冶炼罐分为瘦长型和矮胖型。新田岭遗址位于新田岭矿区内，其他2处遗址均在煤矿区域内。

(a)　　　　　　　　　　　　(b)

图5-4　苏仙区炉下遗址（a）及其地表炉渣（b）

嘉禾县发现4处炼锌遗址，分布在县东北部的行廊、龙潭、袁家等乡镇，包括黄科岭、大塘凹、水凹坪、银沙岭遗址，破坏较为严重，保存面积较小，均处在煤矿区域内，临近桂阳宝山、黄沙坪矿区。黄科岭遗址（图5-5a）有炼渣、煤渣、冶炼罐堆积，面积约2 000平方米，部分堆积厚度在5米左右，冶炼罐高27厘米，罐口和底径7.5厘米。大塘凹遗址同样有炼渣、煤渣、冶炼罐堆积，面积约1万平方米，冶炼罐为矮胖型。水凹坪遗址面积约7 000平方米，冶炼罐为矮胖型。银沙岭遗址（图5-5b）面积约2 000平方米，冶炼罐为矮胖型。这些遗址上方植被多为茅草、松树等。

图 5-5　嘉禾县黄科岭遗址（a）和银沙岭遗址（b）

二、桐木岭遗址的发掘

2016 年 7—12 月，湖南省文物考古研究所等单位对桂阳锦里河流域遗址群中面积最大、保存最好的桐木岭遗址进行了主动考古发掘[①]。根据遗址出土的铜钱、青花瓷器、冶炼罐等遗物，结合炼锌炉的形制，判断桐木岭遗址年代为清代中晚期。

桐木岭遗址位于桂阳县仁义镇大坊村和浩塘镇桐木岭村交界处的丘陵地带，东距桂阳县城 12.9 千米，海拔 316～336 米，处在山坡南面，面积约 11 万平方米。遗址中心部位为冶炼罐与炉渣堆积成的冶炼平台，台面较平坦，略呈三角形，东西长约 110 米，南北宽约 50 米，面积约 5 000 平方米，共发掘约 3 000 平方米。此台面上呈"品"字形分布有 3 个功能分区，即 1 个焙烧区和 2 个冶炼区（图 5-6）。发现一批以炼锌为主的多金属冶炼遗迹，如炼锌炉、焙烧台、精炼灶、储料坑、搅拌坑等，以及配套的房址；出土一系列较完整的冶炼工具，包括冶炼罐、冷凝器、冷凝兜、冷凝盖、精炼锅、托垫、铁钎等；另有铜钱、青花瓷器、陶器等遗物。

---

① 湖南省文物考古研究所，北京大学考古文博学院，中国科学院自然科学史研究所，等. 湖南桂阳县桐木岭矿冶遗址发掘简报[J]. 考古，2018(6)：51-69.

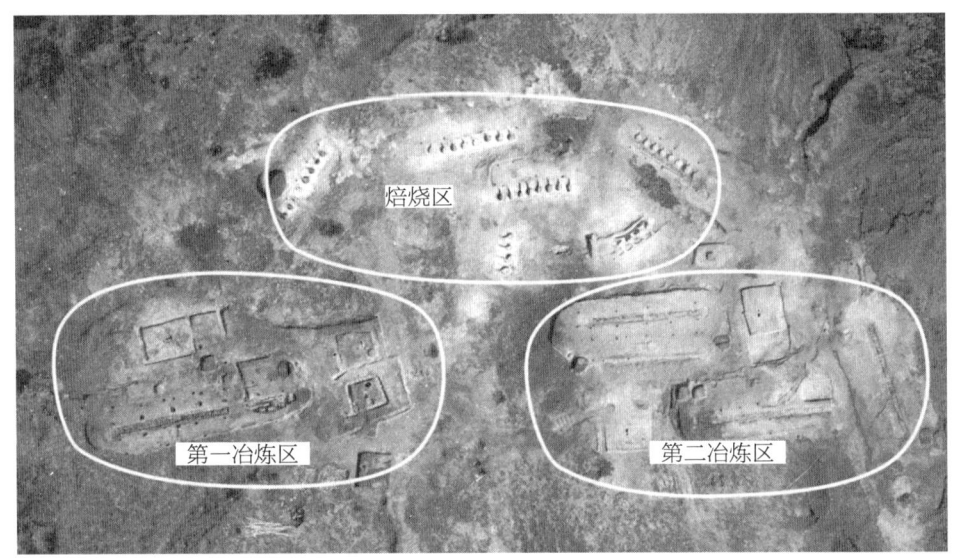

图 5-6　桐木岭遗址冶炼平台功能分区

焙烧区位于平台南部，东西长 55 米，南北宽 20 米，面积约 1 000 平方米。焙烧区内有 6 个焙烧台，依地形有序分布，每个焙烧台上有 4 个或 8 个圆形焙烧炉一线排开。焙烧台 BT1（图 5-7a）位于焙烧区的西南部，为长条形土堆，整体保存较好，长约 13 米，宽 3.4 米，残高 0.8 米。BT1 以废弃的炼锌炉 LX6 和 LX7 为基础修筑，主要材料是黏土和使用过的煤饼、冶炼罐等。BT1 由 8 个圆柱形焙烧炉组成，自西北向东南依次编为 L1～L8（图 5-7b）。L6 分为圆柱形炉室和炉门两部分。炉室口大底小，炉壁较直，炉底平整，炉壁和炉底敷筑一层厚 3 厘米的黄泥，已烧成青灰色。炉口长 0.9 米，宽 0.84 米；炉底长 0.84 米，宽 0.7 米；炉体残高 0.64 米。炉门在炉室一侧的中间，长 0.4 米，宽 0.3 米，高 0.3 米。BT1 南北两侧各有两排平行的柱洞，推测曾搭盖炉棚，其分布范围内可见平整的踩踏面。

第一冶炼区位于平台东部，东西长约 50 米，南北宽约 20 米，面积约 1 000 平方米。该冶炼区内有 2 座炼锌炉，以炼锌炉 LX1 保存最为完整，平面呈长条形，由炉床和炉室两部分组成，周围有序分布着精炼灶、储料坑、搅拌坑、和泥坑、堆料区、碎料区、环形护围、柱洞、房址等遗迹，形成一个单独的炼锌作坊（图 5-8）。第二冶炼区位于平台西部，东西长约 50 米，南北宽约

20米，面积约1 000平方米。该冶炼区分布4座炼锌炉，其中LX2与LX3平行，LX4在LX5之上重建，并大体垂直于LX2和LX3，各炼锌炉的形制基本相同。

(a)

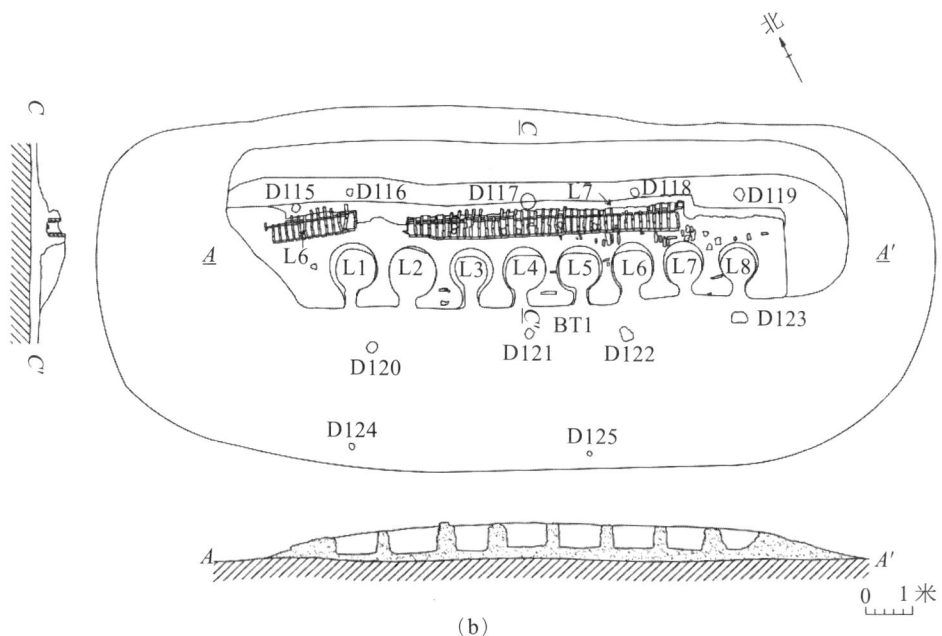

(b)

图5-7　桐木岭遗址焙烧台BT1(a)及平剖面图(b)

图 5-8　桐木岭遗址炼锌炉 LX1 及周边遗迹

　　LX1 位于第一冶炼区东北部，长 22.6 米，宽 1.8 米。LX1 被一段长约 2.2 米的缺口分为东西两段，东段长 12.7 米，西段长 5 米。其中西段保存较好（图 5-9a），是在原炉床上清理后重建的。炉床由黄色黏土夯筑而成，侧面下宽上窄呈梯形，表面平整，其上修筑有炉室。炉室由炉栅、侧墙、端墙、分节墙组成，表面敷泥，由下而上可分为通风口、炉下室、炉上室 3 个部分（图 5-9b）。多列炉栅平行排列于炉床之上，与侧墙下部通风口相通。侧墙、端墙、分节墙由土坯砖砌筑而成。炉下室是由炉栅和侧墙下部组成封闭的单元格，内填充煤饼和散煤，煤饼上放有托垫。炉上室为放置冶炼罐的区域，冶炼罐间填充散煤。部分炉栅上可见 3 个放置冶炼罐形成的燃烧接触痕迹。炉床上有 31 列炉栅，大部分已断裂变形。中部炉上室留存有部分冶炼罐，它们仍保持冶炼时的摆放位置。两边侧墙下部有 30 对通风口。北侧炉墙保存较为完整，其内侧烧结成青灰色。LX1 周围有由废弃冶炼罐垒筑的护围，西北面靠近山体的部位砌筑较高，高约 1 米。护围平面呈较为规整的椭圆形，东西长 27 米，南北宽 7 米，其范围内地面可见反复踩踏的痕迹。LX1 南北两侧有柱洞平行分布，南侧 3 排，北侧 2 排，部分柱洞内还留有木柱残迹，可见炼锌炉上曾搭盖过炉棚。LX1西端外侧（护围转角处）有一处黑色的原料堆，为自然坡状堆积，堆积直径3.2米，高1.1米，内有颗粒状的煤炭和矿石，经检测为冶炼用的原料。LX1西端为一个精炼灶Z3，其功能是用铁锅对炼锌所得粗锌进行精炼，再浇铸成锌锭（图5-10）。

(a)

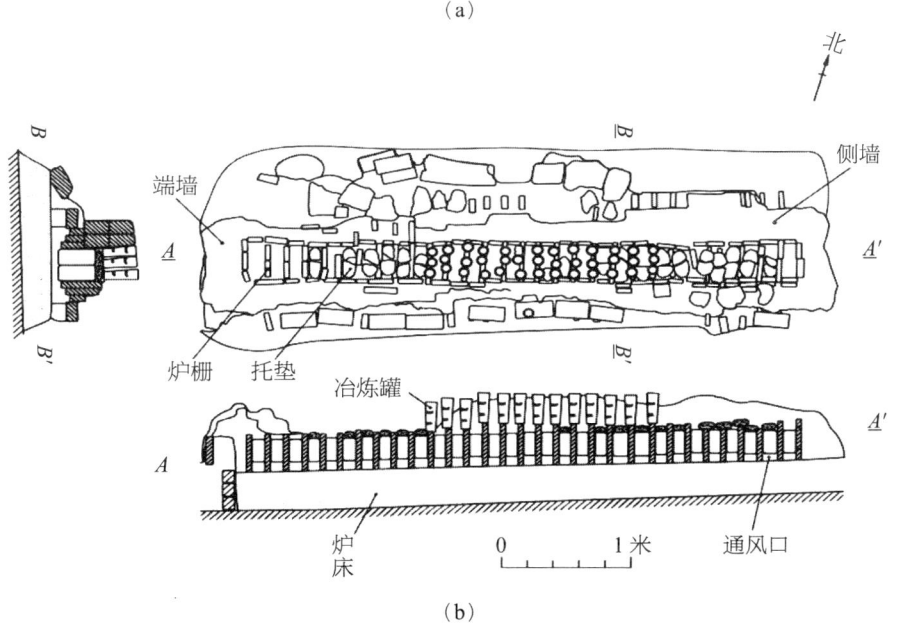

(b)

图5-9 桐木岭遗址炼锌炉LX1西段局部（a）及平剖面图（b）

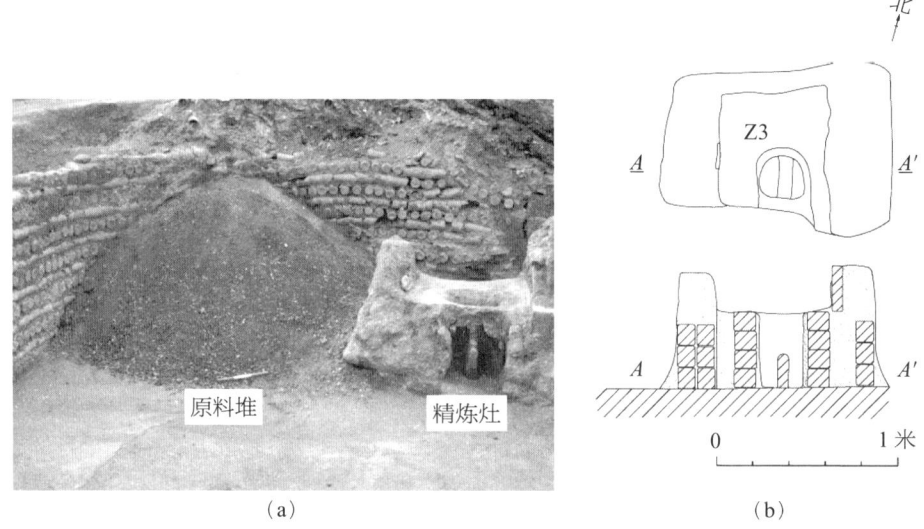

图 5-10 桐木岭遗址原料堆、精炼灶 Z3(a)及平剖面图(b)

LX2 位于第二冶炼区的东南部，平面呈长条形，长 15.2 米，宽 1.7 米，残高 0.48 米。整体形状基本完整，炉下室保存较好，炉上室已残缺不全。LX2 周围有对应的护围、柱洞、功能坑等冶炼遗迹。LX2 的形制以及出土的煤饼、托垫等遗物与 LX1 相似，LX2 中部有黄色黏土砌筑的分节墙，将炼锌炉分为对称的两节。每节有 40 列炉栅，上面可以放置 120 个蒸馏罐（图 5-11）。LX1 东段、LX3、LX4 和 LX2 较为相似，都分为两节。

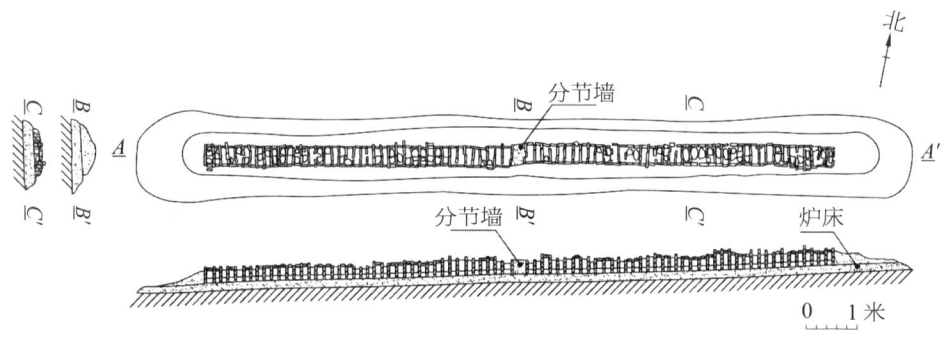

图 5-11 桐木岭遗址炼锌炉 LX2 平剖面图

第三节　蒸馏罐和炉渣分析揭示炼锌技术

本节对桐木岭遗址出土蒸馏罐的各个部位和内部残留炉渣进行显微组织观察和化学成分分析，重点考察桐木岭出土蒸馏罐的生产和使用情况，以期揭示桐木岭遗址的炼锌技术。选取桐木岭遗址的13个冶炼罐、5个冷凝器和9个炉渣样品（编号以TML02开头），以及双霞岭遗址采集的1个冷凝兜样品，进行制样和分析。

一、蒸馏罐分析

桐木岭遗址的蒸馏罐结构复杂，主体为冶炼罐，是冶炼锌矿石的反应区，上部加冷凝器、冷凝兜和冷凝盖，是冷凝锌蒸气的冷凝区（图5-12）。蒸馏罐不同部位的形制、材质和制作工艺都对炼锌技术起着至关重要的作用，与生产效率息息相关。

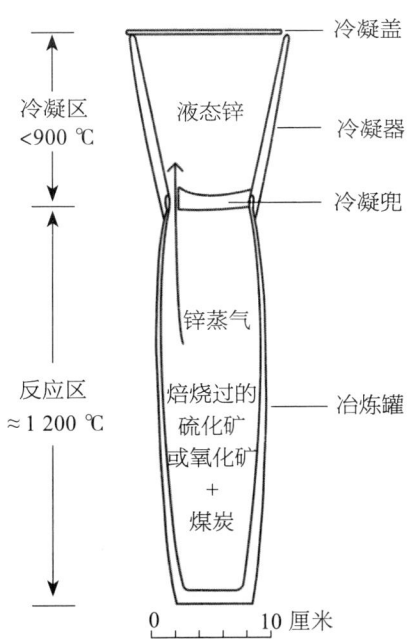

图5-12　桐木岭遗址蒸馏罐结构及内部反应示意图

冶炼罐呈圆筒形，敛口、卷沿、圆唇、微鼓腹、平底，口径4～6厘米，底径6～8厘米，最大腹径8～9厘米，高约32厘米（图5-13）。罐壁底部最厚，从底部到口部逐渐变薄，口部可薄至2毫米。冶炼罐含67%～70%的SiO_2、19%～23%的Al_2O_3、4%～6%的FeO、约2%的K_2O、1%的TiO_2及不到1%的其他氧化物（表5-2）。从较高的Al_2O_3含量及较低的熔剂组分含量来看，它们由较为耐火的黏土制成。冶炼罐中存在大量细小的石英颗粒，尺寸从20～100微米不等，周围部分熔入陶瓷基体，较大的石英颗粒内部存在裂纹。这些石英颗粒较为细小，应该不是有意掺入，而是来自黏土本身，黏土经过了粉碎、淘洗等处理。

桐木岭遗址出土了少量未使用的冶炼罐，有的较为完整，如冶炼罐16GTF1:7（图5-13a），口部局部残缺。从罐壁内外表面和罐底内侧明显的螺旋状纹理判断，冶炼罐为轮制而成。它们呈黄褐色和棕褐色，质地坚硬，可见用于冶炼前曾在氧化气氛下经过高温烧成。SEM观察发现，它们的陶瓷基体呈充分到连续的玻璃化结构（图5-14），由此可推断在1 100～1 200 ℃的高温下烧成。

(a)   (b)

图5-13 桐木岭遗址未使用的冶炼罐16GTF1:7（a）与使用过的蒸馏罐16GTF2:27（b）

表 5-2　桐木岭遗址蒸馏罐不同部位的平均成分

单位：wt%

样品	样品数	Na$_2$O	MgO	Al$_2$O$_3$	SiO$_2$	P$_2$O$_5$	SO$_3$	K$_2$O	CaO	TiO$_2$	MnO	FeO	ZnO	PbO
未使用冶炼罐	3	0.3	0.4	21.7	68.8	0.2	0.5	2.1	—	1.0	—	4.3	0.5	—
使用冶炼罐	10	0.3	0.5	21.1	67.8	0.1	0.5	2.0	0.1	1.1	0.2	5.1	1.1	0.1
冷凝器	5	—	0.3	14.1	44.6	0.8	0.4	0.9	0.4	1.3	0.4	7.3	29.3	0.3
双霞岭遗址冷凝兜	1	—	1.5	11.6	18.3	0.5	3.2	0.4	1.1	0.7	0.9	38.3	11.4	12.1

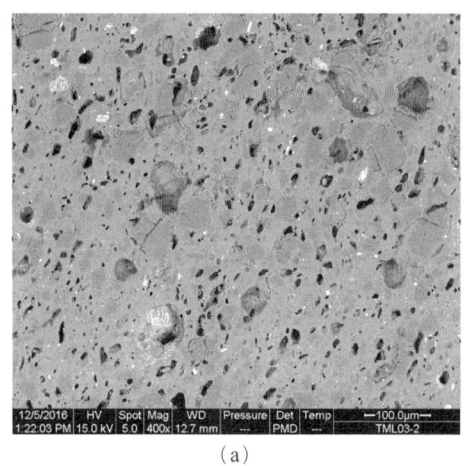 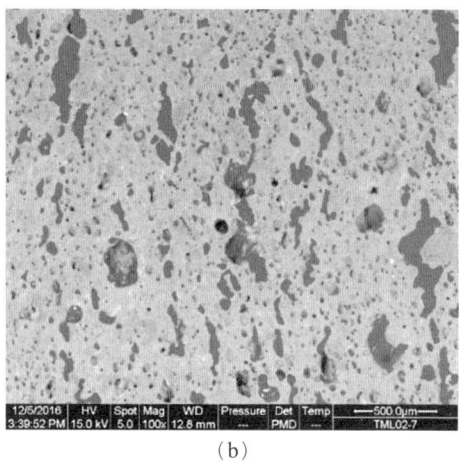

(a)　　　　　　　　　　　　　　(b)

图 5-14　桐木岭遗址冶炼罐 TML03-2 的显微组织（a）
与 TML02-7 的显微组织（b）

桐木岭和桂阳其他炼锌遗址均未发现制作冶炼罐的遗存，而 2016 年 12 月在桂阳飞仙镇塘落虎村发现了一处生产日用陶器和冶炼罐的制陶作坊遗址（图 5-2，遗址 29），所出土冶炼罐与桐木岭遗址大部分冶炼罐类似。塘落虎遗址的冶炼罐为轮制而成，在长条形的陶窑里烧成。桐木岭遗址使用的大量冶炼罐应是先在类似塘落虎遗址的制陶作坊生产，再运到炼锌作坊的。

冶炼罐的口沿上加有喇叭状的冷凝器，大部分使用过的冶炼罐上部所加冷凝器已残缺，只有少量完整地保留下来。桐木岭遗址出土了两件较完整的冷凝器，一件（16GTL1∶43）高 15.2 厘米，上部口径 11.3 厘米，外壁可见手工捏制痕迹，内壁附有较多白色物质；另一件（16GTL1∶44）高 14.4 厘米，上部口径 12 厘米，与冶炼罐口部接合在一起，外部敷泥（图 5-15），冷凝器内壁有白色物质附着，内有一块粗锌块（16GTL1∶45）。冷凝器也使用了较为耐火的黏土制成，但是有较高的 FeO 和 ZnO 含量（21%～35%）（表 5-2）。有的冶炼罐上还留有部分冷凝器（图 5-16a）。冷凝器烧结严重，存在大量大小不一的孔洞，玻璃态中存在很多富锌相，主要为硅酸锌（Zn_2SiO_4）和锌尖晶石（$ZnAl_2O_4$）（图 5-16b）。这说明冷凝器容易与锌蒸气反应，不能耐受锌蒸气的侵蚀，表明它们在使用前未经过高温烧成。从冷凝器的喇叭状及手捏的痕迹，可以推测它们是在炼锌作坊现场制作，直接加在冶炼罐口沿上部的，制作比较粗糙；由于冷凝器的需要量大，也可能为模制法成型。

图 5-15　桐木岭遗址冷凝器 16GTL1: 44

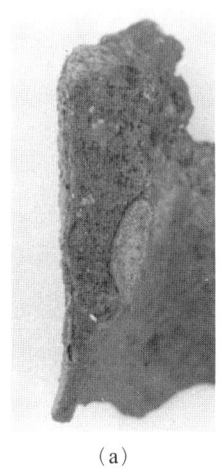
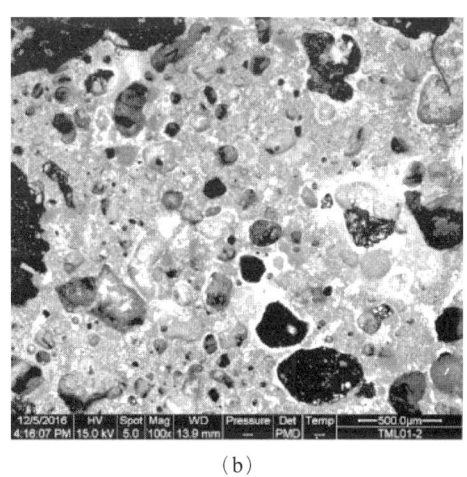

（a）　　　　　　　　　　　（b）

图 5-16　桐木岭遗址冷凝器 TML01-2 的截面（a，上为冷凝器，下为冶炼罐口沿）及其显微组织（b）

桐木岭遗址仅出土一件较为完整的冷凝兜（16GTF2: 25），浅灰黑色，泥质，呈扁圆形，下部内凹，直径 4～4.6 厘米，厚 1.2 厘米，应该曾放置在冶炼罐口沿内部，边缘部位有一长 2.2 厘米、宽 0.6 厘米的缺口（图 5-17a）。因样品珍贵，未对该冷凝兜做检测分析。2015 年 9 月，陈建立等在双霞岭遗址调查，曾采集了一件冷凝兜残块（图5-17b），一侧有少量缺失，一侧似存在缺口。该样品有较低的 Al_2O_3 和 SiO_2 含量，较高的 FeO（38.3%）、PbO（12.1%）、ZnO（11.4%）和 SO_3（3.2%）含量（表5-2）。该冷凝兜为泥质，夹杂有大量细小的煤炭碎屑；冷凝兜中还存在一些硫酸铅颗粒（图5-17c），原因不明。双霞岭冷凝兜应该是用煤粉和泥捏制而成，在冶炼罐加好冷凝器、装好炉料后，直接加在冶炼罐的口沿部位，并在一侧留有缺口以供锌蒸气上升到冷凝器内。桐木岭遗址的冷凝兜是否使用了类似的材质，有待进一步研究。

图5-17 桐木岭遗址冷凝兜16GTF2:25（a）、双霞岭遗址冷凝兜（b）及其显微组织（c，黑色为煤炭，亮点为硫酸铅）

桐木岭遗址出土的冷凝盖均为铁质（16GTF4:10、16GTLX2:10），圆形，边缘一侧有一缺口，直径11～12厘米，厚0.1～0.15厘米，锈蚀严重，上表面附着黄泥（图5-18），下表面有白色附着物。类似的铁盖在重庆和广西的炼锌遗址也有发现。

桐木岭遗址使用过的冶炼罐外表面一般有少量烧结物，口沿残留有部分冷凝器（图5-13b）。冶炼罐外部通体糊泥，这样可将小的裂缝盖住。有的冶炼罐底部破裂，罐底外侧有一层糊泥（图5-19a）；有的冶炼罐口沿套接另一口沿，这可能是由于冶炼罐口沿局部破损，为了能够继续使用它们，故从废弃的冶炼罐上选取口沿部位套接上去，并用泥封固（图5-19b）。通过糊泥、口沿套接等方法修补后，冶炼罐可以重复使用。另外，有的冶炼罐外表面附着有燃烧后的煤饼和煤块，说明炼锌所用燃料为煤饼和煤块。

图 5-18　桐木岭遗址冷凝盖 16GTF4: 10（上表面）

（a）　　　　　　　　　　　（b）

图 5-19　桐木岭遗址冶炼罐底部糊泥（a）与口沿套接现象（b）

使用过的冶炼罐与未使用过的冶炼罐类似，存在大量细小的石英颗粒和烧结孔洞，说明它们经历的冶炼温度类似于烧成温度，约为 1 200 ℃；而部分底部样品的孔洞较大，孔洞沿着罐壁有拉长的现象（图 5-14b），说明冶炼温度高于其烧成温度，略高于 1 200 ℃。使用过的冶炼罐含有平均 1.1% 的 ZnO，说明它们烧结致密的结构可以有效地抵抗住炉渣和锌蒸气的侵蚀，便于重复使用。

二、炉渣分析

使用过的冶炼罐底部多残留炉渣，呈红褐色，非玻璃态，多孔（图 5-19a）。通过对罐底炼锌渣的分析，可以判断蒸馏罐的使用情况，即所加的矿石、还原剂及冶炼反应等情况。在3个炉渣（TML02-4、TML02-7、TML02-11）中发现了煤炭残留物，说明炼锌所用的还原剂为煤炭。从化学成分和显微组织上看，炼锌渣可以分为以下两类。

Ⅰ类渣，包括TML02-3、TML02-4、TML02-6、TML02-7、TML02-9和TML02-10共6个样品，为低铁，高铅、锌和硫渣，含6%～13%的FeO、3%～16%的PbO、11%～15%的ZnO和10%～15%的SO_3（图5-20、表5-3）。SEM分析发现，这类渣存在较多硫化锌和富铅相（图5-21a），越靠近罐底的炉渣中富铅相越多，呈不规则聚集形状，通常为3层组织，最中间为金属铅，金属铅外围有铅的氧化物，最外面有铅的硫酸盐。XRD分析发现，含有纤锌矿（ZnS）和铅矾（$PbSO_4$）。这类渣应该是冶炼焙烧过的含铅硫化锌矿产生的炉渣，焙烧过程中未完全去硫。硫化锌矿即闪锌矿（ZnS），通常含有少量方铅矿（PbS），需要先焙烧成氧化物才能冶炼。根据冶金物理化学原理，在焙烧过程中，硫化铅比硫化锌更易氧化，硫化锌较难焙烧彻底，最后焙烧产物中存在少量硫化锌；硫化锌在冶炼过程中无法被还原，同时还原剂煤炭也含有少量的硫，容易与金属锌结合成硫化锌，最后炉渣中会残留少量硫化锌。另外，在冶炼过程中，氧化铅比氧化锌更容易被还原，炼锌需要更强的还原气氛和过量的还原剂，因此氧化铅和氧化锌全部被还原成金属，金属锌成为蒸气上升到冷凝器中，而金属铅会留在炉渣中。

Ⅱ类渣，包括TML02-2、TML02-11和TML02-12共3个样品，为高铁，低铅、锌和硫渣，约含40%的FeO，有较低含量的SO_3（1%～2%）、PbO（<1%）和ZnO（3%～6%）（图5-20、表5-3）。这类渣中存在大量铁的氧化物，少量硫化锌和金属铁（图5-21b）。另外，TML02-1罐内存在疏松的炉渣团块，易与罐底分离。由于该炉渣团块较疏松，未做SEM分析。XRD分析发现，它含有大量石英、方石英、尖晶石，以及微量赤铁矿、磁铁矿、纤铁矿。这类渣与丰都庙背后的炼锌渣成分和物相组成均较为接近[①]（图5-20），都是直

---

① ZHOU W L, Martinón-Torres M, CHEN J L, et al. Distilling zinc for the Ming Dynasty: the technology of large scale zinc production in Fengdu, southwest China. Journal of Archaeological Science, 2012, 39: 908-921.

接冶炼含铁较高的氧化锌矿，如菱锌矿（$ZnCO_3$）和异极矿 {$Zn_4(H_2O)[Si_2O_7](OH)_2$}，所产生的炉渣。

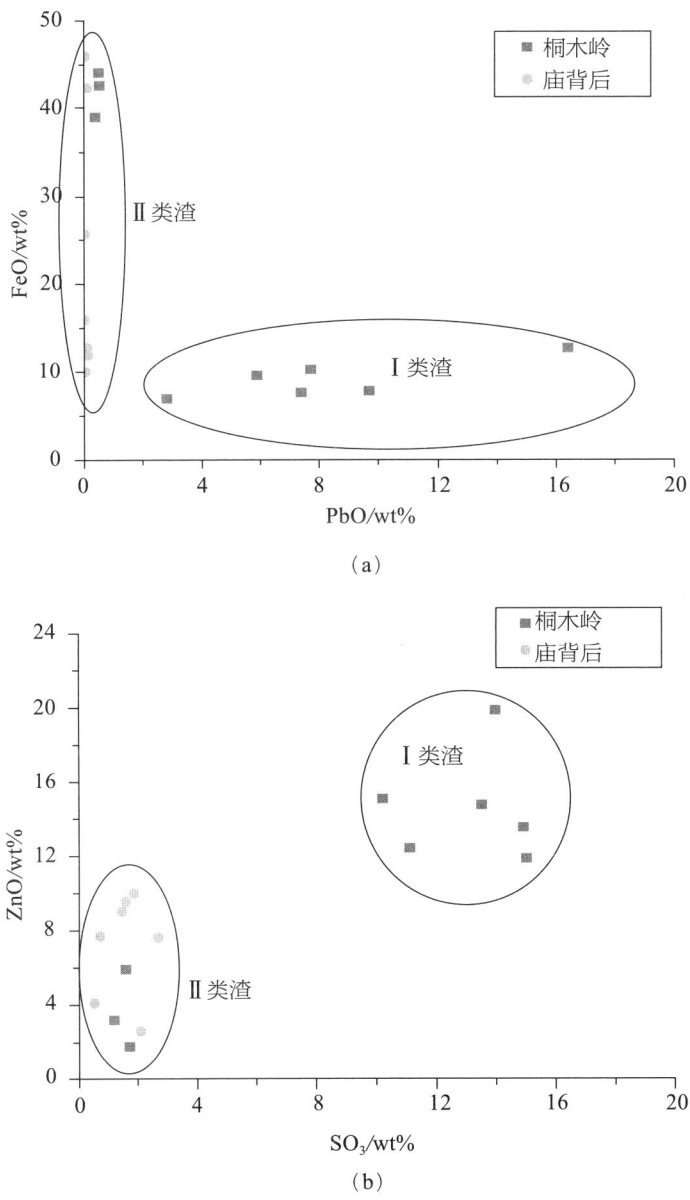

图 5-20 桐木岭、庙背后遗址炼锌渣 FeO-PbO 含量散点图（a）与 ZnO-SO_3 含量散点图（b）

表 5-3 桐木岭遗址炼锌渣的成分

单位：wt%

样品编号	MgO	Al_2O_3	SiO_2	P_2O_5	SO_3	K_2O	CaO	TiO_2	MnO	FeO	ZnO	PbO	CuO
TML02-3	1.4	12.3	37.9	0.1	11.1	1.8	2.4	1.2	2.4	9.5	12.4	5.9	1.5
TML02-4	1.8	11.7	31.3	0.2	14.9	1.3	2.6	1.3	4.1	7.6	13.5	7.4	2.3
TML02-6	2.2	9.1	23.7	0.3	13.5	1.0	1.6	1.0	2.3	12.8	14.8	16.4	1.3
TML02-7	2.2	14.0	34.5	—	15.0	1.1	3.2	1.3	5.2	6.8	11.8	2.8	2.0
TML02-9	1.2	11.1	27.0	1.2	14.0	0.8	2.6	1.1	3.6	7.8	19.8	9.7	0.6
TML02-10	3.8	10.4	31.2	—	10.2	1.5	2.3	1.2	4.5	10.2	15.0	7.7	2.1
平均成分1	2.1	11.4	30.9	0.3	13.1	1.3	2.5	1.2	3.7	9.1	14.6	8.3	1.6
TML02-2	1.4	12.0	34.0	2.3	1.7	1.1	0.4	0.5	0.2	44.0	1.7	0.5	0.2
TML02-11	1.7	13.4	30.1	0.3	1.6	1.4	2.0	1.6	1.1	38.9	5.9	0.4	1.7
TML02-12	5.0	1.0	42.8	0.1	1.2	0.2	1.4	0.3	0.6	42.5	3.2	0.5	1.2
平均成分2	2.7	8.8	35.6	0.9	1.5	0.9	1.3	0.8	0.6	41.8	3.6	0.5	1.0

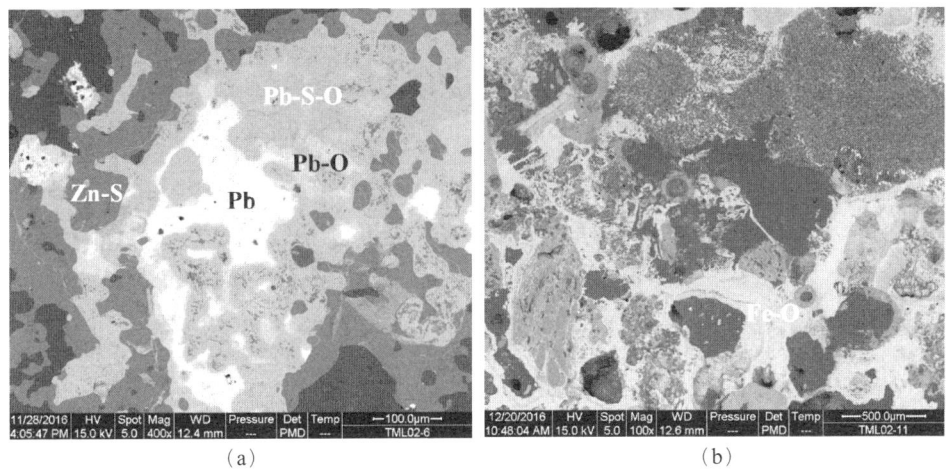

图 5-21 桐木岭遗址 I 类炼锌渣 TML02-3(a)
与 II 类炼锌渣 TML02-11 的显微组织(b)

三、讨论

1. 蒸馏罐

桐木岭遗址的蒸馏罐由冶炼罐、冷凝器、冷凝兜和冷凝盖 4 个部分组成，每个部分从形制和材质上都较好地满足了使用性能的要求，设计较为合理。

冶炼罐是在制陶作坊制成后，运到炼锌作坊的。它们为平底、微鼓腹的圆筒形，相对于丰都冶炼罐（高 25～30 厘米，腹径 11～16 厘米，容积约 2 升）[①]，较为瘦高，壁较薄，且容积较小，只有 1 升多。桐木岭遗址炼锌炉 LX1 旁发现了一堆煤炭和矿石碎块，疑似配制好的原料，现场将该原料装入冶炼罐内，可以装约 1 千克，与史料中"每罐一个如茶杯大……正好装砂二三斤"的记载基本相符。使用这种相对瘦高、壁薄的冶炼罐，可以更好地控制冶炼罐和冷凝器的温度梯度，它们有更好的导热性，便于热量的吸收。另外，冶炼罐采用较为耐火的黏土轮制而成，经过高温烧成，能耐受锌蒸气的侵蚀，可以重复使用，以降低成本。它们采用了与丰都冶炼罐类似的耐火

---

① ZHOU W L, Martinón-Torres M, CHEN J L, et al. Distilling zinc for the Ming Dynasty: the technology of large scale zinc production in Fengdu, southwest China. Journal of Archaeological Science, 2012, 39: 908-921.

黏土，但未掺入大的石英颗粒，不如丰都冶炼罐有好的强度、韧性和抗热震性①，较容易在使用过程中破裂。炉匠巧妙地通过糊泥、口沿套接等方法修补蒸馏罐，即"整罐"，以便重复使用。

冶炼罐上部所加的冷凝器及口沿内部的冷凝兜，均为现场捏制，阴干后使用。冷凝器为喇叭状，相对于直筒形的丰都冷凝器（高约5厘米），开口较大，较高，有利于控制冷凝器的温度，提高冷凝效率。

冷凝盖为铁质，需要花钱买，可以重复使用。由于铁有较好的导热性能，铁质冷凝盖可以将热量快速传递到空气中，保持冷凝区有合适的温度，有利于锌蒸气的冷凝。

2. 锌矿石及焙烧

根据对桐木岭遗址炼锌渣的分析，蒸馏罐内所装原料为锌矿石和煤炭。桐木岭遗址采用的锌矿石有两类，一类为硫化锌矿，需要先焙烧；一类为氧化锌矿，可以直接冶炼。

多数蒸馏罐内所加锌矿石是经过焙烧的含少量铅的硫化锌矿。采用硫化矿炼锌需要先焙烧矿石，即"煅砂"。桐木岭遗址焙烧区出土废弃的铅锌矿石，XRD 分析发现主要含有闪锌矿、方铅矿、黄铁矿、石英等。焙烧过程中，硫化锌被氧化成氧化锌（$2ZnS+3O_2 \rightleftharpoons 2ZnO+2SO_2$），起到脱硫的作用，也因热胀冷缩的原理，可以进一步将矿石破碎成颗粒状。据1934年常宁松柏土法炼锌厂的记载，焙烧时"装砂卸砂，自前方炉门出入，先铺柴块于炉底，次装煤块，再装锌砂，如是逐层装置至满，约八层，随将炉顶用灰末铺盖，炉门用土砖封砌，仅留气孔，发火经过七日，取出捶碎，如前法再烘。如此三次，约费二十日，使砂完全氧化"②。这说明焙烧共需3次，每次焙烧后要"捶砂"。桐木岭遗址发现一个铁锤（BT3：3），应该是碎矿工具；炼锌炉LX2旁的坑K11底部有一石块，中间有人工捶击的凹陷痕迹，应该是用于碎矿的石砧。硫化锌矿的焙烧十分困难，即使经过约20天的焙烧也无法完全脱硫，少

---

① 强度是材料在外力作用下抵抗破坏的能力，韧性是材料在塑性变形和断裂过程中吸收能量的能力，抗热震性是材料在承受急剧温度变化时的抗破损能力，这三个性能是坩埚机械性能的重要参数．

② 张人价. 湖南之矿业［Z］. 长沙：湖南经济调查所，1934：156.

量的硫最后会进入炼锌渣中。

少数蒸馏罐内的炉渣与丰都的炼锌渣相似,使用了含铁量较高的氧化锌矿。这种矿石无须焙烧,只要进行破碎和手选,即可入罐冶炼。桐木岭遗址炼锌炉 LX2 旁的坑 K11 内灰色的剥落物中存在大量异极矿和少量菱锌矿,说明使用了氧化锌矿。

3. 炼锌流程

冶炼的第一步是"装炉"。桐木岭遗址的炼锌炉为长条形,炉室建在炉床上,由炉栅、侧墙、端墙组成。先在炉栅之间放入煤饼,煤饼之间加入散煤,并在上面放置托垫。将装好原料的蒸馏罐置于炼锌炉的炉栅之上,蒸馏罐之间加入煤饼碎块和煤块,在冷凝盖周围敷抹黄泥,起到隔热和控制温度的作用。从炉栅的长度和炉栅上放置冶炼罐的痕迹可知,每列炉栅上可放置 3 个蒸馏罐,每节炼锌炉通常有 40 列炉栅,可放置 120 个蒸馏罐;有的炼锌炉分两节,共可放置 240 个蒸馏罐,两节炉可交替使用。清代桂阳州炼锌"每烧罐一百个,每月约抽税五十斤",说明政府为了更好地对桂阳炼锌进行抽税和管理,对炼锌炉的规格进行了统一。松柏土法炼锌厂也使用这样的双节炼锌炉,"每格置炼罐三,每炉共置百二十只,两炉相连"[①]。

炼锌炉点火后,冶炼罐内进行还原反应,煤炭不完全氧化形成一氧化碳,氧化锌与一氧化碳反应生成金属锌($ZnO+CO \Longrightarrow Zn+CO_2$),冶炼需要较高的还原气氛和约 1 200 ℃的高温。冶炼需要一天,"自早上烧起,直到夜里,才得透出气来",还原而成的锌呈蒸气,上升到温度低于 900 ℃的冷凝器中冷凝成液态锌,即"从(冷凝器)旁眼里冲到铁盖(冷凝盖),复番跌入土窝(冷凝兜)"。冶炼结束后,打开铁盖,"忙用铁匙撇取,每罐不过撇得二三匙子"的液态锌,精炼后浇铸成锌锭。桐木岭遗址发现了铁勺、精炼灶和精炼铁锅。冶炼结束后,取出蒸馏罐,从蒸馏罐中取出内部的炉渣,经过修补后可再次使用。炼锌炉经过"修炉",修补或替换炉栅和炉壁,可反复使用。

桐木岭遗址冶炼氧化锌矿的炉渣中 ZnO 含量较低(平均 3.6%),说明有

---

① 张人价. 湖南之矿业[Z]. 长沙:湖南经济调查所,1934:156.

较高的锌回收率。而冶炼焙烧过的硫化锌矿的炉渣中 ZnO 含量较高（平均 14.6%），这是由于焙烧后的硫化矿还含有少量硫和铅，硫会以硫化锌的形式存在炉渣中，降低锌的回收率；而铅部分形成金属铅，部分进入炉渣基体，易造成炉渣玻璃化，不利于锌蒸气的逸出。这类炉渣需要在蒸馏罐未冷却时，即将内部炉渣倒出或用工具取出，清理不及时会出现废罐现象。

第四节 小结

本章通过史料解读、考古调查和发掘以及对蒸馏罐和炼锌渣的分析，复原了清代郴桂矿厂炼锌技术：硫化锌矿先在焙烧炉中焙烧，再用放置在炼锌炉内的蒸馏罐冶炼成粗锌，最后在精炼灶内精炼成净锌（图 5-22）。桐木岭遗址蒸馏罐由 4 个部分组成，各个部位设计较为合理：冶炼罐采用较为耐火的黏土轮制而成，经过高温烧成，但由于壁薄、未加掺和料，较容易破裂，炼锌炉匠通过糊泥、口沿套接等方式重复使用它们；罐上部的冷凝器呈喇叭状、较大，与冷凝兜和冷凝盖形成冷凝区，有较高的冷凝效率。从蒸馏罐内的炉渣分析可见，桐木岭主要使用含铅的硫化锌矿，先焙烧、后冶炼，焙烧不彻底，降低了其冶炼效率；也使用氧化锌矿，可以直接冶炼。蒸馏罐在炼锌炉内摆放规范，以煤块和煤饼为外加热的燃料，罐内加入锌矿石和煤炭，冶炼温度高达 1 200 ℃，反应生成的锌蒸气上升到温度低于 900 ℃ 的冷凝器内（图 5-12），冷凝成液态锌，用铁勺舀出后精炼。

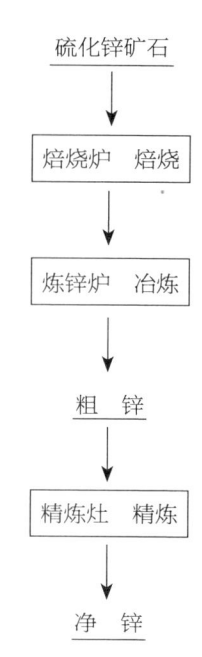

图 5-22　郴桂矿厂炼锌技术工艺流程图

中国古代炼锌主要使用氧化锌矿，可直接用蒸馏法炼锌，《天工开物》记载明末用炉甘石来炼倭铅，云贵地区清代以来的传统炼锌均是使用氧化锌矿，考古发现的重庆、广西地区炼锌遗址也是使用氧化锌矿。郴桂矿厂是目前发现的唯一一处使用硫化锌炼锌的地区。使用硫化锌矿来炼锌，需要先焙烧矿石，再用蒸馏法炼锌，比直接冶炼氧化锌矿更加复杂。但是硫化锌矿难以完全脱硫，且焙烧时间很长，降低了锌的回收率。

清代郴桂矿厂硫化锌矿炼锌技术繁盛于乾隆年间，清末传到常宁水口山，直至20世纪30年代水口山还在使用，而在桂阳炼锌遗址中，发现一种矮胖的蒸馏罐，其年代或可早至明代晚期（见第六章第一节）。郴桂地区的炼锌技术从明清延续和传承到20世纪，在中国古代炼锌史上有着重要地位。

第六章

技术的来源与传播——以炼锌为例

郴桂地区矿冶历史悠久,该地区的采矿、炼铜和炼铅银铜技术应该是继承了唐宋时期本地的成熟技术(见第一章第二节)。由于缺乏史料和实物证据,无法对这些技术的来源与传播进行深入探讨。而炼锌所需的蒸馏法冶炼技术较为复杂,是明代新出现的技术。郴桂矿厂炼锌可追溯到明代,是我国最早炼锌的地区之一。清代郴桂矿厂的矿业人口流动到云贵矿区,郴桂矿厂产的锌还通过广东出口到国外。本章以炼锌为例,从明代、清代和清末民国三个时段,来探究郴桂矿厂矿冶技术的来源与传播。

第一节 明代桂阳炼锌技术

一、明末桂阳炼锌的历史

《天工开物》记载:"凡倭铅,古书本无之,乃近世所立名色。其质用炉甘石熬炼而成,繁产山西太行山一带,而荆、衡为次之。"① 可知,倭铅的主要产地在"山西太行山一带",其次是在"荆、衡"。《天工开物》初刊于崇祯十年(1637),作者宋应星时年51岁,他说在古书中未见过"倭铅",近世才

---

① 宋应星. 天工开物·卷下·五金[M]. 魏毅,点校. 长沙:湖南科学技术出版社, 2019: 327.

设立这个名色。那么,至少在崇祯或天启年间,倭铅主要在山西太行山、荆衡出产。"荆、衡"大概就是指今湖北、湖南一带,潘吉星注"荆"为湖北荆州、"衡"为湖南衡州①,但并未考证具体位置。

我们发现了明末天启、崇祯年间衡州府桂阳州炼锌的直接史料证据。天启五年(1625)六月,工部右侍郎董应举上《鼓铸急需切要疏》:

> 奉旨建局荆州,通行天下,工部差遣司官,荆南道催趱铜料。工程铜料,不许低假,钱式一照嘉靖,严禁贩铜,如贩盐律……至于禁私贩、绝旁蹊,不与他漏,则荆南道及榷关主事之责。而荆之施州卫、衡之十八滩及他诸处,产铜可六七十万,而十八滩铜往往漏与粤夷,可收而括之。铅出衡州桂阳,宜如铜禁,鼓铸大作,非厉禁不足以收利权佐国用。臣欲专设一道,以收荆衡铜铅,且于岳州查过湖船只,有无漏铜漏铅,兼稽查发运制钱船水程。②

天启五年(1625),董应举奉旨建立荆州钱局,打算收买"荆衡铜铅",包括荆州的施州卫(今湖北恩施)、衡州的十八滩等处产的铜,以及"衡州桂阳"的"铅"。衡州的十八滩,应该是指桂阳的春陵江十八滩③。春陵江是湘江的支流,流经桂阳北部山区时险滩急流,有"九泷十八滩"之称。十八滩产铜之处就在绿紫坳矿厂,绿紫坳遗址发现的摩崖石刻上记载该厂最早于天启四年(1624)开采,正好是董应举建立荆州钱局的前一年。衡州桂阳产的"铅"应该是指锌,因为明末已使用黄铜铸钱。另有毕自严的《度支奏议》收录了他在崇祯元年至六年(1628—1633)任户部尚书时的奏疏,其中提到"责成衡采铅""前往荆衡采买铜铅"④。荆州地处长江中游,交通便利,是铜锌贸易

---

① 潘吉星.天工开物校注及研究[M].成都:巴蜀书社,1989:364.
② 董应举.崇相集·卷二·钱法疏[M]//四库禁毁书丛刊编纂委员会.四库禁毁书丛刊:集部第102册.北京:北京出版社,1997:95-97.
③ [同治]桂阳直隶州志·卷二一·水道[M]//《中国地方志集成》编辑工作委员会.中国地方志集成·湖南府县志辑:第32册.南京:江苏古籍出版社,2002:449.
④ 毕自严.度支奏议·新饷司[M].上海:上海古籍出版社,2007.

中心，荆州"上接黔蜀，下联江广，商贩铜铅，毕集于斯"①。荆州产铜，但不产锌，而衡州除了产铜，还产锌。可见，《天工开物》记载的倭铅第二大产地"荆、衡"实际上就是指"衡"，具体产地在衡州府桂阳州。

此外，我们还找到了崇祯十二年（1639）徐开禧的公牍集《韩山考》②，详细记载了崇祯年间桂阳州炼锌的情况。徐开禧，字锡余，南直昆山（今江苏昆山）人，崇祯元年（1628）进士，任临武县知县5年，崇祯七年（1634）署理桂阳州知州，同年升任翰林院编修③。徐开禧署理桂阳州知州时，曾上详文"议酌开矿以救疲苦之病"，提到桂阳黄沙坪、大凑山等地产"砒石"，多为盗采："查得郴桂矿场近有黄沙坪等处产砒石，远有六子岙等处产铜锡，地险岩深，势难清稽，故山场地主俏引流徒私自盗挖，一经官司封闭，则望风遁去……又闻大凑砒石，奸民盗挖者固多。"④这里记载的"大凑"即"大凑山"，黄沙坪和大凑山是清乾隆以后桂阳最主要的铅锌矿厂，早在明末已开采锌矿。

在另一详文"申覆买铅铸钱详"中，徐开禧提到崇祯七年（1634）桂阳州用银12 300两买得倭铅24.6万斤运到武昌府的湖广布政使司，徐开禧就买锌铸钱之事向上级衙门请示7条举措：定俵买之价、革包领之弊、酌发买之期、定脚价之数、严小贩拥买之禁、清官舍带买之弊、酌地方宽恤之令⑤。在"定俵买之价"一条中，用较为文学性的语言概括了炼锌的过程："夫倭铅之产，非其出土便是本色也，取诸砒石为其质，假诸煤炭变其色，养日夜之火候镕其工，架险峻之炉房成其事。"⑥明确指出，当时倭铅是以"砒石"为原料，以煤炭为燃料，在炼炉中冶炼而成。据陈海连考证，"砒石"即炉

---

① 明实录·崇祯长篇·卷五四·崇祯四年十二月甲申［M］. 台北：台湾"中研院"历史语言研究所，1962：3169.
② 徐开禧. 韩山考［M］. 明崇祯十二年（1639）刻本. 日本国立公文书馆藏.
③［康熙］临武县志·卷八·徇良［M］// 故宫博物院. 故宫珍本丛刊·湖南府州县志：第6册. 海口：海南出版社，2001：390.
④ 徐开禧. 韩山考·卷二·申报救病切要详［M］. 明崇祯十二年（1639）刻本，27-28. 日本国立公文书馆藏.
⑤ 徐开禧. 韩山考·卷二·申覆买铅铸钱详［M］. 明崇祯十二年（1639）刻本，53-55. 日本国立公文书馆藏.
⑥ 徐开禧. 韩山考·卷二·申覆买铅铸钱详［M］. 明崇祯十二年（1639）刻本，52. 日本国立公文书馆藏.

甘石，又写作卢甘石、芦甘石、炉甘石、卢甘、甘石等，是锌的氧化矿菱锌矿（$ZnCO_3$）；"砒石"是炉甘石较为少见的写法，只有广东阳山产的炉甘石称为砒石或礛砒石[①]。可见明末桂阳炼锌使用氧化锌矿，与清代郴桂矿厂多使用硫化锌矿不同。

另在"定脚价之数"一条中，记载了桂阳倭铅的产地："至查烧铅处所，曰锦里，曰石头山，曰观山，曰白水冲，曰大留山，曰黄家头，皆在深箐磴道中。"[②]根据桂阳炼锌遗址的调查结果（见第五章第二节），发现锦里河流域的炼锌遗址（图5-2）多位于这些地点，如方元镇的锦里、石头山、观山遗址，浩塘镇的大留、白水冲遗址。这些遗址出土的冶炼罐鼓腹、矮胖（图6-1a、b），与桂阳多处遗址出土的瘦长的清代冶炼罐形制明显不同，而与《天工开物》所绘冶炼罐（图5-1）、重庆明代冶炼罐形制类似，推测这些遗址应该是明代的炼锌遗址[③]。桐木岭遗址也发现了类似的矮胖的冶炼罐（图6-1c），说明该遗址也可能自明末就开始炼锌。

(a)   (b)   (c)

图6-1 桂阳县观山遗址(a)、大留遗址(b)及桐木岭遗址(c)的冶炼罐

---

① CHEN H L. Zinc for coin and brass: bureaucrats, merchants, artisans, and mining laborers in Qing China, ca. 1680s—1830s[M]. Leiden: Brill, 2019: 323-328.

② 徐开禧. 韩山考·卷二·申覆买铅铸钱详[M]. 明崇祯十二年(1639)刻本, 54. 日本国立公文书馆藏.

③ 周文丽, 罗胜强, 莫林恒, 等. 明代桂阳州炼锌考[M]//四川大学博物馆, 四川大学考古文博学院, 成都文物考古研究院. 南方民族考古: 第27辑. 北京: 科学出版社, 2023: 269-280.

清代湖南郴桂矿厂多金属矿冶技术研究

在"巡道马批详一件掳抢事"的谳略中,记载了一件在石头山挖煤炼锌导致的命案:徐凤等12人"于石头山挖煤烧铅(即锌),掘成深坎。垅夫自上绳牵而下,深黑往往有数丈许。不意羌长保有炉厂,与徐凤挖煤处逼近。长保同族羌万胜、羌化宇等欢恋小唱楚玉,剧饮逞豪,酒阑更静,不戒于守,遂火烧其房,并延及徐凤茅厂。尔时火势向上,火烧之架木、土块四裂,倒塌而下,深坑内之徐凤等十二人尽成灰烬"。而羌长保诬陷李莲,称他抢去砒石40担、锌12担,山主刘仁讃等公证其为诬陷,最后将羌长保等依法徒杖①。从这个案件中,可知徐凤等人是在石头山挖煤,羌长保在此设炉厂炼锌,所用的矿石是从锌矿产地运来的砒石,说明当时炼锌是"移矿就煤"。

从崇祯七年(1634)桂阳州采买倭铅24万余斤用于鼓铸来看,当时桂阳州炼锌的规模较大。在官方买锌铸钱之前,桂阳黄沙坪、大凑山一带早已在开采炉甘石,天启年间已在炼锌。明代李时珍《本草纲目》说炉甘石"川蜀、湘东最多"②,这里的"湘东"应该就是指衡州桂阳,李时珍在嘉靖至万历年间撰写该书,湘东在嘉靖年间可能已经开采炉甘石,但一开始并未炼锌。由此判断,至少在明末天启、崇祯年间,桂阳州曾存在较大规模的开采炉甘石来炼锌的活动。

二、桂阳炼锌技术的来源

由上可知,明代桂阳炼锌主要是在天启、崇祯年间。桂阳掌握的炼锌技术是从哪里来的,涉及学界一直很关注的中国古代炼锌技术的起源问题。该问题的主流观点是周卫荣提出的,他通过史料考证和对黄铜钱币的分析发现,嘉靖至万历年间,铸钱的黄铜是由炉甘石和铜直接冶炼而成的,天启以后开始用金属锌铸钱,万历年间可能已经规模化生产锌③。近年来,随着更多炼锌史料的整理和多地炼锌遗址的发现,明代各地炼锌的基本面貌开始浮现,为

---

① 徐开禧.韩山考·卷三·巡道马批详一件掳抢事[M].明崇祯十二年(1639)刻本,23.日本国立公文书馆藏.

② 李时珍.本草纲目·卷九·石部[M].北京:人民卫生出版社,1975:558.

③ 周卫荣.黄铜冶铸技术在中国的产生与发展[C]//周卫荣,戴志强.钱币学与冶铸史论丛.北京:中华书局,2002:287-303.

探究炼锌技术起源提供了重要的线索。目前发现明代炼锌主要分布在3个区域：山西和河南，四川，广东。这3个区域的锌矿开采和炼锌情况介绍如下。

1. 山西和河南

明代山西盛产炉甘石。李时珍《本草纲目》记载："炉甘石所在坑冶处皆有，川蜀、湘东最多，而太原、泽州、阳城、高平、灵丘、融县及云南者为胜，金银之苗也。"[①] 可知，嘉靖至万历年间，山西太原、泽州、阳城、高平、灵丘所产炉甘石品位高，其中太原位于晋中，泽州、阳城、高平位于晋东南，灵丘位于晋北。宋应星《天工开物》记载明末倭铅"繁产山西太行山一带"[②]，正与李时珍提及的山西几地范围相符。

明代山西炼锌最有名的地区应该是晋东南的阳城县，其毗邻的豫北的济源县也产锌。崇祯年间，户部尚书毕自严《度支奏议》多次提及阳城、济源产炉甘石，用于熔铜、炼锌：

> （1）阳山铅穴夙称利薮，阳城、济源卢甘丛生，近闭阳山，而铅价涌矣。则照旧开采，以资泉府，亟宜移会广东抚按详议酌行者也。至卢甘石产于山西之阳城、河南之济源，其为物多，其用价省。[③]
>
> （2）查阳城铅穴甘石丛生，可以熔铜，可以炼铅。[④]
>
> （3）夫铜与铅皆钱局所必须，今山西之阳城、广东之阳山，俱已许其采铅点铜，以资鼓铸。[⑤]
>
> （4）近日阳城、济源等处所出卢甘煎为窝铅，亦既有裨于鼓铸矣。[⑥]
>
> （5）查先年库贮红铜六十余万斤，苦无铅配，得阳城卢甘石之升

---

① 李时珍. 本草纲目·卷九·石部[M]. 北京：人民卫生出版社，1975：558.
② 宋应星. 天工开物·卷下·五金[M]. 魏毅，点校. 长沙：湖南科学技术出版社，2019：327.
③ 毕自严. 度支奏议·新饷司卷二·题覆钱法孙侍郎条议钱法疏[M]//《续修四库全书》编纂委员会. 续修四库全书：史部第484册. 上海：上海古籍出版社，2007：353.
④ 毕自严. 度支奏议·新饷司卷八·覆钱法堂任内鼓铸本息疏[M]//《续修四库全书》编纂委员会. 续修四库全书：史部第484册. 上海：上海古籍出版社，2007：575.
⑤ 毕自严. 度支奏议·新饷司卷八·覆饶道长屯盐开山铸钱疏[M]//《续修四库全书》编纂委员会. 续修四库全书：史部第484册. 上海：上海古籍出版社，2007：581.
⑥ 毕自严. 度支奏议·新饷司卷十六·覆广东高按臣议停开采鼓铸疏[M]//《续修四库全书》编纂委员会. 续修四库全书：史部第485册. 上海：上海古籍出版社，2007：273.

铅而铜始销，今又苦贮库之铅，竟无铜配者矣。①

可见，崇祯初年阳城、济源盛产炉甘石，开采的炉甘石可直接和铜冶炼铸钱，也可先炼成锌，再和铜搭配铸钱。当时阳城锌的产量很大，很快户部库贮的60多万斤红铜就用完了，其余锌无铜可配。明末阳城炼锌的发达，有赖于当地丰富的煤矿资源，炼锌主要是为了铸钱。崇祯十一年（1638），兵部尚书杨嗣昌回答皇帝关于铸钱的问题，指出："窝铅出在阳城等处，煤炭又便，若大开鼓铸，可救山西之贫。"②

由此可知，嘉靖至万历年间，包括阳城在内的山西多地产高品位的炉甘石，当时可能尚未炼锌。至崇祯年间，太行山一带的山西阳城、河南济源两地成为最大的锌产地。

2. 四川

目前尚未发现有关明代四川炼锌的明确记载。《本草纲目》记载"炉甘石所在坑冶处皆有，川蜀、湘东最多"③，说明嘉靖至万历年间，四川地区盛产炉甘石。然而，《天工开物》记载的崇祯年间倭铅的产地中没有四川。明末铸钱有关史料中，常常提到"蜀"产"铜铅"，此"铅"应是指锌。例如，汪应蛟《计部奏疏》记载："盖缘铜铅产自蜀楚，去南京稍近。"④另有毕自严《度支奏议》记载："今滇、黔、蜀、陕、楚、粤之间，铜铅不绝，岂非开采得来。"⑤明代四川是产铜大省，《天工开物》记载："今中国供用者，西自四川、贵州为最盛。东南间自海舶来。"⑥明代四川也很有可能产锌。

---

① 毕自严. 度支奏议·新饷司卷三十·覆钱法堂条议钱法事宜疏[M]//《续修四库全书》编纂委员会. 续修四库全书：史部第486册. 上海：上海古籍出版社，2007：366.

② 杨嗣昌. 杨嗣昌集·卷二五·恭承召问边腹情形疏[M]. 梁颂成，辑校. 长沙：岳麓书社，2008：571.

③ 李时珍. 本草纲目·卷九·石部[M]. 北京：人民卫生出版社，1975：558.

④ 汪应蛟. 计部奏疏·卷一·钱价南北倍殊敬议南铸北用并议新旧兼行疏[M]//《续修四库全书》编纂委员会. 续修四库全书：史部第480册. 上海：上海古籍出版社，2007：542.

⑤ 毕自严. 度支奏议·新饷司卷二五·覆南户部条议鼓铸事宜疏[M]//《续修四库全书》编纂委员会. 续修四库全书：史部第486册. 上海：上海古籍出版社，2007：80.

⑥ 宋应星. 天工开物·卷下·五金[M]. 魏毅，点校. 长沙：湖南科学技术出版社，2019：324.

第六章 技术的来源与传播——以炼锌为例

考古发现证实明代四川重庆府曾存在大规模的炼锌活动。21世纪初以来，考古工作者在今重庆市丰都县镇江镇到忠县洋渡镇长约30千米的长江两岸的台地上发现21处炼锌遗址。这些遗址出土了平底、鼓腹的冶炼罐（图6-2），通过对罐内炼锌渣的分析，判断使用了以菱锌矿为主的氧化锌矿[①]。这些特征均与《天工开物》中的记载和插图一致。遗址出土了"大明宣德年制""大明成化年制"纪年款的瓷片，发掘者认为是嘉靖时期仿制；还出土了"崇祯通宝"铜钱，结合地层和碳14测年，发掘者推测这些炼锌遗址的年代不晚于嘉靖早期，最晚到天启、崇祯年间[②]。

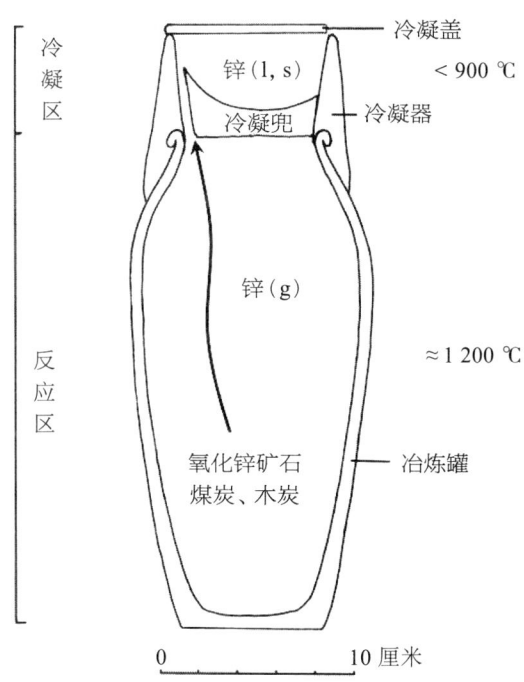

图6-2 重庆丰都明代蒸馏罐结构及内部反应示意图

---

① ZHOU W L, Martinón-Torres M, CHEN J L, et al. Distilling zinc for the Ming Dynasty: the technology of large scale zinc production in Fengdu, southwest China. Journal of Archaeological Science, 2012, 39: 908-921.

② 重庆市文物局，重庆市移民局. 重庆炼锌遗址群[M]. 北京：科学出版社，2018：198-203.

3. 广东

陈海连发现《永乐大典》记载:"国朝永乐元年……阳山县实征……锡冶课钞一定七百五十九文……卢甘石冶课钞一定一贯六百五十二文。""阳山县……芦甘石,在东奉里,离县一百五十里,系本处住民蔡丙地认办课程钱六百文解官。"[①]这里的"卢甘石""芦甘石"均是炉甘石。可见,永乐元年(1403),广东阳山东奉里开采炉甘石,抽税1锭1贯652文。从"锡冶"可知,如果炉甘石炼锌,应该称为"铅冶",而非"卢甘石冶",可见只开采炉甘石,并未炼锌。

天启年间祝以豳《诒美堂集》记载了阳山产炉甘石的情况,至少在天启之前阳山就开采过炉甘石:

> 至于礰䃟石山,原在阳山县,今日连山,此听闻之误耳。据连山县申称,并无礰䃟石山。其在阳山县者,近该本道亲历其地,询诸父老,谓礰䃟石山先年曾纳税军门充饷,听民采取,盖浮砂碎石,无事开凿之劳,故不费官帑,不烦督责,而坐收成税。但取砂多寡不一,而额税则必取盈,利害相当,旋开旋罢,此阳山县礰䃟石山之实也。[②]

1916年6月,布朗尼(F. Browne)发表了一篇名为《早期中国的锌》(*Early Chinese zinc*)的文章。文中提到,1893—1900年,布朗尼分析了一批中国锌的样品,其中一块纯度为98%的锌锭上铸有相当于1585年的年代铭文,这些锌锭据说是发现于广东北部的连州,藏在一座小山上[③]。另外,在1917年别发洋行出版的《中国百科全书》中,记载了广东发现带有"万历十三年乙酉"铭文的锌锭,纯度达98%,很可能是当时供出口的[④]。这两条记载应该指的是同一批锌锭,是万历十三年(1585)在广东连州发现的,明代连州下辖阳

---

① 解缙. 永乐大典·卷一一九○七·广州府[M]. 北京: 中华书局, 1986: 8425, 8438.
② 祝以豳. 诒美堂集·卷二四·开采移牒[M]//四库禁毁书丛刊编纂委员会. 四库禁毁书丛刊: 集部第101册. 北京: 北京出版社, 1997: 685.
③ BROWNE F. Early Chinese zinc[J]. Journal of the Royal Society of Arts, 1916, June 23: 576.
④ 韩汝玢, 柯俊. 中国科学技术史: 矿冶卷[M]. 北京: 科学出版社, 2007: 333-334.

山县，所以这些锌锭很可能为阳山所产。

崇祯年间，毕自严在《度支奏议》中提到阳山开采炉甘石，曾被关闭，又计划复采①。

由上可见，广东阳山炉甘石矿自明初开采，起初只产炉甘石，并未炼锌；至万历年间，阳山开采炉甘石炼锌，天启、崇祯年间曾关闭，后又复采。

根据明代炼锌的记载以及炼锌遗址的发现，可推断出明代炼锌的大体面貌：明代曾在山西、河南、四川、广东以及湖南等地大规模开采炉甘石并炼锌，其所产的锌主要提供给政府铸钱。从明代史料来看，广东阳山可能在万历年间开始炼锌，至崇祯年间衰落，山西阳城、河南济源、湖南桂阳等地在天启、崇祯年间是锌的主要产地。从考古发现来看，四川丰都、忠县的炼锌遗址可能早于前面提到的几地，但史料中未见记载，是否能早到明代早中期有待进一步研究。

明代桂阳炼锌在天启、崇祯年间兴盛，与当时政府的铸钱需求有关。而在民间，桂阳开采炉甘石和炼锌活动应该早已出现。桂阳炼锌可能与其南部的广东阳山有一定的联系，桂阳和阳山均称炉甘石为"钳石"。桂阳炼锌技术是本地起源还是外地传入，目前还无法判断。对明代桂阳炼锌遗址开展深入调查、考古发掘、科技检测等，将有助于复原明代桂阳炼锌的面貌，更好地揭示明代桂阳炼锌技术的来源和发展情况。另外，广东阳山、山西阳城等地是寻找明代炼锌遗址的关键地区，建议将来对广东阳山、山西阳城的锌矿资源、开采历史和炼锌遗址等进行重点调查，以更好地认识中国古代炼锌技术起源问题。

---

① 毕自严.度支奏议·新饷司卷二·题覆钱法孙侍郎条议钱法疏[M]//《续修四库全书》编纂委员会.续修四库全书：史部第484册.上海：上海古籍出版社，2007：353.

第二节 清代郴桂炼锌技术的影响

一、郴桂矿厂炼锌技术传统

郴桂矿厂炼锌从明代传承下来,到清代前期形成了自己独特的技术传统。讨论郴桂矿厂炼锌技术传统,需要先考察其他地区炼锌的历史和炼锌技术的特点。清代锌的产地与明代有了很大的不同,曾在明代炼锌的山西、河南和广东在清代已不再产锌或锌产量很小,四川和湖南在清代仍继续产锌,而清代又出现了新的产地,即贵州、云南和广西三省。贵州是最大的锌产地,其产量大大高于其他省,其次是云南,然后是湖南、广西和四川①。先介绍贵州、云南、广西、四川四省炼锌的情况。

1. 贵州

贵州是清代锌产量最大的省份。贵州自明代中期已开采铅银矿,明末清初少见采矿的记载,康熙年间有小范围开采②。雍正二年(1724),正式开采贵州大定府马鬃岭、威宁府齐家湾、普安县丁头山等白铅厂③,此前马鬃岭、齐家湾、罐子窝等地已有商人私采白铅④,也就是说康熙年间贵州已在炼锌。乾隆年间贵州炼锌达到高峰,有20多个白铅厂,最大的白铅厂是威宁州的莲花厂和水城厅的福集厂。贵州锌产量于乾隆十三年(1748)达到最高,即1 700余万斤,到嘉庆年间仍然保持在几百万斤,道光年间产量逐渐下降⑤。

清代贵州矿冶史料中少见有关炼锌技术的记载。乾隆十年(1745),贵州

---

① 马琦. 国家资源:清代滇铜黔铅开发研究[M]. 北京:人民出版社,2013:298;温春来. 从"异域"到"旧疆":宋至清贵州西北部地区的制度、开发与认同[M]. 北京:社会科学文献出版社,2019:306.

② 马琦. 多维视野下的清代黔铅开发[M]. 北京:社会科学文献出版社,2018:11-16.

③ 乾隆钦定大清会典则例·卷四九·户部·杂部上[M]//景印文渊阁四库全书:史部第379册. 台北:商务印书馆,1986:541.

④ 马琦. 国家资源:清代滇铜黔铅开发研究[M]. 北京:人民出版社,2013:195.

⑤ 马琦. 多维视野下的清代黔铅开发[M]. 北京:社会科学文献出版社,2018:97-102.

总督张广泗上奏管理厂务的官员汇报的莲花厂、砂硃厂炼锌工本：

> 查得莲花厂开采多年，硐深矿淡，煤块亦少。近于三十五里外新店山取矿驮运，质颇浓厚，每矿一百五十斤掺用本厂旧矿一百斤，每日每炉烧罐一百二十个，每罐烧铅一十二两，共用矿二百五十斤，计新店山矿一百五十斤，用价银一钱；掺用本厂旧矿百斤，价银六分。自新店山驮矿至厂，往返一日半，脚价三钱，计矿价、脚价共用银四钱六分，每炉用本厂煤七担，每担价银二分。又赴五里外罗洲渡驮煤二担掺用，每担价银三分。计用煤九担，共用银二钱……每铅百斤共用工本银一两一钱一分，除加二抽课外，余铅八十斤，照每百斤给官价一两三钱计算，只得银一两零四分，尚不敷工本银七分……
>
> 查得砂硃厂开采年久，矿山距厂十六七里，硐深质淡，每罐出铅只八九两，每煎铅百斤需用矿三百五十斤，每矿百斤价银七分、脚价银七分，计矿价、脚价共用银四钱九分。每炉需煤九担，每担二分，共用银一钱八分……每铅百斤共用工本银一两一钱二分，除加二抽课外，余铅八十斤，照每百斤给官价一两三钱计算，只得银一两零四分，尚不敷工本银八分……[①]

可见，莲花厂每炉放置120个蒸馏罐，每罐可放约2.1斤（1.25千克）矿石，可炼出锌12两（0.45千克），其锌矿石品位达36%；而砂硃厂每罐炼出锌8～9两（约0.3千克），锌矿石品位约28.6%。20世纪以来，贵州地区土法炼锌的记载很多，但蒸馏罐形制和大小已不同，呈圆锥形、尖底，不另加冷凝器，罐高可达80厘米[②]。

2. 云南

云南有着悠久的矿业开发史，明代是滇银、滇铜、滇金大开发的时期[③]。

[①] 乾隆十年五月初七日，贵州总督张广泗，题为贵州白铅不敷供铸请以乾隆十年三月为始增价收买余铅以济运解事，题本（一档档号：02-01-04-13868-010）[M]// 马琦. 多维视野下的清代黔铅开发. 北京：社会科学文献出版社，2018：199.

[②] 冶金工业出版社. 土法炼锌[M]. 北京：冶金工业出版社，1958：36.

[③] 杨寿川. 云南矿业开发史[M]. 北京：社会科学文献出版社，2014：63.

明代云南已开采炉甘石，云南的炉甘石品质好，嘉靖年间临安府宁州木角甸山备乐村开采炉甘石，与铜冶炼用于铸钱①。清代云南是产铜、银大省，也开始炼锌，主要有4个白铅厂。雍正七年（1729），正式开采曲靖府平彝县块泽厂、罗平州卑浙厂②。乾隆年间，临安府建水州普马厂、东川府会泽县者海厂也出产锌，云南锌最高年产量在100多万斤③。至道光年间，卑浙厂、者海厂仍在炼锌④。此外，通海县狮子山厂、弥勒州野猪畔厂曾于乾隆二十九年（1764）开采，三十五年至三十六年（1770—1771）封闭⑤。

有关云南炼锌技术的记载见于道光年间3则史料中。道光十六年（1836），贵州遵义文人郑珍造访卑浙厂和者海厂，作诗《之卑浙厂道中》《者海铅厂》，其中《者海铅厂其三》：

  灶甬边炉宿，煤丁倚石炊。妻儿闲待养，乔罐死犹随。（自注：铅炉以乔计，三罐为一乔，罐以铁为之，长二尺许。死者多以废罐砌墓，视之如蜂房然。）物力只斯数，生涯能几时？年年南北运，不见穷山悲。⑥

二十四年（1844），云南巡抚吴其濬《滇南矿厂图略》记载了卑浙、者海白铅厂，并介绍了炼锌法：

  有白铅，俗称倭铅，烧铅以瓦罐，炉为四墙，矿煤相和，入于罐，洼其中，排炉内，仍用煤围之，以鞴鼓风，每二罐，或四罐，称为一乔，为炉大小，视乔多寡。⑦

---

① 杨寿川.云南矿业开发史［M］.北京：社会科学文献出版社，2014：98.
② 吴其濬.《滇南矿厂图略》校注［M］.马晓粉，校注.成都：西南交通大学出版社，2017：197.
③ 马琦.国家资源：清代滇铜黔铅开发研究［M］.北京：人民出版社，2013：294-295.
④ 吴其濬.《滇南矿厂图略》校注［M］.马晓粉，校注.成都：西南交通大学出版社，2017：197.
⑤ 杨寿川.云南矿业开发史［M］.北京：社会科学文献出版社，2014：323.
⑥ 郑珍.郑珍全集：六［M］.黄万机，等点校.上海：上海古籍出版社，2012：93.
⑦ 吴其濬.《滇南矿厂图略》校注［M］.马晓粉，校注.成都：西南交通大学出版社，2017：197.

二十六年(1845),会泽县知县黄梦菊《滇南事实》记载了者海厂炼锌法:

> 铅以瓦罐升烧,系用煤炭炉,形如马槽,每三罐平列为一乔,三十乔为一炉,每乔约出铅六七斤。①

可见,清代云南炼锌炉是以煤炭为燃料的长条形马槽炉,乔(炉桥,即炉栅)上放置3个罐,也有放置2个或4个罐。者海厂的炼锌罐较大,郑珍说罐长2尺许(60多厘米),黄梦菊也指出每罐产锌2~2.3斤(1.2~1.4千克),假设矿石品位较高(如30%),罐子也是比较大的,且每炉只放置90个罐。20世纪云南地区土法炼锌使用不加冷凝器的圆锥形蒸馏罐,每列炉桥放置3个罐。值得注意的是,《滇南矿厂图略》还指出炼锌炉需要人力鼓风,但未见土法炼锌需要鼓风的记载,可能只是在冶炼开始阶段鼓风。

3. 广西

广西在明代不曾炼锌,最早于乾隆二十四年(1759)思恩县卢架山白铅厂开始炼锌。二十九年(1764)柳州府融县四顶山出产白铅砂,因无煤矿,运往罗城县冷峒山炼锌,三十五年(1770)改运马巩螺塘山炼锌,五十一年(1786)又运往长安官山炼锌,年产量最高可达40余万斤②。

目前尚未发现清代广西炼锌技术的记载。在广西河池市罗城县发现22处清代炼锌遗址,其中罗城县最大的遗址是黄金镇地栋遗址,各遗址均依煤矿而建,蒸馏罐为长圆筒形、平底,高40多厘米,炼锌炉最长可达25米。另在环江县发现红山炼锌遗址,规模也很大,出土了类似的炼锌炉和蒸馏罐③。

4. 四川

四川在明代曾在重庆府丰都、忠县一带炼锌,清初未见开采的记载,直

---

① 黄梦菊.滇南事实·禀厂情条款(会泽任内)[M].清道光二十九年(1849)刻本,65.中国国家图书馆藏.
② 马琦.国家资源:清代滇铜黔铅开发研究[M].北京:人民出版社,2013:296-297.
③ 黄全胜,梁兴权.广西罗城古代炼锌遗址群初步考察[J].广西民族大学学报(哲学社会科学版),2012(5):140-145;黄全胜,李延祥,梁福林,等.广西环江红山古代冶炼遗址初步考察[J].中国矿业,2012(6):120-124.

到乾隆年间才在酉阳州、石砫厅开采,只有2个白铅厂。酉阳州铅旺盖白铅厂自乾隆十九年(1754)开采,二十三年(1759)锌产量达47万斤,五十二年(1787)封闭。石砫厅白沙岭厂自乾隆三十三年开采(1768),三十五年(1770)锌产量达150万斤,直到道光年间仍在开采①。

目前未发现有关清代四川炼锌技术的记载。在今重庆市石柱县、酉阳县发现了17处清代炼锌遗址。主要分布在两个区域,一是在七曜山地区,共发现15处遗址,包括石柱11处、丰都4处遗址,以老窑厂、龙洞湾遗址为代表;二是在长江支流乌江右岸,共发现鱼池岭、断龙桥2处遗址,都在酉阳②。这两个区域应该就是白沙岭和铅旺盖白铅厂的所在地。这些遗址出土的蒸馏罐为筒形、斜直腹、小平底,高40～60厘米,老窑厂、龙洞湾遗址发现的3座炼锌炉较为细长,长约13米,均有80列炉栅③。

再看湖南的情况,湖南锌的产地在郴桂矿厂,该地区最晚于明末天启、崇祯年间开始炼锌,清初康熙、雍正年间也有开采,乾隆八年(1743)正式招商开采,一直延续到道光年间。湖南是清代最早炼锌的省份之一,贵州、云南两省雍正年间正式开采,但于康熙年间已有私采,而四川、广西两省于乾隆中期才开始开采。明清时期产锌各省中,曾在明代炼锌的山西、河南、广东等省,至清代均不再大规模炼锌,而云南、贵州则是清代才开始炼锌,只有四川和湖南,明清两代炼锌业均很繁盛。

然而,四川明代和清代炼锌技术有着不同的技术特征。从蒸馏罐的形制来看,丰都、忠县明代炼锌遗址使用的蒸馏罐为平底、鼓腹的冶炼罐;而石柱、酉阳清代炼锌遗址使用的是小平底、筒形冶炼罐。这是两类形制完全不同的冶炼罐,且尚未发现介于两类之间的过渡类型。推测重庆地区清代炼锌技术并不是当地明代炼锌技术的延续。明末清初,灾荒引发战乱不断,使得

---

① 马琦. 国家资源:清代滇铜黔铅开发研究[M]. 北京:人民出版社,2013:295-296.
② 重庆市文物局,重庆市移民局. 重庆炼锌遗址群[M]. 北京:科学出版社,2018:179-180.
③ 重庆市文物局,重庆市移民局. 重庆炼锌遗址群[M]. 北京:科学出版社,2018:140,147,185.

四川人口大量死亡，丰都、忠县所在的川东地区尤为严重①，当时矿冶生产应该是处于停滞状态，这有可能导致当地炼锌技术的失传。康熙年间，多省移民迁入四川，以湖广人为多，这次移民潮称为"湖广填四川"②。乾隆中期，酉阳、石柱等地才开始炼锌。酉阳原来居民很少，大多数是从贵州、湖北、江西迁移过来的，他们在这里定居并开垦荒地③。酉阳、石柱使用的蒸馏罐与丰都、石柱的不同，而与广西、贵州的较为相似，其炼锌技术应该是由外来移民带入的，很可能来自贵州。有意思的是，2002年在石柱县冷水溪发现内置冷凝器的蒸馏罐，高70多厘米④，应该是再一次受到了云贵地区土法炼锌的影响。

与四川不同，湖南的炼锌技术自明末至清代一直延续下来。从蒸馏罐的形制来看，明末至清代桂阳蒸馏罐均为平底、鼓腹，明末蒸馏罐较为矮胖、有明显的鼓腹，清代蒸馏罐较为瘦高、有轻微的鼓腹，并且还有逐渐变化的器型。从锌矿石来看，明末炼锌使用炉甘石，即氧化锌矿；康熙年间桂阳州仍出产炉甘石，乾隆年间则主要使用硫化矿，需要采用焙烧技术，与其他地区主要使用氧化矿不同。郴桂矿厂炼锌从明末到清代，有明确的技术演进和发展脉络，应该没有受到外来技术的影响。因此，郴桂矿厂有着自己的炼锌技术传统，在中国古代炼锌史上有着独特的地位。

二、郴桂矿厂矿业人口向西南地区的移民

郴桂地区有着悠久的矿冶历史，汉代在桂阳郡设金官、铁官，西晋设专门机构管理银矿采冶，唐代设铸钱机构桂阳监并炼铜、银，五代桂阳监成为州一级的行政区域，宋代主要产银，明代后期开始炼锌。从《湖南省例成案》等看，清代郴桂地区有着稳定的矿业人口，包括采矿的砂夫、冶炼的炉户、烧炭的炭户、打铁的铁匠、制作冶炼罐的陶工、投资开矿的商人、买卖矿砂和铜

---

① 曹树基. 中国移民史·第六卷·清时期[M]. 上海：复旦大学出版社，2022：62-64，77-78.
② 曹树基. 中国移民史·第六卷·清时期[M]. 上海：复旦大学出版社，2022：61.
③ 曹树基. 中国移民史·第六卷·清时期[M]. 上海：复旦大学出版社，2022：78.
④ 河南省文物考古研究院. 丰都庙背后与木屑溪炼锌遗址[M]. 北京：科学出版社，2023：251-252；重庆市文物局，重庆市移民局. 重庆炼锌遗址群[M]. 北京：科学出版社，2018：185，187.

铅锌的客贩、运输矿砂的挑砂人、运输铜铅锌的脚夫等,以及为矿区生产和生活服务的其他人群。

清代桂阳农业不发达,从事矿业是百姓重要的生存手段:"桂阳税敛至薄,然力田之效微矣,终岁撂掘,多不过收十石……州境虽褊小,地方数百里,户口百余万,自汉以来,金官之利为最大。"① 很多桂阳百姓掌握矿冶方面的专门技术,正如乾隆《直隶桂阳州志》所载:"历农之外,或习一技以终身,此恒业也。因地产铜铅,有力者供垅烧炉,无力者淘沙打矿。"② 甚至于妇女、儿童都会炼铅:"黑铅煎炼,桂阳一州,妇人孺子无不晓习,城乡市镇无不常烧。"③ 与桂阳州不同,郴州历代矿禁,清初"本地居民从无辨炉火识砂色者,率皆临蓝嘉桂常新各处奸徒及四方亡命"④。但随着乾隆年间郴桂矿厂招商开采,郴州也聚集了很多矿业人口,郴桂"二州矿厂炉夫、砂户盈千累万,更加贸易之客贩,佣工之小民,土著、外来五方杂处"⑤。

清代郴桂矿业人口移民至西南地区,尤其是当时铜、铅、锌等产量最高的云南、贵州两省,成了滇铜、黔铅开发的重要力量。温春来指出,云南东川府土著民缺乏开矿的传统,不掌握矿冶技术,雍正年间开始就有大量移民涌入,促进了当地矿业的开发⑥,其中就有来自郴桂地区的矿业人口:"郴州桂阳虽开采黑白二铅,而其余封闭者尚多。人迹罕到之区,率奸棍勾通蠹役强霸偷挖,微弱穷民反往滇厂佣工。"⑦ 乾隆年间,滇铜的矿业人口大大增加,

---

① [同治]桂阳直隶州志.卷二十·货殖[M]//《中国地方志集成》编辑工作委员会.中国地方志集成·湖南府县志辑:第32册.南京:江苏古籍出版社,2002:420.

② [乾隆]直隶桂阳州志.卷二七·风土[M]//故宫博物院.故宫珍本丛刊·湖南府州县志:第8册.海口:海南出版社,2001:441.

③ 湖南省例成案·户律仓库·卷十四·钱法[M]//周文丽,雷昌仁.湖南桂阳冶金史资料汇编.长沙:湖南人民出版社,2019:113.

④ [康熙]郴州总志.卷七·风土·坑冶附[M]//《中国地方志集成》编辑工作委员会.中国地方志集成·湖南府县志辑:第21册.南京:江苏古籍出版社,2002:128.

⑤ 湖南省例成案·户律仓库·卷十五·钱法[M]//周文丽,雷昌仁.湖南桂阳冶金史资料汇编.长沙:湖南人民出版社,2019:142.

⑥ 温春来.矿业、移民与商业:清前期云南东川府社会变迁[M]//温春来.区域史研究:2019年第2辑(总第2辑).北京:社会科学文献出版社,2020:117.

⑦ 雍正,湖南衡永郴道王柔,奏为敬陈管见事[M]//中国人民大学清史研究所,中国人民大学档案系中国政治制度史教研室.清代的矿业.北京:中华书局,1983:350.

其中有来自多省的外来移民。乾隆二十一年（1756），云南"东川一带地方银铜铅锡各厂，共计二十余处，一应炉户、砂丁及佣工、贸易之人聚积者，不下数十万众……且查各厂往来，皆四川、贵州、湖广、江西之人"[①]。在东川府会泽县，外来移民建造了江西、贵州、四川、湖广等会馆。温春来考察这些会馆，发现湖广人（主要是湖南人）在滇铜开发中起到重要作用，湖南人也在东川从事炼锌业，他还发现湖广会馆有几块倭铅厂捐助禹王金相的功德碑[②]。

清代黔铅矿业开发，也与外来矿业人口的移民有很大的关系。温春来认为，贵州原住民对探矿、采矿和冶炼等技术是相当陌生的，从事采矿和冶炼的矿民主要是外来的[③]。马琦也认为，贵州本地彝民缺乏开发所需技术，还指出黔铅矿业人口主要来自江西、湖南、四川、广东等省，以湖南、江西移民最多[④]。乾隆十三年（1748），贵州"银铜黑白铅厂，上下游十有余处，每厂约聚万人、数千人不等，游民日聚……是皆川、粤、江、楚各省之人，趋黔如鹜，并非土著民苗"[⑤]。在贵州矿厂中，还可以看到桂阳人的身影。乾隆十六年（1751），威宁州妈姑厂发生了厂官殴打桂阳州铁匠罗奇熊致死一案："妈姑河地方倮民泡毛麦地内，前经知州鹿骢豫不许起造炉房，有湖广桂阳州铁匠罗奇熊，违断起造炉房，初十日吏目龚宪臣亲自至彼，令其迁移，罗奇熊不遵，且出言抵触龚宪臣，当责十板，奇熊进屋复出，先跌仆地，即时殒命。旋有向被龚宪臣责过之厂民……借此人命，希图挟制，并闻有殴辱吏目、勒写甘结、逼用手印，及交铅收票等事。"[⑥]威宁镇总兵官李琨调查此案，上奏称威宁州

---

① [乾隆]东川府志·卷十三·鼓铸[M]//《中国地方志集成》编辑工作委员会.中国地方志集成·云南府县志辑：第10册.南京：凤凰出版社，2009：95.
② 温春来.矿业、移民与商业：清前期云南东川府社会变迁[M]//温春来.区域史研究：2019年第2辑（总第2辑）.北京：社会科学文献出版社，2020：120-122.
③ 温春来.从"异域"到"旧疆"：宋至清贵州西北部地区的制度、开发与认同[M].北京：社会科学文献出版社，2019：332.
④ 马琦.国家资源：清代滇铜黔铅开发研究[M].北京：人民出版社，2013：187-188.
⑤ 清实录：第13册[M].高宗实录·卷三一一·乾隆十三年三月癸丑.北京：中华书局，1986：106.
⑥ 乾隆十六年五月十六日，贵州威宁镇总兵李琨，奏为黔省妈姑河矿厂民纠众哄闹辱官及差查拿获各犯事，朱批奏折（一档案号：04-01-36-0087-008）[M]//中国人民大学清史研究所，中国人民大学档案系中国政治制度史教研室.清代的矿业.北京：中华书局，1983：333.

"厂内民人五方杂处，其中良顽不一，而湖广桂阳州居多，性尤强悍"①。罗奇熊的亲族弟侄罗奇玉、罗世洪、罗宗尧、罗朝汉等人也在妈姑厂谋生，他们参与了殴辱厂员等事，受到了审讯②。可见妈姑厂有不少桂阳人，在当地形成了一定的势力。

在今桂阳县、临武县的家谱中，发现了更多郴桂矿业人口流动到云贵地区的线索，其中有两条是到贵州从事炼锌有关矿冶活动。桂阳县浩塘镇大留村《肖氏宗谱》记载了乾隆年间肖芳凤、肖昌元父子到贵州开矿的事迹。南宋绍兴二十五年（1155），肖致中从桂阳县三塘村迁徙至大留村定居，家族中有一对父子曾到贵州从事矿业。肖芳凤，字文鸾，号国模，生于康熙四十二年（1703），殁于乾隆二十年（1755），"娶妻邱氏，生一子，名昌元……不幸邱氏早故，公自是慨然而有感曰：男子志在四方，安得局促如辕下驹。于是游贵州，历云南，获利数百金。归家，置田三十亩，余金三百两，续娶雷氏，生二子，长昌亨，次昌利"③。肖芳凤的长子肖昌元，字首士，生于雍正十一年（1733），殁于嘉庆三年（1798），"年十四，父游贵，随往。道途之苦，弗能殚说。至其处，囊谷无余，乞借无门，父子相理，为糊口计。然惟以公自失，以信与人，久之，公下负人，人自不殖矣。积贮数百金，以父老，伴之归。置田三十亩，余金三百。与弟叹曰：此仅可以自结，而不足展吾之豪情。乃复之贵州。惟时，公才星益显，凡铅炉列公名，即旺。由是，积金千余。归家，增置产业"④。从肖氏父子的记载来看，肖芳凤曾去过贵州和云南，乾隆十一年（1746），肖芳凤带着肖昌元去贵州，获利数百金，父老归家，肖昌元后来又去了贵州，从"凡铅炉列公名，即旺"可知，他在贵州从事铅锌冶炼有关工作，且获利更多。大留村是明崇祯年间桂阳炼锌的地点之一，肖氏父子很可能拥

---

① 乾隆十六年五月十六日，贵州威宁镇总兵李琨，奏为黔省妈姑河矿厂民纠众哄闹辱官及差查拿获各犯事，朱批奏折（一档档号：04-01-36-0087-008）[M]// 中国人民大学清史研究所，中国人民大学档案系中国政治制度史教研室. 清代的矿业. 北京：中华书局，1983：332.

② 乾隆十六年五月十六日，贵州威宁镇总兵李琨，奏为黔省妈姑河矿厂民纠众哄闹辱官及差查拿获各犯事，朱批奏折（一档档号：04-01-36-0087-008）[M]// 中国人民大学清史研究所，中国人民大学档案系中国政治制度史教研室. 清代的矿业. 北京：中华书局，1983：333.

③ 续修桂阳大留肖氏宗谱，2014：109.

④ 续修桂阳大留肖氏宗谱，2014：125.

有炼锌的技术和经验，他们两次去贵州，正值黔铅开发的高峰期，很可能是去贵州炼锌。

临武县东门《罗氏族谱》记载乾隆年间罗代京到贵州矿区开设铁厂的事迹。罗氏先人在南宋宝庆年间从江西吉安迁移至临武教书，定居在县城东门一带，后代分布在万水、武水、南强、沙田等地。乾隆年间，沙田鳌背罗代京定居贵州赫章妈姑镇，利用当地铁矿资源创办铁厂，很快发家致富，但当地人见财起意，将其杀害。妈姑是乾隆时期贵州最大的锌矿厂——莲花厂所在地，莲花厂最高年产量达1 066万斤（乾隆十三年），年均产量超过500万斤[①]。罗代京办铁厂正好与上述妈姑设厂时间重叠，可能是制作炼锌罐的铁盖。前文提及的到贵州威宁当铁匠的罗奇熊可能也是去做炼锌罐的铁盖，他应该也是临武罗氏后人。另外还有一位叫罗本威的罗氏后人在乾隆年间从临武移居今云南省曲靖市富源县富村镇，他的墓碑上清晰记录"桂阳州临武县坳背塘世馨公长子罗威公，由湖入厂镕铅"，该地是块泽厂所在地。

郴桂地区矿业人口还到广西从事炼锌业。据广西民族大学黄全胜惠告，广西上林县发现厂圩炼锌遗址，在附近发现了7座清代墓葬，墓主人为湖南、江西人，湖南人中以桂阳人为主，他们在乾隆、嘉庆年间到广西炼锌。

三、郴桂矿厂锌的出口

明清时期，锌的大规模生产不仅满足了政府铸钱的需求，也用于制作一些黄铜器，锌还通过海外贸易出口到多个国家地区，郴桂矿厂是中国出口锌的地区之一。

中国锌的出口最早可以追溯到16世纪，在广东连州发现过万历十三年（1585）的锌锭，可能是当时供出口的。17—18世纪中国锌的出口有明确的欧洲史料的记载，中国锌主要是作为压舱物来贸易的。据美国学者索萨（G.B. Souza）的研究（表6-1），17世纪上半叶（即明末）澳门的葡萄牙商人和广州的行商将中国锌运到了日本、印度和东南亚。至1637年，葡萄牙人每年将

---

① 马琦.国家资源：清代滇铜黔铅开发研究[M].北京：人民出版社，2013：64-65.

30万斤中国锌卖到日本市场，他估算17世纪上半叶中国锌的年出口量不超过50万斤[1]。荷兰人在印度尼西亚爪哇岛的班塔姆参与中国锌的贸易，在两艘返回阿姆斯特丹的荷兰沉船上发现了中国锌锭：一艘是毛里求斯号，1607年在西非加蓬海域失事，发现22 000个锌锭，重122吨（约20万斤）[2]；另一艘是威特列乌号，1613年在南大西洋圣赫勒拿岛海域沉没[3]。

  至清代，葡萄牙、荷兰、英国、瑞典等国商人参与了中国锌的海上贸易，锌出口到了印度、东南亚和欧洲。据索萨的研究，清初锌的出口量下降，每年最多出口10万斤。随后，中国、葡萄牙和英国的商人在中国南海、印度洋开拓了市场，导致了17世纪后期锌出口量的快速增长，从17世纪70年代晚期的30万~40万斤，1682年超过60万斤，到1686年达80万斤。而后开始下降，1693年降至60万斤，18世纪前15年又降至30万斤。从18世纪30年代到90年代，锌出口量大幅度增加，从110万斤增加到400万斤，至1817年超过500万斤[4]。锌还出口到了欧洲，在多艘从广州返航的欧洲沉船上也发现了中国锌锭：1738年，英国东印度公司的苏塞克斯号在非洲东部莫桑比克海峡附近沉没，发现53吨（约9万斤）锌锭[5]；1816年，英国东印度公司前往印度加尔各答的戴安娜号，在马六甲海峡附近沉没，发现0.9吨（约1 500斤）锌锭[6]。

---

  [1] SOUZA G B. Ballast goods: Chinese maritime trade in zinc and sugar in the seventeenth and eighteenth centuries[C]//Emporia, Commodities and Entrepreneurs in Asian Maritime Trade, c.1400—1750. Stuttgart: Steiner Verlag, 1991: 291-315.

  [2] 吴春明. 近古欧亚航路网络中的沉船考古[M]// 邓聪, 吴春明. 东南考古研究：第3辑. 厦门: 厦门大学出版社, 2003: 354.

  [3] CRADDOK P T, HOOK D R. The British Museum collection of metal ingots from dated wrecks[C]//Artefacts from Wrecks: Dated Assemblages from the Late Middle Ages to the Industrial Revolution. Oxford: Oxbow Books, 1997: 146.

  [4] SOUZA G B. Ballast goods: Chinese maritime trade in zinc and sugar in the seventeenth and eighteenth centuries[C]//Emporia, Commodities and Entrepreneurs in Asian Maritime Trade, c.1400—1750. Stuttgart: Steiner Verlag, 1991: 291-315.

  [5] 吴春明. 近古欧亚航路网络中的沉船考古[M]// 邓聪, 吴春明. 东南考古研究：第3辑. 厦门: 厦门大学出版社, 2003: 351.

  [6] 周世荣, 魏止戈. 海外珍瓷与海底瓷都[M]. 长沙: 湖南美术出版社, 1996: 46-47.

表 6-1 索萨估算的明清时期中国锌年出口量[1]

时间	年出口量/万斤
17 世纪上半叶	<50
清初	<10
17 世纪 70 年代晚期	30~40
1682 年	>60
1686 年	80
1693 年	60
18 世纪前 15 年	30
18 世纪 30 年代	110
18 世纪 90 年代	400
1817 年	520

注：原文单位为 picol（担），1 担 =100 斤。

可见，自明末至清代，中国锌一直都出口到日本、东南亚、印度、欧洲等国家地区。明代产锌的省份主要是山西、河南、四川、湖南、湖北和广东，出口锌的来源很可能是靠近广州、澳门的阳山、桂阳两地。而清代产锌的省份主要是贵州、云南、湖南、广西和四川，出口锌的来源很可能是靠近广东的湖南，以及当时锌产量最大的贵州。康熙二三十年，锌的出口量达到第一个高峰，这个时期除湖南外其他省份尚未正式开发锌矿，出口的锌很可能来自郴桂矿厂。康熙年间，郴桂矿厂曾有两次开采，一次是康熙十九年至二十三年（1680—1684），一次是康熙五十二年（1713）[2]。而在乾隆、嘉庆年间，中国锌的出口量高达 400 万~500 万斤，已大大超过湖南的锌产量，出口的锌大部分应该来自贵州，贵州的锌除了供应京局、省局，还有流入市场的。

---

[1] SOUZA G B. Ballast goods: Chinese maritime trade in zinc and sugar in the seventeenth and eighteenth centuries[C]//Emporia, Commodities and Entrepreneurs in Asian Maritime Trade, c.1400—1750. Stuttgart: Steiner Verlag, 1991: 291-315.

[2] 中国科学院.明清史料·丁编·第八本·户部尚书穆和伦等题本[M].北京: 北京图书馆出版社，2008: 346.

清代湖南郴桂矿厂多金属矿冶技术研究

康熙年间吴震方《岭南杂记》记载湖南锌运到广州,并出口到日本的情况:

> 白铅出楚中,贩者由乐昌入楚,每担价三两,至粤中市于海舶,每担六两。海舶买至日本,每担百斤炼取银十八两。其余即成乌铅,俗称倭铅,实不产倭,乃炼出银后仍载入内地,每倭铅百斤,价亦六两,其炼银之法,誓不传于内地,炉火家亦不晓其术也。①

从"白铅出楚中,贩者由乐昌入楚""至粤中市于海舶""海舶买至日本"几句可以看出,来自广东的客贩从粤北的乐昌县进入湖南,购买了湖南的锌,即郴桂矿厂产的锌,运到广东,通过海船销往日本。康熙年间,广东客贩从乐昌进入湘南收买锌,应该是在郴州宜章县一带。乾隆年间仍有这样的情况,如乾隆二十六年(1761),曾发生宜章县盘获广东的铅贩黄孝文在桂厂私换白铅渣一案②。当时官府为了防止郴桂矿厂产品偷漏走私,在宜章县东门、白石渡等处设卡,防止偷漏铜锌到广东乐昌③。这条"郴州—宜章—乐昌"路线是清代湘粤古道的主要线路④。郴桂矿厂的锌从宜章、乐昌运到了广州,通过海外贸易出口到了日本,日本是进口中国锌的国家之一。李延祥等认为这段记载是指湖南的锌运到广东,用于从日本含银的铅中提取银⑤,这可能是锌的另外一种用途。但湖南的锌确实曾出口到日本,尤其是在明末清初,中国锌的主要出口地是日本。日本平户荷兰商馆日记(1631—1637)中有进口中国锌的记录,长崎荷兰商馆日记(1641—1661)则记载了进口100多吨(约17万斤)的中国锌⑥。

---

① 吴震方.岭南杂记·卷下[M]//四库全书存目丛书编纂委员会.四库全书存目丛书:史部第249册.济南:齐鲁书社,1997:522.
② 湖南省例成案·户律仓库·卷十六·钱法[M]//周文丽,雷昌仁.湖南桂阳冶金史资料汇编.长沙:湖南人民出版社,2019:150.
③ 湖南省例成案·户律仓库·卷十三·钱法[M]//周文丽,雷昌仁.湖南桂阳冶金史资料汇编.长沙:湖南人民出版社,2019:95.
④ 吴艾妮.湘粤古道的历史变迁[J].中国历史地理论丛,2019(4):143-157.
⑤ 李延祥,黄全胜.倭铅勾金考[J].广西民族大学学报(自然科学版),2013(3):21-25.
⑥ 松田勝彦.日本における黄銅の歴史[C]//近世科学技術のDNAと現代ハイテクにおける我が国科学技術のアイデンティティの確立.文部科学省特定領域研究"江戸のモノづくり"第8回国際シンポジウム実行委員会,2007:125-134.

来自湖南、贵州的锌的出口,不仅促进了明清时期国内经济的发展,而且对进口锌的日本、东南亚、欧洲等国家地区造成了深远的影响。比如,中国锌进入了印度市场,取代了印度本土产的锌,用于制造和生产各种铜器和铜钱。中国锌还出口到欧洲,但欧洲向来使用传统矿炼法生产黄铜,因此对锌的需求量不大,但中国锌引起了欧洲的科学家和实业家对锌金属的兴趣,开始进行冶炼试验,最终于18世纪在英国布里斯托开始工业化炼锌①。

第三节 清末民国桂阳炼锌技术的传播

一、土法的传播

郴桂矿厂炼锌业繁盛于乾隆年间,嘉庆、道光年间逐渐衰弱,清末民国时期郴桂矿厂的炼锌技术传到了北部的常宁水口山一带。

水口山位于常宁县松柏镇,有丰富的铅锌铜矿,相传明末至清代为附近居民集资开采,但由于资力绵薄,无法深入开采②。清代常宁主要开采铜盆岭铜矿厂(见第一章第三节),未见开采铅锌矿的记载。直到光绪二十二年(1896),湖南巡抚陈宝箴奏请设立湖南矿务总局,积极发展湖南的新式矿业,他委派廖树蘅开发常宁水口山铅锌矿。廖树蘅改进了开采方法,实行"明窿法",即露天开采法,并采用西法开采,大大提高了水口山的铅锌矿产量,铅锌矿多外销③。他调查发现:"近年商人取出矿石,堆积山间者,不下万余石。其银、铅两种,土人呼为黑白铅矿者,向归桂阳州及常宁县炉匠承买,用土法冶炼。"④由于土法冶炼生产效率低、产品质量差、产量低,无法满足市场需

---

① ZHOU W L. The technology of large-scale zinc production in Chongqing in Ming and Qing China [M]. Oxford: BAR publishing, 2016: 126-128.
② 谭伯强. 水口山铅锌矿最近之调查[J]. 矿业杂志, 1917(1): 96.
③ 刘云波. 廖树蘅与甲午战后的常宁水口山铅锌矿:兼论湖南近代矿务机构的设立及其演变[J]. 湘潭大学学报(哲学社会科学版), 2018(3): 131.
④ 廖树蘅. 荥源银场录·卷一·禀抚部院陈及总局言会勘龙王水口两山情形并请收买矿砂试办炼炉[M]. 清光绪年间刻本, 2-3. 嘉兴市图书馆藏.

求,廖树蘅等尝试开设自己的冶炼厂,积极探索西法冶炼①。1908年,长沙城南门建成湖南黑铅提炼厂,是中国第一家西法炼铅厂。而炼锌仍采用土法,直到1934年第一家西法炼锌厂才在湖南长沙三汊矶建成。

20世纪初,在衡州、常宁等地陆续开设了多家土法炼锌厂。最早于光绪二十九年(1903)在衡州府城东岸苏州湾开设土法炼锌炉,从云南招募炉匠五六十名,专炼水口山出产的铅锌矿。然而土法炼锌效率低,后采用西法试炼,因操作不良、效果不佳,于次年秋停办②。光绪三十一年(1905),湖南省矿务总局在常宁松柏镇湘江东岸,创办松柏提炼白铅厂,初设土法炼锌炉24座。另有烟州炼厂,在水口山附近,也用土法,称为第二白铅炼厂③。1920年,在松柏官炼厂对面、湘江东岸建设泰成商炼厂,由桂阳人与湘潭人集资合办,设土法炼锌炉10座④。

这些土法炼锌厂中,最大的是官办的松柏提炼白铅厂,后更名为松柏土法炼锌厂。该厂于光绪三十一年(1905)建立,廖树蘅委派地绅欧阳藻招募桂阳州炉匠创办,初设炼锌炉24座,后增加至80座。1923年,由于锌价跌落,松柏炼厂亏折停办。1928年,由于长沙黑铅炼厂的需要,松柏炼厂招商承办,炼出的锌供给黑铅炼厂提银,后又停炼。1930年,由于水口山囤积大量锌矿石,砂价低落,出口停滞,而国内急需的金属锌还需要进口,故筹划恢复松柏土法炼锌厂⑤。于次年正式建成炼锌炉60座,后增加至114座⑥。1936年,该厂仍在生产,建有炼锌炉40座⑦。

20世纪10—30年代有不少松柏炼厂采用土法炼锌技术的记载(见附录一)。1912年,高等实业学堂矿科二班学生调查水口山,撰写了《水口山铅矿

---

① 刘云波.廖树蘅与甲午战后的常宁水口山铅锌矿:兼论湖南近代矿务机构的设立及其演变[J].湘潭大学学报(哲学社会科学版),2018(3):132.
② 刘泱泱.湖南通史·近代卷[M].长沙:湖南出版社,1994:380.
③ 谢家荣.中国矿业纪要:第二次(民国七年至十四年)[Z].北京:农商部地质调查所,1926:194.
④ 江如.松柏泰成商炼厂之调查[J].实业杂志,1920(28):64.
⑤ 恢复松柏土法白铅炼厂计划书[J].矿业周报,1930(124):439-440.
⑥ 张人价.湖南之矿业[Z].长沙:湖南经济调查所,1934:155-157.
⑦ 湖南水口山土法炼锌厂概况[J].矿业周报,1936(372):962.

报告书》①，记载了松柏提炼白铅厂的"煅炼法"和"精炼法"。1917年，曹仁在《矿业杂志》发表了《土法冶锌术》②，记录了"煅炉"和"白铅炼炉"。曹仁，字时中，长沙人，湖南工业专门学校矿科毕业，1917年任水口山铅锌矿局考工所测绘员，1937年任职于湖南省建设厅③。《土法冶锌术》记载的应该是松柏提炼白铅厂的土法炼锌技术。1920年，《实业杂志》发表了一篇《松柏泰成商炼厂之调查》④，作者江如，1917年为水口山铅锌矿局考工所实习员⑤，该文记录了松柏泰成白铅炼厂的"焙烧法"和"提炼法"。1922年，外国地质学家卫勒（A. S. Wheler）报道了在我国中南地区冶炼硫化锌矿的传统技术，包括焙烧和冶炼流程⑥。卫勒曾于1914—1915年到湖南调查金矿，他说的中南地区应该就是湖南，他所描述的炼锌技术与松柏炼锌厂采用的土法极为相似。一直到20世纪30年代，还有不少关于松柏土法炼锌厂土法的记载，如1930年《矿业周报》报道的《恢复松柏土法白铅炼厂计划书》⑦，1934年湖南省经济调查所的张人价在《湖南之矿业》中的相关记载⑧，以及1936年练达介绍的该厂概况⑨。

从这些记载来看，松柏炼厂采用的土法炼锌大致如下（表6-2）：使用圆柱形焙烧炉，直径0.7～1.0米，高1.2～1.7米，一般并排多个，有的4个并排，有的连贯排列12～16个。蒸馏罐都由冶炼罐、冷凝兜、冷凝器、铁盖组成。冶炼罐的尺寸有变化，20世纪10—20年代尺寸较小，高30～38厘米，直径6.9～7.6厘米；30年代尺寸较大，高40～43厘米，直径13.3～15厘米。炼锌炉均为长方形，长6.7～8.2米，宽1.0～1.3米，高0.6～0.8米，

---

① 高等实业学堂矿科二班. 水口山铅矿报告书[J]. 实业杂志, 1912(4): 1-5.
② 曹仁. 土法冶锌术[J]. 矿业杂志, 1917(2): 24-28.
③ 谭伯强. 水口山铅锌矿最近之调查（续）[J]. 矿业杂志, 1917(2): 73; 军事委员会资源委员会调查处. 全国专门人才调查报告: 第1号矿冶[Z]. 军事委员会资源委员会调查处, 1937: 86.
④ 江如. 松柏泰成商炼厂之调查[J]. 实业杂志, 1920(28): 64-69.
⑤ 谭伯强. 水口山铅锌矿最近之调查（续）[J]. 矿业杂志, 1917(2): 73.
⑥ WHELER A S. Some Chinese metallurgical applicances[J]. Transactions of Institute of Mining and Metallurgy, 1922, 32: 256-283.
⑦ 恢复松柏土法白铅炼厂计划书[J]. 矿业周报, 1930(124): 439-448.
⑧ 张人价. 湖南之矿业[Z]. 长沙: 湖南经济调查所, 1934: 155-157.
⑨ 练达. 湖南松柏土法炼锌厂概况[J]. 民鸣周刊, 1936(31): 12-13.

多为两炉连在一起。每炉设40列炉桥,每列炉桥放置3个炼锌罐,即每炉可冶炼120个炼锌罐,一般可以冶炼200余斤锌矿石,炼出50余斤粗锌。

松柏炼厂采用的土法与清代桂阳州炼锌技术基本一致,都是需要先焙烧、再冶炼,焙烧炉、炼锌罐、炼锌炉的形制、尺寸以及每炉炼锌罐的数量等都与清代桂阳州的相似(表6-2)。松柏炼厂在光绪三十一年(1905)创办之初,招募了桂阳州的炉匠为炼厂工人,这些炉匠将桂阳炼锌技术照搬到松柏炼厂,制作喇叭口(即冷凝器)需要的耐火黄泥最初也从桂阳采购①。1920年沿袭该技术,到20世纪30年代重建炼厂时仍采用该法,唯有炼锌罐的尺寸略有增大。

表6-2 常宁松柏土法炼锌厂焙烧炉、冶炼罐和冶炼炉的尺寸

对象	时间	焙烧炉	冶炼罐	冶炼炉
桂阳桐木岭遗址(见第五章)	18世纪	直径0.8~0.9米,残高0.6米	高32厘米,直径8~9厘米	长约12.7米(两节)
松柏提炼白铅厂	1912年	径2尺余,高5尺余	高12吋,径2.5吋	无
曹仁调查	1917年	径2尺5寸,高4尺5寸	无	长2丈2尺5寸,宽4尺,高2尺
松柏泰成商炼厂	1920年	径2尺3寸,高4尺1寸	高1英尺,径2.5英寸	长20尺,宽3尺,高1尺8寸
卫勒调查	1922年	径3英尺,高4英尺	高12.5英寸,径2.25英寸	长25英尺,宽4英尺,高2尺6英寸
《恢复松柏土法白铅炼厂计划书》	1930年	径3呎,高5呎	高13吋,径4.5吋	长24尺6寸,宽3尺9寸,高2尺1寸
《湖南之矿业》	1934年	径3尺,高5尺	高13寸,径4.5寸	无
松柏土法炼锌厂	1936年	径3尺,高5尺	高13寸,径约4寸	无

---

① 高等实业学堂矿科二班. 水口山铅矿报告书[J]. 实业杂志,1912(4):5.

二、土法的改良

由于土法炼锌技术存在很多弊端，无法满足水口山冶炼锌碎砂的需求，湖南省屡次尝试筹办西法炼锌，但均未成功，"不得不力求改良土法，以补西法未成之缺陷"①，在20世纪20—30年代进行了改良土法炼锌的尝试。

1921年，郭继孝、黄崇德发表了《建筑模范炼厂改良土法炼铅意见书》②。该文指出当时的土法炼锌，优点在于"土法冶锌相沿最久，因地制宜，以我国工价之廉、人民生活程度之低、建筑开办经费之少，时能获利"，缺点在于其"拘守古式，毫未改良，是以产量不见增加，缺点亦罕补救"。而当时"谈冶金学者，每存菲薄之心，诋为蠢笨，不曾加以研究"。郭继孝等希望"以学理证之实验，晓工人以理化之作用，俾知从旧悟新，日有进步"。他们亲自到炉灶实地见习，发现土法炼锌煅砂难以充分、损耗又多，这与煅灶结构、燃料装配有关，需要另设煅灶加以试炼。而冶炼与原料配比、温度、炼炉构造、通风孔道、炉底灰渣等密切相关，锌的损耗很大。土法炼锌的工人来自桂阳，由于"桂阳工人富于守旧性，以新法为不足凭，骤难责以改良"，郭继孝等建议建筑模范炼炉一座，将平日研究所得的方法，教授炉工，以期提高炼锌产额③。但是，该意见书是否实施，不得而知。1923年，因为锌价低落，松柏炼厂停产。

1930年，水口山囤积大量锌砂，筹划恢复松柏土法炼锌厂。同年，《矿业周报》发表了《恢复松柏土法白铅炼厂计划书》④。该计划书除了介绍土法炼锌技术，还总结了土法炼锌的优缺点。优点是"设备单简，轻捷易举，产品亦堪应用"，缺点则在于矿石的焙烧"烘砂方法不良，需时过久，氧化作用，犹不能完全，提炼时耗失甚巨，且仅能烘炼成分较高之整砂（径一吋至二吋半），不能运用碎砂"。该计划书也认为桂阳工人习惯成法，不愿改良，需要工程师来改良："前此烘炼工程概由桂阳工人主张，成法相沿，视为宝筏，设有研习，缄秘甚深，鲜有其人，谋与改善。倘经恢复后，因其旧法，加以改良，

---

① 郭继孝，黄崇德. 建筑模范炼厂改良土法炼铅意见书[J]. 矿业杂志，1921(2)：38.
② 郭继孝，黄崇德. 建筑模范炼厂改良土法炼铅意见书[J]. 矿业杂志，1921(2)：37-38.
③ 郭继孝，黄崇德. 建筑模范炼厂改良土法炼铅意见书[J]. 矿业杂志，1921(2)：37-38.
④ 恢复松柏土法白铅炼厂计划书[J]. 矿业周报，1930(124)：439-448.

减少失耗,进而烘炼碎砂,渐事扩充,期于完善,则不仅水口山月产之碎砂千吨,得资处理,即湘南所有锌矿,皆可举办有利矣,是在主其事之工程师悉心考察与规划进行而已。"①

1931年,湖南省建设厅令饶湜筹划西法炼锌,饶湜也试图改良土法,"将土炉形式及炼法,一一考究,惟桂工性极愚蠢,知其当然者,尚难其人。兹拟就古法加以钻研而图改良"②。同年,湖南省建设厅请湖南省化验所主任黄国瀛研究处理锌碎砂。由于土法炼锌需要含锌量较高的矿石,而且所炼的锌含铁过高,不适合兵工厂制造黄铜合金,故需要提高锌碎砂的锌含量、降低铁含量。黄国瀛经过试验,发现锌碎砂过80眼的筛,可以使其铅含量最低;将其中的黄铁矿加热形成磁黄铁矿,使其磁性增强,可用磁铁吸走。湖南省建设厅令水口山矿务局依照实验结果,让松柏土法炼锌厂建筑小型反焰烘砂炉,成功地降低了铁含量、提高了锌含量③。然而,试验只进行了数月,将烘熟的锌碎砂的锌含量提高到一定程度,松柏炼厂就未再继续生产④。

1932年,饶湜积极试制西法炼罐⑤,最终于1934年在长沙三汊矶建成湖南西法炼锌厂⑥,但是由于设备尚未完全到位,成本过高,不能与洋锌竞争,西法炼锌厂常常停工。至1936年,松柏白铅炼厂还在采用土法,其技术并未见明显的改良⑦。

由上可知,20世纪20—30年代,松柏土法炼锌厂对土法进行的尝试性改良,是由工程师来进行的,他们试验锌矿砂的选矿和焙烧方法。在工程师眼中,桂阳工人守旧,知道如何操作,但是不知道其原理,不会改进技术。改良的土法并没有得到很好的效果,土法炼锌终究随着西法的成熟而消亡。

---

① 恢复松柏土法白铅炼厂计划书[J].矿业周报,1930(124):444.
② 松柏白铅炼厂改良土法之企图[J].矿业周报,1931(142):725.
③ 黄国瀛.处理水口山白铅碎砂之研究[J].实业杂志,1931(164):17-22.
④ 余籍传.拟具湖南炼锌厂二十一年度概算书提请公决案[J].湖南省建设月刊,1933(35):21-22.
⑤ 饶湜.湘新法白铅炼罐之制造及效能[J].矿业周报,1932(205):589-590.
⑥ 孟学思.长沙重要工厂调查[Z].长沙:湖南经济调查所,1934:15-16.
⑦ 张人价.湖南之矿业[Z].长沙:湖南经济调查所,1934:155-157;侯德封.中国矿业纪要:第五次(民国二十一年至二十三年)[Z].北京:实业部地质调查所,国立北平研究院地质学研究所,1935:535-536;练达.湖南松柏土法炼锌厂概况[J].民鸣周刊,1936(31):12-13;湖南水口山土法炼锌厂概况[J].矿业周报,1936(272):961-962.

结　语

　　郴桂地区是清代湖南最重要的矿产地，主要为宝南局生产铜、铅、锌等铸钱原料。郴桂矿厂于康熙、雍正年间陆续开采，乾隆年间开发达到顶峰，嘉庆年间开始逐渐衰弱。郴桂矿厂的金属矿产资源较为特殊，出产铜锡、铅银、铅铜、铅锌等多金属共生硫化矿。为了充分开发铜、铅、锌等铸钱原料矿，清代郴桂矿厂形成了复杂的多金属矿冶技术体系。本书通过对史料的解读、考古遗址的调查和发掘、冶炼遗物的分析等，揭示了清代郴桂矿厂采矿技术、炼铜技术、炼铅银铜技术和炼锌技术的重要特征（表7-1）。

　　在采矿技术方面：郴桂矿厂对矿石有独特的认识，形成了独有的矿石分类、命名方法，一般按品位高低将矿石分为上、中、下砂，还从形态、色泽、共生情况、伴生脉石的质地等认识和区分矿石，尤其是铅银矿石有10余种名色。而郴桂矿厂在找矿、开采及矿井排水、通风、照明等方面采用中国古代传统的采矿技术，如采用矿苗追踪法找矿，矿井开采法开采，遇到坚硬岩石时采用火攻法，用龙排水，开凿通风巷道等。在郴桂地区调查发现了一批矿洞，可见当时开采规模大，需要大量的开凿、排水、通风等工作。

　　在炼铜技术方面：郴桂矿厂采用中国古代最常用的"硫化矿—冰铜—铜"的炼铜技术。炼铜使用含锡的硫化铜矿石，需要先焙烧矿石，再冶炼成冰铜，可能进行了两次或两次以上冰铜熔炼,再将高品位冰铜死焙烧后,还原成粗铜,最后进行精炼。一个炼铜作坊需要搭配使用大小"煅灶"(焙烧炉)、"高炉"(竖炉)、"煎炉"(精炼炉)等多种炼炉,1 名炼铜炉户需要 2 名炉匠、5 名小工配合工作,多次焙烧、冶炼及精炼耗费大量木炭燃料,多种因素造成炼铜成本较高。郴桂矿厂炼铜作坊较为集中,主要位于桂阳州北部,绿紫坳矿厂的铜矿就地设炉冶炼,而石壁下矿厂的铜矿由十余里至数十里之外的黄田一带炉户买回去冶炼,两厂冶炼场地选址不同。炼铅产生的铅渣通常是运到州城北部有丰富木炭资源的野鹿滩去炼铜。

在炼铅银铜技术方面:郴桂矿厂采用铁还原法竖炉炼铅技术,使用硫化铅矿石炼铅,冶炼时无须焙烧矿石,而是用铁或铁的氧化物将矿石直接还原成粗铅,再进行精炼。冶炼所得铅若含较多银,可用灰吹法提银;粗铅熔炼得到的"铅渣"中可分离出"灿水"(冰铜),有较高的铜含量,可以将其焙烧、冶炼成铜。炼铅使用"高炉"(竖炉),炼银使用"灰盘"(灰吹炉),铅渣炼铜还需使用炼铜用的多种炼炉。炼铅、炼银及铅渣炼铜均使用木炭为燃料。郴桂矿厂炼铅比较简单,当地平民百姓都掌握炼铅技术,炼铅炉较为分散,多在州城附近。

在炼锌技术方面:郴桂矿厂采用硫化矿炼锌技术,需要先焙烧矿石,再用蒸馏罐进行蒸馏法炼锌,最后进行精炼。蒸馏罐由冶炼罐、冷凝器、冷凝兜、冷凝盖 4 个部分组成,焙烧过的矿石和煤炭还原剂在冶炼罐内反应,生成的锌蒸气上升到冷凝器内冷凝。炼锌使用焙烧炉、长条形炼锌炉和精炼灶,1 名炼锌炉户需要 1 名炉头、2 名小工。由于炼锌采用坩埚冶炼法,可以将煤炭作为燃料和还原剂,炼锌耗费的煤炭量大于锌矿石,因此炼锌作坊通常设置在煤矿附近,分布也较为分散。

表 7-1　郴桂矿厂各种冶炼技术比较

项目	技术	炼炉	工匠	燃料	选址
炼铜	硫化矿—冰铜—铜	焙烧炉、竖炉、精炼炉	炼铜炉户，炉匠 2 名、小工 5 名	木炭	州城北部铜矿旁或靠近炉户住处
炼铅银铜	硫化矿炼铅，铁还原法	竖炉	百姓	木炭	州城附近，较为分散
炼铅银铜	灰吹法炼银	灰吹炉	不明	木炭	不明
炼铅银铜	铅渣炼铜	焙烧炉、竖炉、精炼炉	炼铜炉户	木炭	州城北部野鹿滩
炼锌	硫化矿炼锌，蒸馏法	焙烧炉、炼锌炉、精炼灶	炼锌炉户，炉头 1 名、小工 2 名	煤炭	煤矿附近，较为分散

清代郴桂矿厂采矿、炼铜、炼铅银技术是明清时期普遍的技术，而在识矿、铅渣炼铜、炼锌技术等方面形成了自己的特色。①郴桂矿厂有不同于其他地区的矿石分类、命名方法，尤其是铅银矿石种类繁多。估砂人根据矿石的种类、品位来确定其价格，以便商人和官府抽收砂税。②郴桂矿厂存在铅渣炼铜技术，即通过先炼铅，再将炼铅的副产品冰铜分离出来，最后用冰铜炼铜的技术。这种复杂的多金属冶炼技术，可以将铜含量较低的铅铜共生矿中的铜提取出来，在中国古代冶金史上尚属首次发现。③郴桂矿厂炼锌使用硫化锌矿，在冶炼前需要先焙烧矿石。明代郴桂地区炼锌使用氧化锌，无须焙烧，清初氧化锌矿已不多，当地炉户开始尝试冶炼硫化矿。目前只在郴桂矿厂发现硫化矿炼锌技术，这种技术一直延续到清末民国时期，在中国古代炼锌史上有着极其重要的地位。

清代郴桂矿厂能够熟练处理多种共生硫化矿，并针对不同的共生矿采用不同的冶炼策略。郴桂矿厂的铜矿石是铜锡共生矿，通过"硫化矿—冰铜—铜"多个炼铜步骤，最终生产出铜锡合金。从试炼使用推炉来看，郴桂矿厂还掌握了从铜矿石中提银的技术，这需要用铅引出铜中的银，但由于郴桂矿厂铜矿石中银含量太低，因此实际冶炼并未使用推炉。郴桂矿厂还熟练掌握了从含银量较低的铅矿石中提取银的技术，即先炼出铅，再用灰吹法从铅中提取银的技术。而对于铅矿石中含铜的情况，郴桂矿厂采用先炼铅，再分离出冰铜，最后用冰铜炼铜的方法。锌矿石一般与铅矿石伴生，郴桂矿厂采用选矿的方式分离出锌矿石，而锌矿石中含有的少量铅在炼锌后留在蒸馏罐内，不进入金属锌中。

值得注意的是，清代郴桂矿厂开采的铜铅锌矿石的品位较低，低于当时产量最高的云贵地区。①铜矿石：清代云南开采的铜矿石有氧化矿和硫化矿，矿石的品位普遍较高，最高可达50%～60%，其次为20%～40%，最低不及10%，平均品位在乾隆年间为45%，嘉庆年间为37%，道光年间约20%[①]。郴桂矿厂的铜矿石品位不高于10%，用于铅渣炼铜的铅铜共生矿的铜含量不及1%。②铅银矿石：清代贵州开采的铅矿石是硫化矿，平均品位高达50%[②]。而郴桂矿厂的铅矿石含铅量不一，最高可达60%，最低不及10%；铅矿石中含银量较低，最高的含银也仅为0.12%。③锌矿石：清代贵州开采的锌矿石是氧化矿，品位很高，如乾隆十年（1745）莲花厂、砂砾厂每百斤锌矿石可分别炼出锌36斤和29斤[③]，可见其品位可高达30%～40%。而郴桂矿厂开采的锌矿石为硫化矿，分上、中、下砂，每百斤可分别产锌17.5斤、12.5斤、7.1斤，乾隆十三年（1748）桂阳州上砂较少、中下砂较多，推测当时的锌矿石品位约为10%。由此可见，乾隆年间郴桂矿厂铜矿石和锌矿石的品位远远低于同时期的云贵地区，铅矿石品位较高，但是银含量很低。这可能是因为郴桂地区经过了先秦、汉晋、唐宋到元明历代矿业开发，至清代铜矿石的品位已较低，铅矿石中含银量较低，锌矿石品位也较低。

清代郴桂矿厂尽可能地开发低品位的多金属共生矿，一定程度上是为了满足当时政府大规模铸钱的需求。湖南是继云南、贵州之后的产铜大省、铸钱大省，且主要依靠郴桂矿厂产的铜、锌、铅来铸钱，政府对铜矿的开发更加重视，甚至还要从铅铜共生矿中炼铜。政府对矿冶生产进行严格的征税和管

---

① 马琦，凌永忠，彭洪俊．东川铜矿开发史［M］．昆明：云南大学出版社，2017：188-192．
② 马琦．国家资源：清代滇铜黔铅开发研究［M］．北京：人民出版社，2013：204．
③ 乾隆十年五月初七日，贵州总督张广泗，题为贵州白铅不敷供铸请以乾隆十年三月为始增价收买余铅以济运解事，题本（一档档号：02-01-04-13868-010）［M］//马琦．多维视野下的清代黔铅开发．北京：社会科学文献出版社，2018：199．

理，保障了铜、锌、铅的产量能够满足宝南局铸钱的需要，为地方财政带来了可观的铸钱利润和矿税收入[①]。但对于百姓而言，矿业只是一种谋生手段，除了清初少数商人因开采银矿致富，大部矿业人口并未因开矿而富裕。政府对砂夫、炉户抽收砂税、铜铅税双重税，又因为冶炼工本高，税后余铜、余锌以较低的官价收买，炼铜、炼锌炉户常常获利微薄，有时甚至赔本。此外，郴桂矿厂所产的铅和锌部分流入了市场，促进了商品经济的发展，尤其是锌还运到了广州，在海外贸易中作为压舱物出口到了很多国家地区；郴桂矿厂的矿业人口还流动到了云贵地区，推动了炼锌技术的传播，促进了云贵地区矿业的发展。随着开采难度增大、矿石品位下降、冶炼工本增加，嘉庆、道光年间郴桂矿厂逐渐衰弱，不能满足宝南局铸钱所需，宝南局也逐渐减炉。至光绪年间，湘南多金属矿冶中心从郴桂地区转移到了常宁水口山，传统矿冶技术传播到了水口山，民国时期逐渐被西法所取代。

最后想讨论的是，清代是中国传统矿冶技术发展的最后一个阶段，民办矿业有了很大的发展，铜、铅、锌等金属的产量有大幅度增长[②]。矿冶技术在清代的矿业发展中起到了什么作用？不少学者认为清代矿冶技术落后，如杨寿川认为"千年不变的土法……效率低、成本高……是一种粗放式的开发"，滇铜冶炼技术比较落后[③]。也有学者持不同意见，如马琦认为清代滇铜的采冶技术"在前代的基础上有明显进步"，矿井作业的深度不断增加、可炼矿石的临界品位逐渐降低[④]。本书的研究表明，清代郴桂矿厂掌握了复杂多样的冶炼技术，在识矿、铅渣炼铜、硫化矿炼锌等多方面有明显的技术创新，能有效地开发低品位的多金属矿，从而满足了政府铸钱的需求，为清代社会经济的发展提供了重要的支撑。正如卢本珊所说"明清两代是我国古代矿业集大成的阶段"，清代矿冶技术同样是中国古代矿冶技术的集大成者，矿冶技术在清代矿业发展中起到了非常重要的作用。

---

① 李炳震，曲尉坪. 湖南清代货币[M]. 长沙：中南大学出版社，2013：182-217.
② 中国人民大学清史研究所，中国人民大学档案系中国政治制度史教研室. 清代的矿业[M]. 北京：中华书局，1983：1-2.
③ 杨寿川. 云南矿业开发史[M]. 北京：社会科学文献出版社，2014：6.
④ 马琦，凌永忠，彭洪俊. 东川铜矿开发史[M]. 昆明：云南大学出版社，2017：219.

附 录

附录一　常宁水口山土法矿冶资料

一、水口山铅矿报告书(1912年)[①]

1. 土法采矿

窿之装置：各窿高宽均二法尺，斜度不一，此山无用竖窿者。窿用杉木装之，竖于窿侧之木，两端作缺，以承压顶底之横木。顶侧夹竹摺或茅类，以御泥水，其坚硬处不用，又以竹摺及木间为二，一为车水及鼓风路，一为转运矿土上下路，底铺木梯，级钉铁条。

凿孔及炸爆法：左手执长二尺余之钢圆凿，凿端扁锐，如人形，右手执重五六斤之钢锤。当锤起时，凿即稍提，徐向右转。孔既深，以小草圈套于凿，使与孔接，免孔内之渗水石屑上冲。及多，用铁小匙以取出之，后涂黏土于孔以避水，急充爆药，燃引线炸之。但此种药内，较普通者多加硝石，以增横力，皆炮夫向局购取，因包工故也。

窿内之转运：矿石泥土等，概用绳肩曳拖箕，沿木梯运出。箕以篾制之，前低后高，以防矿石坠落，底钉木条二，一端弯贴箕后，他端稍出箕前，贯

[①] 高等实业学堂矿科二班. 水口山铅矿报告书[J]. 实业杂志, 1912(4): 1-5.

以绳。

鼓风器:有风箱、风车二种,接以竹或木之长筒,为送风管。

抽水器:以长丈余之竹筒为之,下端接一四五寸之木筒,筒口固牛皮活瓣,另贯竹片,长约车半,上端为横柄,下端固一牛皮圆活瓣,一经抽送,水即逼开活瓣上冲,承以菱形之木,次第抽出。

灯:概用铜或铁制之锅形,系以长勾,用盖或不用盖,灯草或棉纱为灯芯,均用桐油,每人八小时,给油四两。

⋯⋯⋯⋯⋯

2. 土法选矿

(1) 敲砂厂

厂三,共工人三百五十名,童子老壮皆有。有能日敲二石以上,或仅四五十斤者,工资少至十三钱,多至八十钱。以经第一次拣选后之矿石运厂,用锤敲之,分别黑白铅砂及硫砂、荒石等。其不易分别者,碎之,运送于淀砂厂。

(2) 淀砂厂

敲砂厂及压砂厂运来之砂,过筛。粗者再碎之,细者以木斗盛之,浸水,搅去其灰泥,盛以竹筛,入木制之水桶,上下摇荡,依比重之关系,次第沉淀(附图1)。分别置之,转历数次,始可淀尽。每人日可淀砂一石,或八九十斤不等。其沉于桶底之细砂,运于滴砂厂。

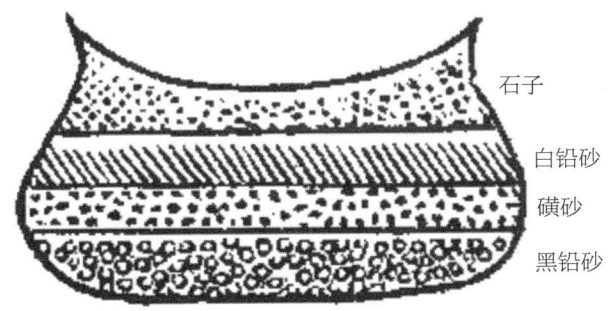

附图1 淀砂示意图

(3)滴砂厂

以砖作斜臼,下承以长二尺、宽五六寸、深四五寸之槽,下有水池。先堆砂于臼内,以棕把横塞槽之下口。棕把与槽底稍离,以流泥水。执三竹筒排列之小勺(不用瓢者,以其水势过猛),激水冲砂。砂流入槽,以弓形之小木耙,随水沿槽,向上推搅。沉于槽之上段为黑铅砂,下段为白铅砂、硫砂、废石。但黑铅砂犹含少量之硫砂,而下段白铅砂等,又无确切区分。故此厂仅取黑铅砂,然白铅砂等犹须转转滴洗,以至黑铅砂罄尽而止。池角有与水平面平行且接近之木板,水中之污泡,皆聚于板底,随时去之,以防损黑铅砂之光泽。每人日洗砂千余斤,得黑铅砂百斤内外,共四处,工资较淀砂为优。

3. 松柏提炼白铅厂

厂距水口山十余里,设煅炼炉百六十座,精炼炉二十四座,工人八十余,月工食资有九元至六元者,平均月费千余金,煤费居十分之六七。

4. 煅炼法

砂皆取自水口、龙王二山。以土砖砌高五尺余、径二尺余之圆炉。顶空,由炉顶至底开一缺,为装炉之用。先装柴块于炉底,后装块煤,再装铅砂,二者如此装至八层,即以泥封其缺。合计每炉砂百斤,煤柴各三十斤。炉顶盖胶泥和拣尾(即白铅砂)之厚块,迨火烈,块下陷。依法煅炼三次,使其十分酸化,须时二十四昼夜,每人掌五炉。

5. 精炼法

以敲选再三之煅炼砂过筛,和少半之木炭末,盛以炼罐,罐高十二吋,径二吋半。罐内另接以喇叭口(用一种耐火土黄泥制之,从前此泥购自桂阳州,今则取自常宁所属之柏坊地),外面淋以白胶泥。口内用耐火泥和煤灰作槽形之薄片,后于其口上盖以圆铁块,上置干泥及碎煤,以验其火色。火烈时见发绿焰,即洒冷水以减温度,防白铅之挥发。白铅既熔融,则液上腾,入于槽中,以铁瓢取之,注于方型中,取得纯白铅,所剩之渣含有黑铅,可提银。

炼罐及炉之装置:炉以土砖作之,形为长方,炉底留气孔。三罐平列,诸列相邻，间以高三四寸之砖。每炉罐百二十，装砂百七八十斤。每炉四人管之。

精煅时间及所出之白铅量：须八九小时，每炉得白铅五十余斤。

装燃料之层次：共分三层，第一层为木炭，次为煤砖，上层为煤渣，再覆以煤灰，仅现铁盖。

二、土法冶锌术（1917年）[①]

本文所述之土法冶锌术，其炉式概分煅炉、白铅炉、黑铅炉、炼银炉四种。分别说明之于次。

1. 煅炉

(1) 煅炉建筑

煅炉（附图2a）土名炉灶，如圆柱形，前面为开口，即炉门。炉高四尺五寸，内径二尺五寸，全用泥砖筑砌。

(2) 煅炼法

煅法极简单。当煅炼时，亦无须人工监视。煅炼法系先将炉底铺块材一层，次则块炭，再次则装砂，再次则又块炭，如此炭与砂叠次装满，顶面铺稻草一层，草面用炉炭合泥封闭。然后用铁铲将此泥面割分为方块状，裂隙与内部相通，为通空气及余烟上升之道。炉前面口，当装砂时，同时次第用窑砖封闭，底部距地尺许处，则用砖斜砌，中留间隙，为通风发火之用。每炉可容砂二十石。煅七日后，如顶面无蓝色烟升出时，即将砂取出锤碎过筛。未熟者依上法再煅，如此每炉必经三次手续，方能完全煅炼成熟，共需时二十一日。平均计算，每炉每日能煅砂一石之谱。

2. 白铅炼炉

(1) 白铅炼炉建筑

白铅炼炉（附图2b）土名长炉，因为长方形而名也，全用泥砖筑成之。炉高二尺，长二丈二尺五寸，宽四尺，每两炉筑为一联。炉内用火砖侧立，砖上

---

① 曹仁. 土法冶锌术[J]. 矿业杂志, 1917(2): 24-28.

用烬灰合黄泥固结,即作炉桥,高一尺一寸。每炉桥可立炼罐三只,每炉可容炼罐一百二十只。其炉桥门隔,与外侧面底部相通,即炉门,为通风退灰之用。每炉可炼砂二石,出铅五十斤。

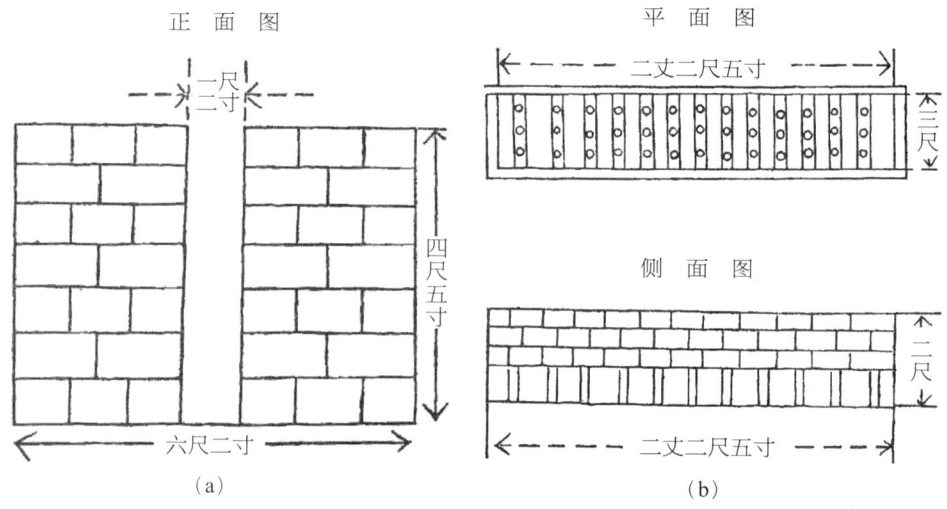

附图2 煅炉(a)和白铅炼炉(b)

(2)白铅炼法

法以煅熟之白铅砂,捶为细末,用煤合之。其砂与煤约为一与一之比,和匀后,用水少许润湿,盛入铁罐。罐口先以耐火泥(土名接罐泥,出自桂阳州)用手做一喇叭状凝结器于其上,器长五寸,其砂盛至凝结器部即止。砂面用炉灰合泥作一斜窝,斜窝高度处,穿一孔与底部砂相通,为炼时白铅挥发升入凝结器之道。凝结器上面用铁盖封固,依次立于炉桥上。其炉桥空间,先将已烧红煤块充满之。各炼罐间之空隙,则用碎块贮实之。其凝结器部,即用炉灰填塞之。当火初上升呈绿焰时,用黄泥水淋湿以减其温度。经八时后,将昙面铁盖揭开,以铁瓢将铅液取出,盛入模型内,即为白铅块。其砂中含有黑铅及银质者,则沉积于炼罐之底部,次日取出捶碎,用水洗去泥质,俗名珠子,储为炼黑铅之料。

(3)洗珠子法

白铅提炼后,炼罐中取出之渣滓,土名次灰,用粗筛筛于蓄水池内。于是将池内水放干,其中所含之煤泥等物,则随水流去。含银铅质者,则沉积于池底面,取出捶碎,用土法洗砂桶洗之。如此经三四次捶洗后,仅存豆大之小颗粒物,是即珠子。其由筛孔沉积于洗桶底面者,土名幼沉,亦为炼黑铅之用。

3. 黑铅炼炉

(1) 黑铅炼炉之建筑

黑铅炉(附图3)土名高炉,如截头圆锥形,以普通泥砖砌筑而成。炉高四尺,底面内径二尺,上面内径八寸。前面底部一圆口,即炉门。门外地面做一窝,当炉渣或铅流出时,即贮于此窝内,再用铁瓢取出。炉后面底部距地五寸处,开一小圆孔,斜向炉底中心,打风箱即由此以鼓风也。

(2) 黑铅炼法

法以珠子八石、幼沉六石、镕末二石(镕末即黑铅炉中未炼净之渣滓,其大块者土名提毛)合为一堆,用水少许润湿,青渣(即陈炉渣)八九石,松炭十八石,三者各为一堆,叠次用竹铲加入炉中。如炉渣流出稀少时,则加黄泥少许。其炼制时间无一定,以珠子炼尽为限。取铅时先将炉火用水熄灭,未炼尽之渣滓及炭等物,由炉门用铁钩取出。铅则沉积于炉底窝内,用铁瓢取出,盛入模型,即是。其未炼净之大块渣滓,曰提毛,合幼沉入煅炉煅后,再合珠子提炼。每日能炼珠子八九石,出铅一百六七十斤。

4. 提银法

(1) 炉之建筑

炉(附图4)似截面半球体状。高二尺五寸半,径约一尺,炉底为窝形,炉后面一小圆孔,为打风之用,全为泥砖砌筑而成。

(2) 提炼法

法以炉灰(土名银灰,来自桂阳州)合少许水,于此炉底做一窝巢,俗名装铺。巢内铺稻草一层,巢上用铁棒横架其间,炭则燃烧于此棒上。于是次第将铅条镕入炉内。俟铅液酸化时,即用铁棒绞出,俗名绞它生,储为黑铅还原之用。它生绞尽后,仅留存不挥发之流质沉于巢内者,取出即纯银。计每提银一次,每次可提银一百余两之谱。

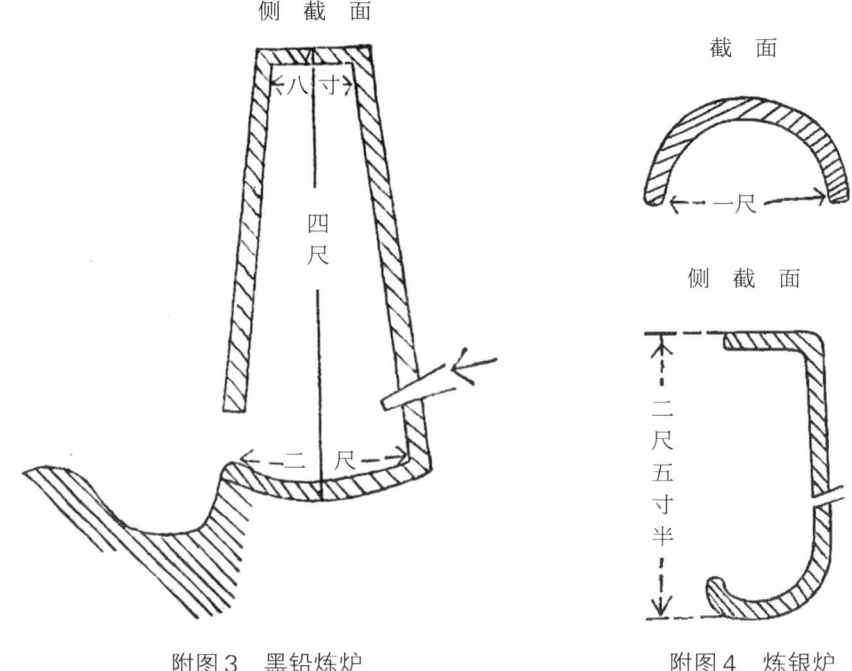

附图3　黑铅炼炉　　　　附图4　炼银炉

5. 工资

据现在湘省制锌工厂所露布：长炉每座炉夫三名，分上、中、下三等。上等每月九元五角，中等七元五角，下等六元五角。每筑炉一座，费洋十元，菜钱二元。

高炉不计工数，每炉砂一石，小洋二角，每月菜钱十二串。

煅炉以白铅炉为准，每白铅煅炉一次，煅炉得洋一角三分三厘。每筑煅炉一个，工钱五百文。

洗珠子厂：每洗出珠子一石，钱九百文，外无他工食。

6. 煤之消耗

白铅炉每日每座用飑煤五石，和砂煤二石，烘炉及炉夫煮饭均在内。

煅炉每煅砂二石，需块炭五十斤。

三、松柏泰成商炼厂之调查(1920年)①

焙烧法：焙烧炉概用土砖砌成圆形，排列成行。炉高四尺一寸，炉顶空处径二尺四寸。炉前有长缺，宽一尺二寸，高与炉齐，两炉缺口相距二尺五寸。先用柴块装于炉底，次装块煤，再装白铅砂，如是逐层装积至八层而止。以泥封其缺，以胶泥和拣尾（即白铅碎砂）之厚块盖炉顶。焙烧七昼夜取出，再如前法用煤焙烧二次。俾矿石尽行酸化，而后取出提炼。每积砂十八石，用薪炭各三百斤。须二十一昼夜方可竣工。焙烧炉如附图5所示。

提炼法：以土砖作长方形之炼炉，间二十尺，宽三尺，高一尺八寸，中间装置炼罐之处，长一丈八尺，中分二十四格，每格间以高三四寸之砖，下有气孔，上可直列三炼罐。一炉共四十格，可列炼罐一百二十个。先将焙过之白铅砂敲碎过筛，和少半之净炭，盛以炼罐。炼罐高一英尺，径二英寸半。罐上另按以喇叭口（用一种耐火黄泥制之，从前此泥购自桂阳州，今则取之常宁所属之柏坊地）。外面敷以白泥，口内嵌耐火泥，和煤炭作成之薄片槽形，以圆铁盖盖之，上置干泥及碎煤以验煤色。火烈时见发绿焰，即洒冷水，以减温度，防白铅之挥发。白铅既溶融，则溶液上腾，入于槽中，以铁瓢取之，注于方型中，即得纯白铅块。所余之渣，尚含有黑铅，可提银。炉内之燃料，最下层为煤炭，次为煤砖，上层为煤渣，再覆以煤灰。每炼白铅一次，须八九时，每炉装砂二百二十斤，用煤七石余，可得白铅五十斤之谱。炼白铅炉如附图6所示。

---

① 江如. 松柏泰成商炼厂之调查[J]. 实业杂志, 1920(28): 64-66.

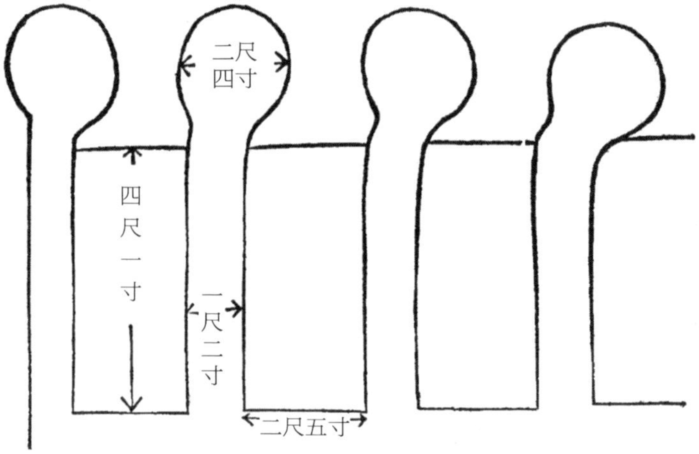

清代湖南郴桂矿厂多金属矿冶技术研究

附图 5　焙烧炉

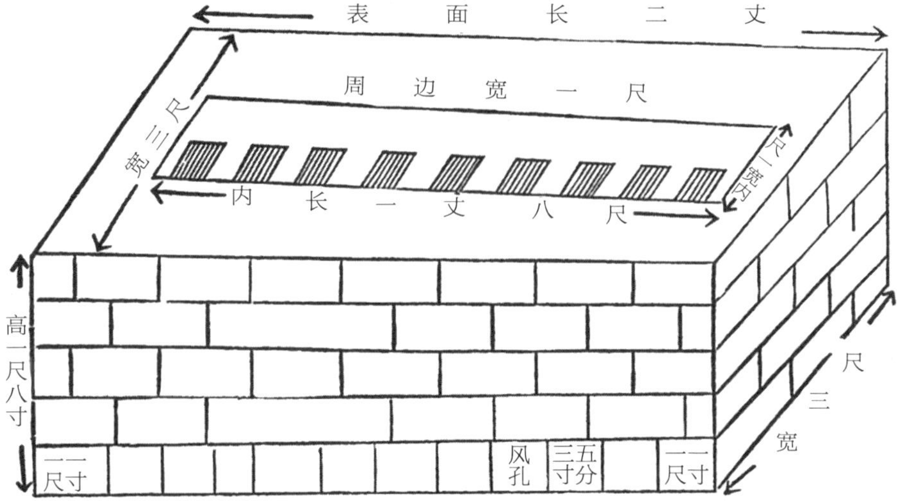

附图 6　炼白铅炉

四、*Some Chinese metallurgical appliances*（1922年）[①]

另外一类用于焙烧铅锌硫化矿的炉子（附图7）由用砖和石头建造的一系列竖炉组成，它们成排建造，背对背，每个炉直径约3英尺，高4英尺，前面开有10英寸宽、与炉一样高的炉门，后面有一个通往中央主烟道和烟囱的小烟道。

和以前一样，炉料由底层的用于点火的柴火，以及上面的6英寸厚的矿石层和小块无烟煤层交替堆放。炉的口部用3英寸厚的黏土所密封，而在柴火被完全点燃后，前面炉门用砖封砌，并用黏土封住。

闪锌矿需要3次焙烧，每次焙烧后将大块矿石破碎；消耗的煤炭大概是处理矿石质量的一半。

…………

从焙烧过的硫化矿中提取锌由如下的蒸馏过程实现：冶炼炉（附图8）为长方形，外部尺寸为长25英尺、宽4英尺，高2英尺6英寸，炉墙厚14英寸。在炉床或炉基上建有一系列薄横栅或隔断，每条厚1.5英寸，间隔6.5英寸，高11英寸；它们作为放置陶罐的支撑或炉条，在它们之间，炉外墙地面高度处留有边长4.5英寸的方形小孔以进风。

所用的陶罐由两部分组成，下部是细长的陶质圆柱体（直径2.25英寸、长12.5英寸），顶部加有一个坩埚形的顶或延长，连接处用黏土仔细封住。罐内装入松散装填的混合物，包括两份细碎的焙烧过的矿石和一份无烟煤屑或煤粉。填充物上方覆盖一薄层黏土，顶部形成凹陷，凹陷在一侧较浅，另一侧较深，作为冷凝室。再用一根细棍从凹槽较深的一侧向下探，伸到陶罐内一半的地方为止，然后小心取出，因此留下一条通道，锌蒸气可以由此上升到冷凝室。最后用铁盘盖封住罐口，并用黏土封住。每炉可容下120个陶罐。

燃料使用无烟煤煤饼（用黏土充当黏合剂，与煤粉混合）。先在支撑陶罐的墙之间放置一层已点燃的煤饼，再将陶罐安放到位，周围填充燃料，只露

[①] WHELER A S. Some Chinese metallurgical applicances[J]. Transactions of Institute of Mining and Metallurgy, 1922, 32: 262-263, 276-278.

出坩埚形延长的上部。冶炼炉可燃烧5~6小时。燃烧完毕之后，去掉铁盘盖，锌已经在下面的凹槽处凝结成液态，用勺将锌液舀到锅中，倒入模具中，即可制成12磅重的锌锭。

如上尺寸的冶炼炉每天可冶炼2担矿石。冶炼的损耗非常严重。比如，冶炼2担含锌45%的锌精矿，得到52斤粗锌，相当于58%的回收率。每产出1吨粗锌，冶炼花费约200元，其中所用的无烟煤需要每吨8元。

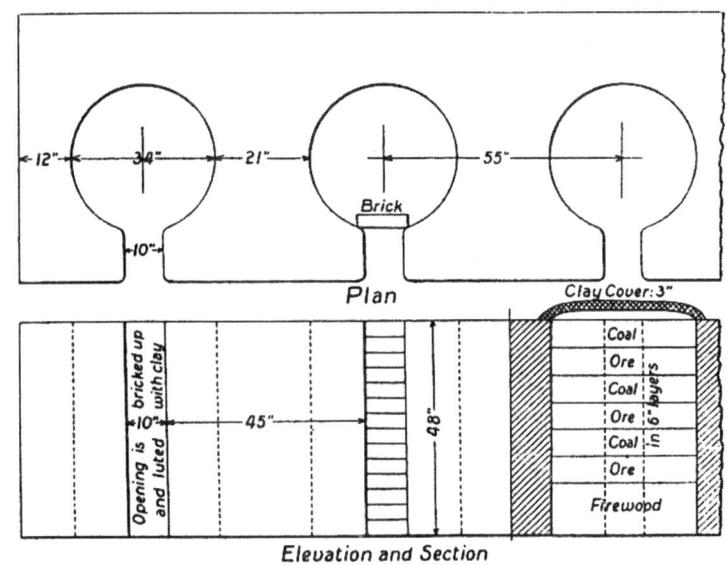

附图7 硫化铅锌矿焙烧炉

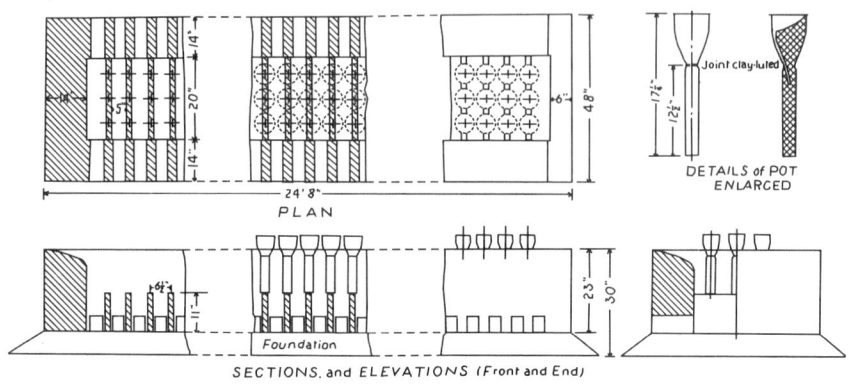

附图8 炼锌炉

五、恢复松柏土法白铅炼厂计划书(1930年)[①]

1. 冶炼概况

土法炼锌极为简单,初将锌整砂捶碎烘焙二三次,使成氧化锌,和无烟煤(柴煤)入炼罐烧灼,锌乃还原,升至罐顶取出,集于模中,范为锌块。其原理如下式:

$$ZnS+3O = ZnO+SO_2\uparrow$$
$$2ZnO+C = 2Zn+CO_2\uparrow$$

(1)烘砂炉

径三呎,高五呎,墙厚十吋,土砖砌筑。装砂卸砂,自前方炉门出入,门宽十吋,高于炉齐(附图9),每厂连贯排列十二座至十六座。

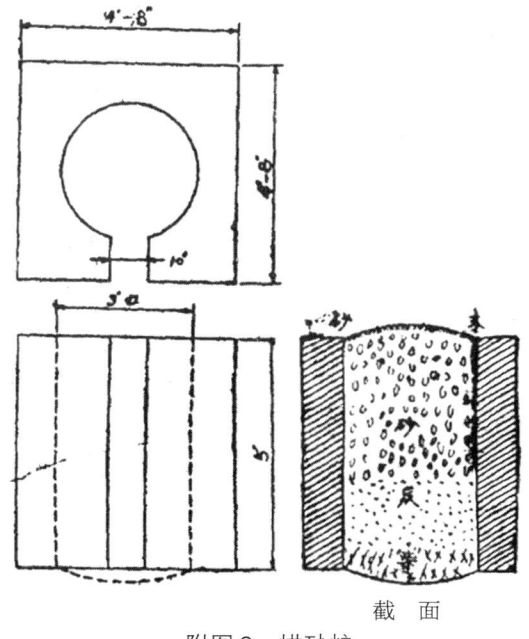

附图9 烘砂炉

[①] 恢复松柏土法白铅炼厂计划书[J].矿业周报,1930(124):439-448.

(2) 装炉及烘法

炉底铺松柴八十斤，次铺柴煤及砂，层叠至满（砂约二吨、煤约二石），炉顶用灰末铺盖，炉门用土砖封砌，随留气孔，发火后经六七日，取出捶碎，如前法再烘（煤及柴减少）。如此三次，约费时二十日，烘焙始毕，烘后砂粒最小已成粉末，最大径约五六毫米，大概砂愈小，氧化愈完全，气候愈晴燥，烘焙时间愈短缩。

(3) 炼炉

长方形，长二十四呎六吋，宽三呎九吋，高二呎一吋，炉底铺烧砖，余均土砖建砌，墙厚十五吋，下开风门四十一个。炉心分为四十格，每格厚二吋，两格相距四吋半，每格上横置炼罐三只，每炉共置百二十只，两炉相连，共一厂屋（附图10）。

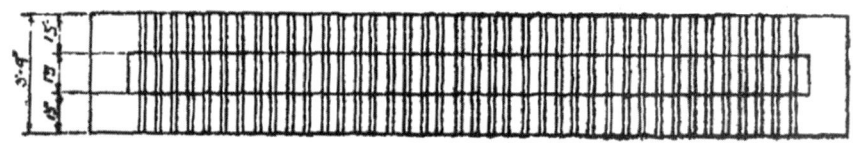

平　面

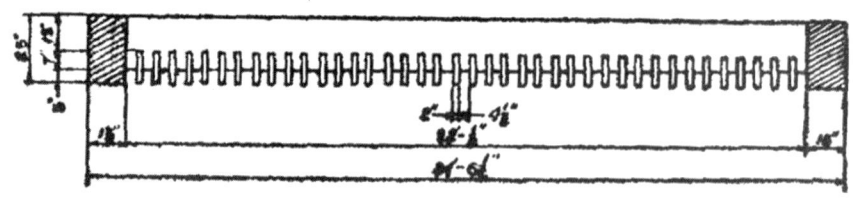

截　面

附图10　炼炉

(4) 炼罐

陶土烧制圆形，径四吋半，高十三吋，罐口密接陶土漏斗，漏斗内隐为凹窝，凝集熔锌（附图11）。

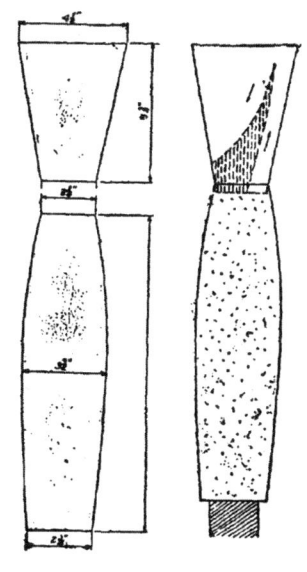

附图 11 炼罐

(5) 装炉及炼法

将烘好之砂,捶碎,过筛,和煤末拌匀,潮润,纳炼罐中,罐口接装漏斗,上加铁盖,是为装罐。将罐排列炉格上,加灼炭于格间,再加做好之炭团,并加罐渣于格上罐侧,如此装满,温度渐高,锌质还原上升。遇铁盖凝集,沉于漏斗凹处。每罐装砂二斤,和煤一斤,计每炉装砂二百四十斤,和煤百二十斤,烧火煤七至八石,装罐,装炉,清炉,共需八小时,提炼共需八至九小时。

2. 恢复计划

…………

土法炼锌,设备单简,轻捷易举,产品亦堪应用,是其优点。烘砂方法不良,需时过久,氧化作用,犹不能完全,提炼时耗失甚巨,且仅能烘炼成分较高之整砂(径一吋至二吋半),不能运用碎砂,是其劣点。前此烘炼工程概由桂阳工人主张,成法相沿,视为宝筏,设有研习,缄秘甚深,鲜有其人,谋与改善。倘经恢复后,因其旧法,加以改良,减少失耗,进而烘炼碎砂,渐事扩充,期于完善,则不仅水口山月产之碎砂千吨,得资处理,即湘南所有锌矿,皆可举办有利矣,是在主其事之工程师悉心考察与规划进行而已。

六、湖南之矿业(1934年)[①]

土法炼锌,极为简单,可分烘法、炼法二步。烘法即先将矿石烘焙,烘焙炉为用土砖砌成高五尺、径三尺之圆炉,每厂连贯排列十二座至十六座。装砂卸砂,自前方炉门出入,先铺柴块于炉底,次装煤块,再装锌砂,如是逐层装置至满,约八层,随将炉顶用灰末铺盖,炉门用土砖封砌,仅留气孔,发火经过七日,取出捶碎,如前法再烘。如此三次,约费二十日,使砂完全氧化。烘后砂粒最小,已成粉末,大概砂愈小,氧化愈完全。炼法即将烘好之砂,捶碎过筛,和煤末拌匀,并潮润之,纳炼罐中,炼罐为陶土烧成,高十三吋,径四吋半,罐口接漏斗,加上铁盖,谓之装罐,将罐排列于炼炉格上,加灼炭于格间,再加炭团,并加罐渣于格上罐侧,如此装满,温度增高,锌质还原上升,遇铁盖凝集,沉于漏斗凹处,取出放入模中,范为锌块,罐内余渣,含铅及银,须另行提炼,其法相仿。炼炉系土砖砌成之长方形,开风门四十一,中分四十格,每格置炼罐三,每炉共置百二十只,两炉相连,同属一厂。每炉可装锌砂二百四十斤,和煤百二十斤,烧火煤七至八石,装罐装炉共需八小时,提炼须八至九小时,每炉平均日产净锌五十斤。所炼锌块经化验,含锌百分之九八·八八,余为铅、铁、硫、矽(硅的旧称)、砒、铋、银等杂质。土法炼锌,设备简单,产品亦堪应用,惟烘法不良,需时过久,氧化作用,犹不完全,耗失甚大,且仅能烘炼成分较高之整砂,此其缺点也。

七、湖南松柏土法炼锌厂概况(1936年)[②]

1. 烘砂

烘砂炉为圆形,用土砖砌成,高五尺,径三尺,前方有门,先装松材一层于炉底,次装煤一层,次装锌砂一层,如斯八重装满,随将炉顶用灰末铺盖,炉门用土砖封,发火经过七日,取出捶碎,如前再烘,如是烘三次,共费二十一日,完毕。

---

① 张人价.湖南之矿业[Z].长沙:湖南经济调查所,1934:155-157.
② 练达.湖南松柏土法炼锌厂概况[J].民鸣周刊,1936(31):12-13.

2. 冶炼

于特制之瓦罐，径约四寸，高十三寸，上端装一接罐（附图12，系泥制之漏斗形物），用泥接合，装烘砂二分、煤一分之混合物（用水润湿），至漏斗形物之下部为止，其上装河砂，顶部形成一圆凹，一侧有通路达罐口，加上铁盖，排列炉中，加灼炭于格间，再以煤团围罐，并加炉渣于格上罐侧。每炉分三列，每列罐四十个，共一百二十个，两炉相连，同属一厂，每炉可装锌砂二百四十斤，和煤一百二十斤，冶炼时间约九小时。温度升高后氧化物还原，锌熔液上升集于圆凹内，用铁勺将溶液移入铁钵内，铸成长方块，重约十五六斤，铸成一块，约需四十罐。

成分：用此法炼成之锌，成分为九八·八八，余为铅、铁、硫、矽、砒等杂质。

成绩：砂一吨（锌百分之四十）可炼锌二百五十至三百斤，其成本每担约需十六元。此种烘法不良，需时过久，且损耗甚大。

产量：每炉每日冶炼一次，出五十斤，现有炉四十座，每日出锌二十担，每月约三十一吨。

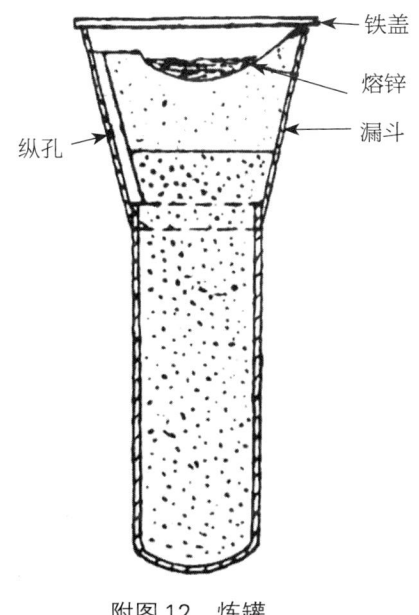

附图12　炼罐

附录二　明清、民国时期质量与长度单位换算

明清时期质量单位

1 担 =1 石 =100 斤 =59.7 千克

1 斤 =16 两 =597 克

1 两 =10 钱 =37.3 克

1 钱 =10 分 =3.73 克

1 分 =10 厘 =0.373 克

明清时期长度单位

1 丈 =10 尺 =3.2 米

1 尺 =10 寸 =32 厘米

1 寸 =3.2 厘米

民国时期长度单位

1 尺 =10 寸 =33.3 厘米

1 寸 =3.33 厘米

1 英尺（呎）=10 英寸（吋）=30.5 厘米

1 英寸（吋）=3.05 厘米

后 记

我与郴桂矿厂结缘，始于2015年6月桂阳县历史文化研究中心廖小敏老师发来的电子邮件。他在网上查找专家学者，寻求合作开展桂阳矿冶文化的研究。我告知了我的导师北京大学考古文博学院陈建立教授，当年9月陈教授即前往桂阳调查矿冶遗址。随即在2016年8月，由湖南省文物考古研究所莫林恒老师组建考古队，对保存状况最好的桐木岭、陡岭下遗址进行发掘，由此揭开了桂阳冶金考古的序幕，后续又进行了多次调查，组织了多次学术交流活动。

首先感谢导师陈建立教授，在他的引荐下，我有幸参与桐木岭遗址的发掘工作，得以继续博士期间的研究。多年来，他积极推动相关考古和研究工作，促进多方合作，策划了桂阳冶金史资料的整理工作，在桂阳组织举办北京大学冶金考古暑期实践课程，大大推动了郴桂矿厂矿冶技术的研究。感谢他20年来对我学业和事业的支持，从研究选题、样品采集、拓展合作，到修改文章和书稿等，都离不开他的帮助。非常佩服他对冶金考古事业的热爱和执着。

本书是桂阳矿冶考古团队的集体成果，特别感谢本书的两位合作作者。莫林恒老师是桐木岭遗址发掘领队，有着很强的协调和沟通能力，组建了一支多学科合作团队，带领我们开展多次调查、发掘和调研等工作，桐木岭遗址荣获了"2016年度全国十大考古新发现"，并顺利获得国家社会科学基金立项支持。感谢他一直以来对我的信任和鼓励，为本书提供了很多第一手考古资料。

罗胜强老师是桐木岭遗址发掘副领队，长期从事湘粤交界区域考古及冶金文化研究。罗老师的年纪和我相仿，由于其知识广博、兴趣广泛，大家都爱尊称他为"罗老"。感谢他多年以来默默无闻对我的帮助，他还参与了本书多个章节的写作和修改，为本书绘制地图、修改图片。

还要感谢桂阳县委宣传部原副部长雷昌仁，多年来积极谋划弘扬桂阳矿冶文化。他组织成立桂阳县历史文化研究中心，吸纳了民间历史文化爱好者廖小敏、尹友波、张日生、尹学铭等，他们调查矿冶遗址、搜集桂阳矿冶史料以及开展初步的研究与普及工作。特别感谢廖小敏、尹友波、张日生三位老师，没有他们的前期工作，桂阳考古工作无法如此顺利地进行，并在短短几年间取得了显著的进展。本书中部分史料和调查资料由他们提供，再次表示衷心的感谢。

此外，感谢在桂阳的研究工作和生活中，为我提供过帮助的所有人：湖南省文物考古研究所的郭伟民、高成林、吴顺东、顾海滨、肖亚、赵志强等领导和同仁，桂阳县文物管理所的欧阳湘英所长、廖恒副所长，以及参与考古工作的张云祥、高自然、李锐、龚绍祖等。

我还要感谢中国科学院自然科学史研究所领导和同事对我的大力支持和帮助。感谢张柏春、韩琦、关晓武等领导对我的信任和支持，感谢孙显斌、韩毅、邹大海、方一兵、孙烈、苏荣誉、黄兴、郑诚、陈巍、魏毅、李亮、郭园园、杜新豪、陈晓珊、王斌、刘辉、鲍宁、高峰、吴世磊等同事对我工作的帮助。特别要感谢黄兴老师参与桂阳工作，对桐木岭炼锌炉进行计算机模拟复原，制作了桂阳炼锌技术的科普视频；方一兵老师曾与我考察常宁水口山工业遗产，经常给予我指导和帮助。

感谢冶金考古同行的帮助，他们是广西民族大学黄全胜老师，北京科技大学潜伟、李延祥、陈坤龙、刘思然、张吉、高柯立老师，暨南大学黄超老师，香港中文大学林永昌老师，中国社会科学院科技考古与文化遗产保护重点实验室刘煜、张周瑜老师，中国科技大学范安川老师，中国钱币博物馆周卫荣老师，英国李约瑟研究所梅建军老师，英国剑桥大学 Marcos Martinón-Torres 老师，塞浦路斯研究院任天洛（Thilo Rehren）老师，日本奈良文化财研究所丹羽崇史老师，日本奈良大学西山要一老师等。特别感谢云南大学马琦老师、中山大学温春来老师、上海海事大学林荣琴老师、香港中文大学贺喜老师的交流和指导，他们有关清代矿业的论著是我最常翻阅的参考资料。还要感谢北京大学历史学系郭润涛、毛亦可老师和宋上上博士，中国国家图书馆郑小悠老师，中国第一历史档案馆徐春峰、吴焕良老师，对我查找、利用史料提供了很多帮助。最后要感谢高峰、李军、罗飞、高柯立老师帮忙审阅书稿，感谢山东科学技术出版社的大力支持，感谢光奎、刘楠编辑的辛勤付出。

本书的出版得到了中国科学院自然科学史研究所"十三五"重大突破项目"科技知识的创造与传播"（第二期）的资助。书中第六章尝试从"科技知识的创造与传播"这一主题来思考郴桂矿厂多金属矿冶技术的来源与传播，囿于资料有限，目前只对炼锌技术进行了初步探讨。

本书的写作是我结合考古与史料来研究矿冶技术的首次尝试。郴桂矿厂丰富的档案资料为我打开了一扇门，我曾花费大量时间和精力搜集和研读史料，多次求教研究矿业史的历史学家，主编了《湖南桂阳冶金史资料汇编》，也试图研究郴桂矿厂复杂多变的税收政策，发现了很多有趣的细节。但由于我没有受过史学训练，暂时无法很好地梳理出来，很遗憾不能展示在本书中。特别感激郭润涛老师，在我迷茫之际，建议我把技术研究清楚，回归到自己擅长的领域。

本书的初稿完成于2021年，3年后在初稿基础上进行了全面修改和适当补充，但基本上保留了原貌。本书的写作存在不少缺憾和有待提升之处，敬请专家和读者批评指正。特别希望本书的出版能引起冶金考古学者对历史时期矿冶技术的重视，也希望引起历史学家对矿冶技术的关注，促进矿业史、冶金史、冶金考古等学者的交流和互动。

周文丽

2024年5月